特种电机

Non-conventional Electrical Machines

苏子舟 赵南南 谭博 高雅 张博 编著

国防工业出版社

·北京·

内容简介

本书吸取了国内外特种电机技术的最新进展，系统论述永磁同步电机、无刷直流电机、开关磁阻电机、步进电机、电容电机、直线电机、脉冲发电机、超声波电机等电机的工作原理、技术特点、发展历史、应用领域、发展方向等内容。

本书是对近年来特种电机技术研究成果和工程实践经验的系统总结，实用性、指导性和针对性较强，可作为从事电机与电器尤其是特种电机工作科研人员、教学人员、管理人员的工具书和参考书。

图书在版编目(CIP)数据

特种电机/苏子舟等编著. —北京：国防工业出版社，2022.5

ISBN 978-7-118-12496-5

Ⅰ.①特… Ⅱ.①苏… Ⅲ.①电机 Ⅳ.①TM3

中国版本图书馆CIP数据核字(2022)第077031号

※

国防工業出版社出版发行

(北京市海淀区紫竹院南路23号 邮政编码100048)

北京虎彩文化传播有限公司印刷

新华书店经售

*

开本 710×1000 1/16 **印张** 17¼ **彩插** 2 **字数** 307千字

2022年5月第1版第1次印刷 **印数** 1—1000册 **定价** 96.00元

国防书店：(010)88540777 书店传真：(010)88540776

发行业务：(010)88540717 发行传真：(010)88540762

前言

电机是物质世界实现机电能量转化的基础,电机无处不在。每个电子手表里都有1个电机;每个移动电话里至少有3个电机(扬声器、话筒和环形执行器);一般房子(各种电器里)和汽车里都有几十个电机;火车上、有轨电车上、地铁上、轮船上、飞机上和太空站上都有数百个电机。电机在当前和未来生产、生活中都具有广泛而深远的影响。

特种电机是指结构、性能、用途或原理与常规电机有所不同,具有特殊性能、特殊用途的电机,其本质是对传统电机的继承与创新,是传统电机适应新需求、拓展新应用的自我革命。特种电机技术涉及的学科和技术领域包括电机技术、材料技术、计算技术、控制技术、微电子技术、电力电子技术、传感技术、网络技术等,属多学科、多技术领域交叉的综合技术,是典型的光、机、电、声一体化产品。

特种电机种类繁多,用途多种多样,已成为工业自动化、农业现代化、武器装备现代化、办公自动化等领域的基础产品。为满足不同应用的要求,适应新的技术进步,需要不断开发各种新材料、新结构的特种电机,因此很多特种电机都是为满足各种极端条件下的特殊应用要求而产生的。例如,效率高、起动转矩大的永磁同步电机;无需电刷的无刷直流电机;磁阻随转子位置改变的开关磁阻电机;直接将数字脉冲信号转换为位移的步进电机;利用静电能驱动转子旋转的电容电机;直接完成直线运动的直线电机;集惯性储能、机电能量转换和脉冲成形于一体的脉冲发电机;利用高压电陶瓷逆压电效应和超声振动实现转子运动的超声波电机。因此特种电机技术研究对国家未来军事和国民经济建设的发展,具有重大而深刻的现实意义。

本书在吸取国内外特种电机技术最新进展的基础上,主要论述永磁同步电机、无刷直流电动机、开关磁阻电机、步进电机、电容电机、直线电机、脉冲发电机、超声波电机等电机的定义、工作原理、技术特点、发展历史、应用领域、发展方向等内容。

本书内容共分9章。全书由苏子舟、张博统稿;第1章绪论、第7章直线电机、第8章脉冲发电机由苏子舟、张博撰写;第2章永磁同步电机、第4章开关磁阻电机由高雅撰写;第3章无刷直流电动机、第6章电容可变式静电电机由赵南南撰写;第 5 章步进电机、第 9 章超声波电机由谭博撰写。

本书编写工作得到了西北机电工程研究所院士工作站、国防工业出版社等单位领导和专家的关心、指导和大力支持,在此表示诚挚的感谢。

由于编者水平有限,书中难免出现疏漏,诚恳希望从事特种电机技术研究、研制的科研人员,从事电机与电器专业教学、管理的专业技术人员参考使用时提出批评指正意见。

苏子舟　西北机电工程研究所

2021 年 9 月

目录

第1章 绪论

本章主要介绍电机的概念、特点、分类、历史、发展趋势以及典型特种电机等内容。

1.1 电机简介

1.1.1 电机的定义及分类

电机是一种能实现机电能量转换的电磁装置,按工作原理,电机可分为发电机和电动机两大类[1-5]。

发电机:是利用电磁原理将机械能转换成电能的设备。其中,将机械能转换成直流电能的发电机称为直流发电机;将机械能转换成交流电能的发电机称为交流发电机。交流发电机又可分成同步发电机和异步发电机。

电动机:是利用电磁原理将电能转换成机械能的设备。电动机可分成直流电动机与交流电动机。交流电动机又可分成异步电动机和同步电动机。

常规电机已经发展非常成熟,主要包括感应发电机、感应电动机、同步发电机、同步电动机、直流发电机、直流电动机等类型[6-12]。电机如图 1-1 所示。

此外还有特种电机,包括永磁同步电机、无刷直流电机、开关磁阻电机、步进电机、电容可变式静电电机、直线电机、脉冲发电机、超声波电机等。电机的分类如图 1-2 所示。

1.1.2 电机基本结构

1. 电磁结构

电机的功能是由其电磁结构决定的。电机由适当的导磁和导电材料构成,

图 1-1　电机

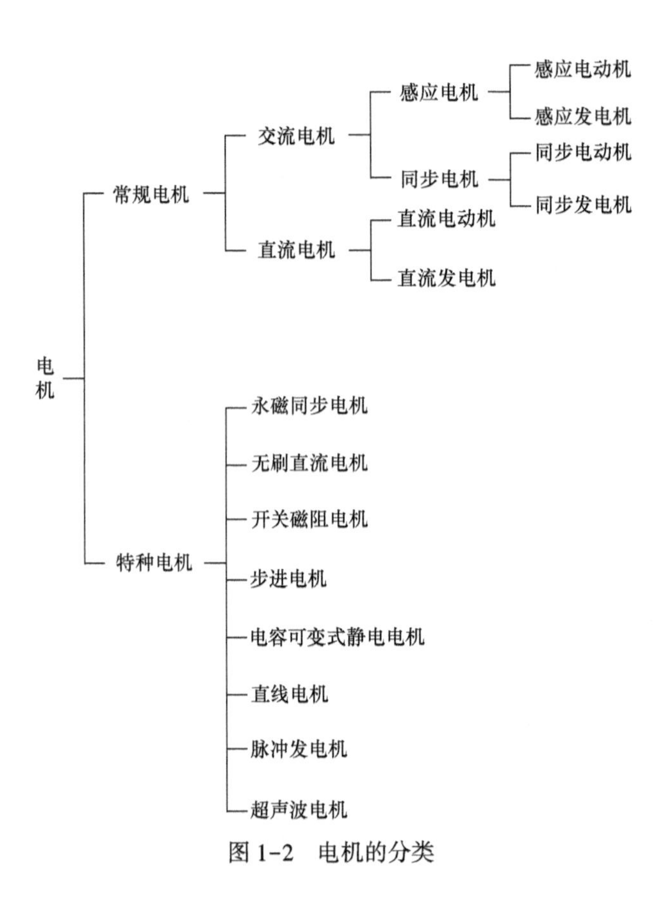

图 1-2　电机的分类

能互相进行电磁感应的电路和磁路,以产生电磁功率和电磁转矩,达到能量转换的目的。电机的电磁结构由一条主磁路和与它相匝链的两条或两条以上电路组成。不同种类电机其主磁路和电路的结构也有所不同。

绕组是电机电路的核心部分,它一般是由带绝缘的铜导体绕制而成的线圈或线圈组合。绕组的作用有导通电流、产生磁场、感应电动势、承受一定的电压电流和功率,如图 1-3 所示。一台电机至少有两个绕组。绕组可分成开启式绕组和闭合式绕组两类。开启式绕组的特点是每个绕组都有两个引出线端头,用来与外部电源或负载相接,以实现电能的输入或输出;闭合式绕组是将各线圈串联成一个闭合回路,形式上属于分布绕组,它没有出线端而通过电刷与换向器的接触,经电刷与外部电路接通。电流在绕组电阻上引起的损耗称为铜损耗,简称铜耗。

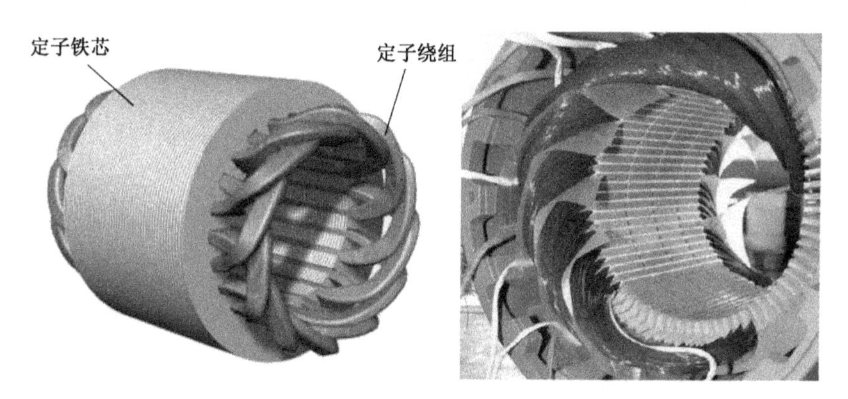

图 1-3 电机绕组

2. 物理结构

电机的物理结构主要由定子、转子(电枢)两大部分组成,典型结构如图1-4所示。

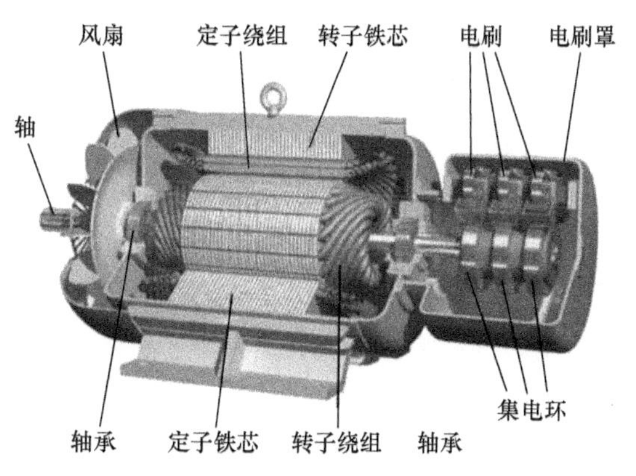

图 1-4 典型电机物理结构图

无论发电机还是电动机都与机械能有关,这就要求它们的结构中有运动部件,运动部件通常都做旋转运动,称为转子;相应的固定部件就称为定子。

定子的作用是产生磁场;转子的作用是产生电磁转矩和感应电动势。

1.1.3 电机发展史

在近200年的时间里,电机技术发展迅猛,给整个人类文明带来巨大进步。其发展历史简述如下:

1831年,英国人法拉第创立了电磁感应定律,创制了第一部感应发电机模型——法拉第盘。

1832年,法国人皮克西发明了手摇式直流发电机,采用换向器产生直流感应电动势。

1833年,楞次总结法拉第实验并提出了楞次定律,从理论上确立了电机的可逆原理。

1866年,德国的西门子发明了自励式直流发电机,标志着大容量发电机技术的突破。

1873年,在维也纳的工业展览会上一个工人的误操作证明了电机的可逆原理,在此之前,电动机与发电机是各自独立发展的。

1882年,英国的高登制造出了大型两相交流发电机。

1882年,法国的高兰德和英国人约翰研制出了变压器。

1886年,美国的特斯拉研制出了两相交流电动机。

1888年,俄国工程师多勃罗沃利斯基研制成功第一台实用的三相交流单鼠笼异步电动机。

至20世纪五六十年代,电机技术依托经典电磁理论和常规电工材料,从设计到制造都有固定的模式,多数常规电机已经发展非常成熟,并实现了产品系列化。

当前,随着设计、评价、测量、控制、功率半导体、轴承、磁性材料、绝缘材料、制造加工技术的不断进步,尤其是以电力电子功率器件和永磁材料为典型代表的新器件、新材料的开发与应用,伴随着相应理论与生产应用技术的快速发展,电机技术也进入了新的发展阶段,开始向着轻量化、小型化、高效化、高力矩输出、低振动、高可靠、低成本等方向发展,产生了永磁同步电机、无刷直流电机、开关磁阻电机、步进电机、电容电机、直线电机、脉冲发电机、超声波电机等形形色色的特种电机产品,它们在各个领域发挥着重要作用。

1.2　电机的基本电磁原理

电机的基本电磁原理主要包括电磁感应定律、安培定律及电机可逆原理。

1.2.1　电磁感应定律

处在变化的磁场中的导体将产生感应电动势，简称磁生电。这就是法拉第在1831年发现的电磁感应现象，也称电磁感应定律。当导体形成闭合回路时，感应电动势产生的电流（称为感应电流）所产生的磁场将阻碍原磁场的变化。这种阻碍作用就是电抗的概念，即电抗对应于交变场。

感应电动势的一般表达式为

$$e = -\frac{\mathrm{d}\psi}{\mathrm{d}t} \tag{1-1}$$

式中：ψ 为磁通链，简称磁链。

一般来说，磁链是时间和位置的函数，即

$$\psi = f(x, t) \tag{1-2}$$

故感应电动势可表达为

$$e = -\frac{\mathrm{d}\psi}{\mathrm{d}t} = \left(-\frac{\partial\psi}{\partial x}\cdot\frac{\mathrm{d}x}{\mathrm{d}t}\right) + \left(-\frac{\partial\psi}{\partial t}\right) \tag{1-3}$$

式中：等号右边前一项称为运动电动势，后一项称为变压器电动势。

旋转电机中，绕组与磁场有相对运动，各线圈边的导体将切割磁力线产生运动电动势。旋转电机电动势的大小为 $e = Blv$，方向用右手定则确定。

1.2.2　安培定律

载流导体的周围将产生磁场，简称电生磁，如图1-5所示。旋转电机中还

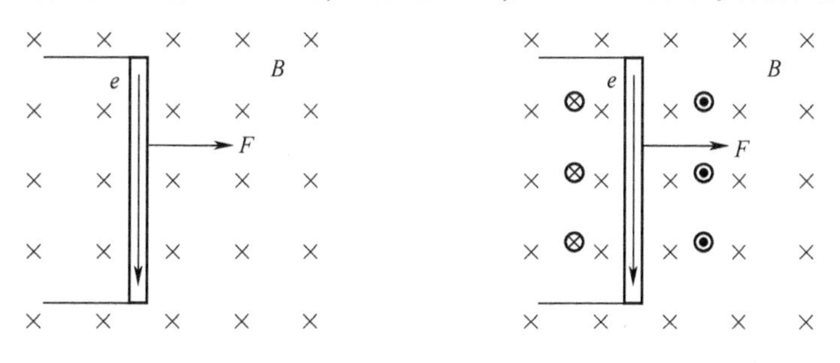

（a）左手定则确定方向　　（b）磁场相互作用确定力

图1-5　载流导体在磁场中受到的电磁力

用到安培电磁力定律，也称毕奥-萨法尔定律。

平行导线通电后的相互作用力为

$$F = BIL \tag{1-4}$$

方向由左手定则确定。

1.2.3 电机可逆原理

一台电机原则上既可以作为发电机运行，也可以作为电动机运行，只是其输入输出的条件不同而已。如用原电动机拖动电机的电枢，将机械能从电机轴上输入，而电刷上不加直流电压，则从电刷端可以引出电动势作为电源，可输出电能，电机将机械能转换成电能而成为发电机；如在电刷上加直流电压，将电能输入电枢，则从电机轴上输出机械能，拖动生产机械，将电能转换成机械能而成为电动机。这种同一台电机，既能作发电机又能作电动机运行的原理，称为电机的可逆原理。

1.3 特种电机

1.3.1 特种电机的定义

特种电机是指结构、性能、用途或原理与常规电机有所不同，具有特殊性能、特殊用途的电机。微特电机是指直径小于160mm或额定功率小于750W且具有特殊性能、特殊用途的微型电机。显然特种电机包含微特电机，但其内涵比微特电机大[13-17]。

永磁同步电机、无刷直流电机、开关磁阻电机、步进电机、电容电机、直线电机、脉冲发电机、超声波电机等都属于特种电机。

特种电机技术所涉及的学科和技术领域包括了电机技术、材料技术、计算技术、控制技术、微电子技术、电力电子技术、传感技术、网络技术等，属多学科、多技术领域交叉的综合技术，是典型的光、机、电、声一体化产品。特种电机种类繁多，用途多种多样，已成为工业自动化、农业现代化、武器装备现代化、办公自动化等领域的基础产品。

现代特种电机既可以用来提供功率（提供动力），也可以用来提供控制（如转速、转角、位置等控制），或者两者兼而有之。随着国民经济的发展和人们生活水平的不断提高，现代特种电机广泛应用于家用电器、办公自动化、汽车、电动自行车、通信、纺织机械和航天军工领域。特种电机产品因其用途广泛而具有广阔的市场前景，现代特种电机不仅仅是一种零件级的产品，而是已经上升到了系

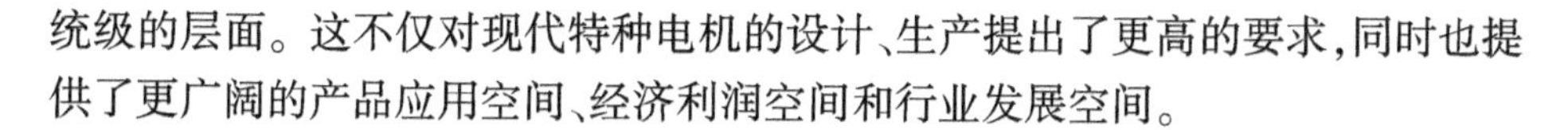
统级的层面。这不仅对现代特种电机的设计、生产提出了更高的要求,同时也提供了更广阔的产品应用空间、经济利润空间和行业发展空间。

1.3.2 特种电机产生背景

为满足不同应用的要求,适应新的技术进步,需要不断开发各种新材料、新结构的特种电机,因此很多特种电机是为满足各种极端条件下的特殊应用要求而产生的。例如,具有效率和功率因数高、起动转矩大、体积小、重量轻、抗过载能力强等优点的永磁同步电机[18];体现着当今大功率开关器件、专用集成电路、稀土永磁材料、新型控制理论及电机理论最新成果的无刷直流电机[19];定子绕组的磁阻随转子位置而改变的开关磁阻电机;将数字脉冲信号直接转换为线位移或角位移的步进电机;利用定、转子电极之间基于静电能的能量变化趋势产生静电转矩,驱动转子旋转的电容电机;完成直线运动只需电机无需齿轮,联轴器或滑轮的直线电机;可用于电磁炮、电热炮、激光武器、微波武器等脉冲功率武器,集惯性储能、机电能量转换和脉冲成形于一体的脉冲发电机;突破电磁电机概念,无电枢绕组和磁路,不依赖于电磁相互作用来转换能量,而采用高压电陶瓷逆压电效应和超声振动,将材料的微观变形由共振放大和摩擦驱动转变为转子运动的超声波电机。

1.3.3 特种电机发展趋势

特种电机技术的发展趋势是继续开发新型特种电机,使其更加智能化、一体化、特种化、无刷化、直驱化、实用化等,以满足特种应用的要求。

1. 开发新型特种电机

为满足特种应用的要求,适应新的技术进步,需要不断开发各种新材料、新型结构的特种电机。使用新型结构,例如轴盘结构、片材缠绕、拼块组合结构、新型材料等,新型材料方面如稀土永磁具有低成本、高性能的特性。

特种电机是能量转化和能量传递的关键元件,最初人们只注重研究电机的本体,当前科研人员已经把研究重点聚焦到特种电机能量转换的整个系统。一是科研人员要开发出对太阳能、核能、风能等新型能源利用效率高和力能指标好的特种电机;二是要开发非电磁原理的特种电机;三是要开发适于在信息领域、微机电系统、机器人、航天器、宇宙探测、生物工程等领域应用的特种电机。

2. 智能化

现代特种电机不仅仅是简单地提供动力能,还要提供高精度的复杂的运动控制,具备自适应、自学习、自保护等功能。这些功能的实现,都离不开智能化。而智能化的实现,又离不开现代控制理论、传感器技术、电子技术和新型材料。所以,现代特种电机是一种多学科交叉的综合性科学技术,其发展方向也是广泛、多样的。例如,电动车智能化要求驱动电机及控制系统能使电动汽车和混合型汽车运行在最佳状态,能耗最少;智能型电动自行车驱动电动机和控制器,可实现人力和电力的合理使用,以满足上坡行驶和增大行驶距离的要求。

3. 一体化

现代特种电机不仅仅是局限于传统电机的种类范畴。它涵盖了电机本体、计算机和功率转换器、电子控制器、控制技术和传感器等多个方面,并在电机设计和制造方面,也经常与执行机构整合在一起。现代特种电机已不是执行器的一部分,而是可以实现完整的机电一体化系统的功能。例如,无刷直流电动机,除了电动机本体外,还必须有驱动控制电路与之配套,离开了驱动控制电路,无刷电动机根本无法运行;脉冲发电机集惯性储能、机电能量转换和脉冲成形于一体。

4. 特种化

现代特种电机应用背景与要求各不相同,这就决定了现代微特电机发展的多样性。随着技术的进步和需求的发展,特种电机更加“特种化”,具体表现为小型化、极速化、高速化、调速化、无刷化、直驱化、实用化等。

(1) 小型化。很多产品对特种电机的体积提出了很高的要求。为了满足信息产品小型化和随身携带的需求,对电机提出了小型化的要求。为了达到小型化的目的:一方面需要不断使用新型的高性能材料与电子元器件,提高电机的功率密度;另一方面要研究新型的电机拓扑结构和运行原理。

(2) 极速化。为了实现直接驱动、提高运行精度,就经常会需要一些速度极高或极低的电机。这对现代特种电机本体设计及控制方法都提出了很高的要求,也是现代特种电机的重要发展方向之一。例如特种直线电机中的电磁轨道炮线速度可达2500m/s,远超传统电机100m/s的线速度上限。

(3) 高速化。高速化是特种电机的发展趋势之一。例如,随着计算机外设存储密度的不断提高,为其配套的主轴无刷电动机转速已达到8000r/min以上;为达到较大的惯性储能,空芯脉冲发电机转速高达10000r/min。

(4) 调速化。传统的电机驱动系统中,电机往往是工作在开、关方式的。频繁的开关对电机、控制器和电网(电源)都带来很大的冲击,降低其可靠性。而且,电机负载的性能也会受到影响,例如,传统开关方式的空调舒适度比采用变频调速方式的空调要差得多。因此,现代特种电机经常采用调速运行的方式,既可克服上述的缺点,还可以提高整个系统效率与性能[20]。

5. 无刷化

有刷电动机由于电刷、换向器的存在,可靠性差、寿命短,需经常维修保养,换向时会产生电磁干扰,因此有刷电动机逐渐被无刷直流电动机所取代,也就是无刷化。

一般无刷电动机是指永磁无刷直流电动机,但只要不带电刷换向装置的电动机,像永磁同步电动机、步进电动机、开关磁阻电动机等,都可以算作无刷电动机。这些无刷化的电动机都可克服传统有刷直流电动机的缺点。例如,信息处理系统、视听设备以及工业控制的运动伺服系统中,现都采用了高性能、高可靠性的无刷直流电动机;在航空航天、武器装备的位置控制和增量控制系统中,无刷电动机正在替代传统有刷电动机。

6. 直驱化

直接驱动是现代特种电机的一个重要研究方向。在需要很低或很高转速的应用场合,或要求线性运动或其他运动方式的场合,需要增加一套转速变换机构或变换运动方式的机构。这些机构不仅增加了系统体积、降低了可靠性,还降低系统效率和控制精度。所以,高速电机、低速大转矩电机、直线电机等特种电机应运而生,它可省去机械变速机构,具有良好的品质因素和高可靠性。如高精度、免维护、大推力、高速度的无刷直线伺服电动机代替传统的机械传动,如丝杠、齿轮箱、齿轮齿条,应用于半导体晶片加工、数控机床、多功能平台等。

7. 实用化

特种电机实用化主要包括高效节能和高可靠性两个方面。

(1) 高效节能。高效节能是特种电机永恒的发展趋势,也是特种电机得以实用化、取代传统电机的必由之路。

(2) 高可靠性。随着特种电机应用领域的拓展,对可靠性要求越来越高。例如人工心脏电机、汽车电动助力转向系统电机、载人宇宙飞船上用的电机,可靠性要求100%。

1.3.4 特种电机应用

随着特种电机技术不断发展、成熟,其应用领域也不断拓展,大致可分为信息行业、汽车行业、家电行业、军工行业等用特种电机。

1. 信息行业

信息行业中信息的输入、输出、存储、处理等环节,都需要特种电机作支撑,包括永磁直流电动机、无刷直流电动机、同步电动机、步进电机、振动电机、直线电机等,涉及的信息处理设备有手机、计算机、传真机、打印机、复印机等。

2. 汽车行业

特种电机是汽车上的关键部件,汽车上的电动雨刮器、电动摇窗机、自动调节座椅、自动门锁、防盗装置、电动反光镜、减振控制装置、动力天线、速度控制器、音响设备、双头收缩灯、空调等需要特种电机驱动。一辆经济型轿车每辆均配备了 30 多个小型电机,高级车配备至少有 60 多个小型电机,豪华型轿车拥有近 100 多个小型电机。

3. 家电行业

现代家庭的电气化程度非常高,家电更换周期非常快,对电机的支持提出了低噪声、高效率、低振动、速度控制和智能化的要求。互联网、智能家居等的飞速发展,特种电机起着越来越重要的作用。例如,空调、洗衣机、电风扇、微波炉、电冰箱、油烟机、吸尘器、豆浆机、跑步机、电吹风机、录音机、照相机、电动玩具、无人机等,必须用特种电机作为基础动力元件。

4. 军工行业

军事装备及工业设备是特种电机最早应用的地方。例如,雷达伺服跟踪系统要用伺服电动机拖动天线,要用旋转变压器检测方位,要用测速发电机进行跟踪反馈。虽然军工行业特种电机用量不大,但它是促进特种电机向智能化、一体化、特种化、无刷化、直驱化、实用化等方向发展的重要推动力,也是科研人员继续开发新型特种电机的重要推动力。

1.4 典型特种电机

典型特种电机包括永磁同步电机、无刷直流电动机、开关磁阻电机、步进电机、电容可变式静电电机、直线电机、脉冲发电机、超声波电机等。

1.4.1 永磁同步电机

永磁同步电机采用永磁体励磁,具有效率和功率因数高、起动转矩大、力能指标好、温度低、体积小、重量轻、抗过载能力强等优点,在工业生产和日常生活中得到了广泛应用。尤其是近年来高耐热性、高磁性钕铁硼永磁体的成功开发以及电力电子元件的进一步发展和改进,使得稀土永磁同步电机的研究开发在国内外进入了一个新的时期,在理论研究和应用领域均得到了质的飞跃,如电动汽车行业、轨道交通行业和航空、航天等领域得到广泛应用。目前永磁同步电机正朝着超高速、高转矩、大功率、微型化、高功能化方向发展。

永磁同步电机是一个高阶、非线性、强耦合的时变系统,为了简化和求解同步电机的数学模型,实现电机数学模型的解耦,运用电机不同坐标系变换理论对电机三相静止坐标系与两相定子正交坐标系、两相转子坐标系进行线性变换。永磁同步电机的性能随控制技术的不断提高而进一步提升。

本书针对永磁同步电机，介绍定子三相对称绕组产生的旋转磁场及工作原理，针对表贴式和内置式两种不同的永磁体放置方式、特点及其向量图、矩角特性和功率角的意义；利用空间矢量的逆变器开关状态和电压状态，模仿直流电机的控制方式，通过旋转坐标变换将交流电机的定子电流解耦为相互正交的励磁分量和转矩分量分别加以控制的矢量控制；直接检测电机的定子电流和电压，借助瞬时空间矢量理论计算电机的磁链和转矩，并计算参考值和给定值之间的差值，借助离散的两点式调节实现磁链和转矩的直接控制；同时，介绍非线性控制方法中的模糊控制和滑模变结构控制；最后，总结永磁同步电机的优缺点、应用和发展趋势。

1.4.2 无刷直流电动机

近年来，无刷直流电动机是随着高磁能积的稀土永磁材料、半导体开关器件及其控制驱动技术进步而发展起来的一种新型电机，具有效率高、体积小、重量轻、可靠性高、特性好、调速方便、结构简单等一系列优点，已广泛地应用于电动汽车、医疗器械、国防工业、精密电子仪器与设备、工业自动化等国民经济的各个领域。

无刷直流电动机的发展已经与大功率开关器件、专用集成电路、稀土永磁材料、新型控制理论及电机理论的发展紧密结合，体现着当今应用科学的许多最新成果，促进了高效节能电机技术国有知识产权的开发，因而具有很强的应用前景和理论创新意义。

本书针对无刷直流电动机，介绍无刷直流电动机的基本结构、工作原理和数学模型，并给出实例；总结归纳无刷直流电动机设计特点和分析方法，特别是通过有限元法和集总参数计算转子涡流损耗和温度场分布，并进行对比分析；通过阐述控制器总体结构、逆变器设计、主控制单元、逻辑处理单元、信号采样及保护隔离论述无刷直流电动机控制器的设计。

1.4.3 开关磁阻电机

开关磁阻电机是一种新型调速电机，调速系统兼具直流、交流两类调速系统的优点，是继变频调速系统、无刷直流电动机调速系统的最新一代无极调速系统，具有结构简单坚固、调速范围宽、调速性能优异，且在整个调速范围内均具有较高效率，系统可靠性高。由于具有比变频调速系统更高的电能—机械能转换效率，开关磁阻电机已成为交流电机调速系统、直流电机调速系统和无刷直流电机调速系统的强有力竞争者。

本书针对开关磁阻电机，介绍开关磁阻电机的数学模型、运行原理、拓扑结构控制方式；根据常用的功率变换器拓扑，介绍低速和高速下的电机控制方式以及调试系统的组成，针对电机的定子磁链与电磁转矩的关系、能量转换与定子磁链的关系、机械特性等进行参数分析，最后总结磁阻电机的技术特点、应用和发展趋势。

1.4.4 步进电机

步进电机是一种将数字脉冲信号转换为线位移或角位移的机电一体化的特种电机，具有较高的开环控制精度、无累积误差及位置速度易于控制等优点，广泛应用于计算机外围设备、自动机械、数控机床等运动控制领域。

本书针对步进电机，介绍两相混合式步进电机的结构、运行原理、运行特性及传统驱动技术；阐述细分恒流驱动技术；针对两相混合式步进电机设计一种细分的驱动方法；针对三相△绕组的步进电机设计一种细分驱动方法。

1.4.5 电容可变式静电电机

电容可变式静电电机是一种利用电容可变原理的特种电机，是利用静电为能量源的一种能量转换装置。类似于开关磁阻电机的磁阻最小工作原理，电容可变式静电电机施加驱动电压后，利用定转子电极之间基于静电能的能量变化趋势产生静电转矩，驱动转子旋转以实现定转子电极之间能量最小。与电磁式电机相比，电容可变式静电电机具有一系列优点：节省了绕组线圈、铁芯和永磁体，构造简单，加工容易，成本低；没有绕组线圈的铜损，铁芯、永磁体中的铁损，电机损耗小，效率高；不用考虑高温对永磁体去磁和绕组绝缘的影响，适用于超高温领域；电机中没有磁性材料，也没有磁场产生，电机不受外界磁场影响，适用于强磁场领域。另外，由于电极之间的电场强度与电极表面导电层的厚度无关，电极可以采用更轻的绝缘材料再镀一层导电层的方式来实现电机的轻量化。目前，电容可变式静电电机在微机电系统中得到了广泛的应用。

本书针对电容可变式静电电机，阐述这种电机的发展历史及分类，介绍电机的结构及工作原理，给出微型和常规尺寸静电电机实例；重点针对一种电容可变常规尺寸型静电电机进行电容仿真分析、电机优化、电机性能验证；归纳总结电容可变式静电电机的应用及发展趋势。

1.4.6 直线电机

直线电机是一种将电能直接转换成直线运动机械能，而不需要任何中间转换机构的传动装置。直线电机完成直线运动只需电机，无需齿轮、联轴器或滑轮，与机械系统相比具有很多独特的优势，如适合直线运动，具有“零传动”特性，速度快、加减速过程短、精度高、结构简单，体积小、行程长度不受限制、速度范围宽、工作安全可靠、寿命长、维护简单、反应速度快、灵敏度高、随动性好、运动安静、噪声小、适应性强等优点。直线电机在轨道交通、航空航天、电磁弹射、电磁炮、数控、工业等军事、民用行业中得到广泛应用。为此，近年来许多国家积极研究直线电机的应用，这让直线电机的应用推广越来越广泛[21-23]。

本书针对直线电机，介绍直线电机的初级、次级和气隙的基本结构；直线感应电机、直线同步电机、直线直流电机、直线步进电机、混合式直线电机等5种直线电机的工作原理；给出平板型直线电机、U形槽形直线电机、圆筒形直线电机、圆盘形(圆弧形)直线电机4类直线电机的结构特点；特别介绍电磁轨道炮、电磁线圈炮、电磁重接炮3种特种直线电机；归纳总结直线电机的发展、技术特点与应用。

1.4.7 脉冲发电机

脉冲发电机是一种基于惯性储能，利用补偿原理和磁通压缩原理，极大降低电枢绕组的内电感，从而获得幅值极高的脉冲电流的特种电机。脉冲发电机是集惯性储能、机电能量转换和脉冲成形于一体的一种新型脉冲电源，具有储能密度高、功率密度高、脉冲波形灵活可调、能够连续输出脉冲能量、系统构造简单、成本低、维护简单、寿命长等技术特点，可用于电磁炮、电热炮、激光武器、微波武器等脉冲功率武器，也可用于脉冲强磁场、核聚变、自备电源、电磁成形、电磁喷涂、电磁杀菌、电磁冶炼、粒子束和野外地质勘测脉冲信号源等领域，未来还会开拓出更多应用领域，具有广阔的应用前景和军事、民用价值。

本书针对脉冲发电机，简要介绍脉冲功率源和脉冲发电机的定义及其特点；论述脉冲发电机的发展史，脉冲发电机磁通压缩、电感补偿原理、自激机理、补偿原理和数学模型，主动补偿式脉冲发电机、被动补偿式脉冲发电机和选择被动补偿式脉冲发电机3种电机的分类特点；归纳总结脉冲发电机的技术特点、应用与发展方向。

1.4.8 超声波电机

超声波电机是一种以超声频域的机械振动为驱动源的新型一体化特种电机，由于无需磁场的耦合，特别适应于复杂电磁环境的场合；超声波电机具有体积小、自锁力矩大、频响高、输出力矩大、直接拖动负载而无需要减速机构的优势,特别适用于航空航天领域低速和高转矩的伺服跟踪系统,具有广泛的应用前景[24]。

本书针对超声波电机,介绍超声波电机的现状、技术特点和应用领域;给出超声波电机的基本结构、行波的产生、运行原理;分析变频控制、变幅控制和变相控制 3 种控制策略的特点;针对变频控制完成了基于 DSP 的控制方案的系统总体设计、硬件电路设计和控制软件设计,并完成了试验验证。

参考文献

[1] 李钟明,刘卫国,等. 稀土永磁电机[M]. 北京:国防工业出版社,2001.
[2] 王莹. 脉冲功率科学与技术[M]. 北京:北京航空航天大学出版社,2010.
[3] 顾绳谷. 电机及拖动基础[M]. 北京:机械工业出版社,2007.
[4] 翟庆志. 电机与新能源发电技术[M]. 北京:中国农业大学出版社,2011.
[5] 汤蕴璆,张奕黄,范瑜. 交流电机动态分析[M]. 北京:机械工业出版社,2005.
[6] 唐任远. 现代永磁电机理论与设计[M]. 北京:机械工业出版社,1997.
[7] 王成元,夏加宽. 现代电机控制技术[M]. 北京:机械工业出版社,2008.
[8] 任德江,黄渠,李建军,等. 微特电机产业综述与展望[J]. 防爆电机,2019,54(06):42-46.
[9] 彭小武,刘江涛,赖德全. 伺服电机的发展及研究综述[J]. 南方农机,2019,50(12):129.
[10] 寇宝泉,赵晓坤,王梦瑶,等. 反凸极永磁同步电机及其控制技术综述[J]. 中国电机工程学报,2019,39(08):2414-2425,24.
[11] 秦虹. 级联式无刷双馈电机技术研究综述[J]. 科技通报,2018,34(11):11-15,23.
[12] 罗林,宋春华. 微特电机发展综述[J]. 橡塑技术与装备,2016,42(06):38-39.
[13] 李鹏,王佳民,王卿. 微特电机发展综述[J]. 微特电机,2014,42(09):89-92.
[14] 黄坚. 中小型电机技术发展综述[C]. 电气技术发展综述:中国电工技术学会,2004:274-278.
[15] 张思明. 国内外新原理新结构微特电机综述[J]. 电子元器件应用,2001(Z1):6-8,11.
[16] 牒正文. 微特电机工业发展综述[C]. 电气技术发展综述:中国电工技术学会,2004:205-213.
[17] 张凤阁,杜光辉,王天煜,等. 高速电机发展与设计综述[J]. 电工技术学报,2016,31(07):1-18.
[18] 唐任远. 稀土永磁电机发展综述[J]. 电气技术,2005(04):1-6.
[19] 师辉,吉智. 永磁电机优化设计技术综述[J]. 机电信息,2016(27):61-63.

[20] 樊君莉. 控制电机发展综述[J]. 电气技术,2006(07):50-53.
[21] 章达众,廖有用,李国平. 直线电机的发展及其磁阻力优化综述[J]. 机电工程,2013,30(09):1051-1054.
[22] 叶云岳. 直线电机技术的研究发展与应用综述[C]. 电气技术发展综述:中国电工技术学会,2004:260-267.
[23] 叶云岳. 国内外直线电机技术的发展与应用综述[J]. 电器工业,2003(01):12-16.
[24] 陆菲,韩敏,赵舒博. 超声电机专利技术综述[J]. 中国新通信,2018,20(18):156.

第2章

永磁同步电机

2.1 永磁同步电机简介

历史上第一台电机是永磁电机，但当时由于永磁材料性能较差，永磁体矫顽力和剩磁均较低，不久就被电励磁电机取代。直到20世纪70年代，以钕铁硼为代表的稀土永磁材料拥有了较大矫顽力和剩磁，退磁能力和磁能积也明显增强，所以大功率永磁同步电机逐渐登上历史舞台。

当前，关于永磁同步电机的研究日趋成熟，同时它正朝着高速化、大转矩、大功率、高效率、微型化和智能化方向发展。近年来，永磁同步电机的发展迅速，出现了很多高性能电机。比如1986年德国西门子公司开发的230r/min、1095kW的六相永磁同步电机，它主要为舰船提供动力，其体积比传统的直流电机小近60%，损耗降低约20%。还有瑞士ABB公司建造的用于舰船推进的永磁同步电机最大安装容量达到38MW。我国对永磁电机的研究起步晚，但随着国内学者和政府的大力投入，它的发展也很迅速。目前，我国已经研制生产出3MW的高速永磁风力发电机，同时，南车株洲公司也在研制更大功率的永磁电机[1-3]。

2.2 永磁同步电机工作原理

2.2.1 数学模型

永磁同步电机是一个高阶、非线性、强耦合的时变系统，为了简化和求解同步电机的数学模型，实现电机数学模型的解耦，运用电机坐标变换理论对电机三相静止坐标系（即自然坐标轴系）的基本方程进行线性变换。其变换需满足的假设前提为：电机三相绕组对称，忽略空间谐波，磁势沿气隙圆周按正弦分布；忽略电机内部铁芯的磁饱和，各绕组的自感和互感都为线性；不计电机中的涡流和磁滞损耗;忽略电机内部温度对绕组等的影响;转子上无阻尼绕组。

常用的坐标系关系如图 2-1 所示。其中,$A-B-C$ 坐标系为永磁同步电机三相定子坐标系; $\alpha-\beta$ 坐标系为两相定子正交坐标系,其 α 轴的定义与三相定子坐标系的 A 轴重合;$d-q$ 坐标系为与转子同步旋转的两相转子坐标系(即转子几何轴线坐标系);$x-y$ 坐标系为定子磁链矢量坐标系。d 轴与 A 相的夹角为转子位置角 θ_γ,x 轴与 d 轴的夹角为转矩角 δ。当 x 轴超前 d 轴时,转矩角为正。转子永磁体磁链 ψ_f 和转子等效电流 i_f 的方向与 d 轴相同。空载反电动势 E_0 的方向与 q 轴相同。

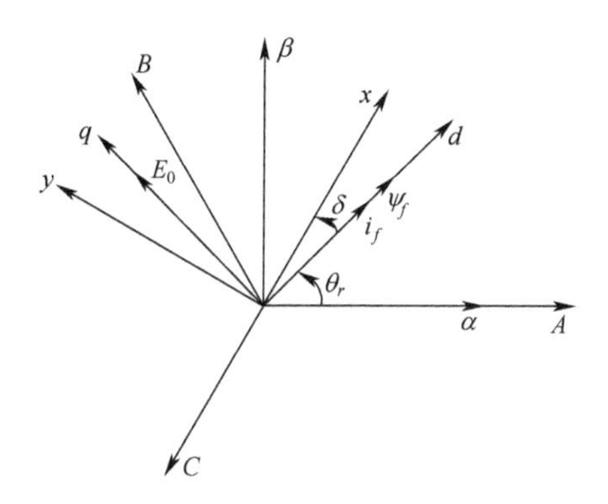

图 2-1 常用的坐标系关系

2.2.1.1 $A-B-C$ 坐标系下的永磁同步电机数学模型

永磁同步电机在 $A-B-C$ 坐标系下的电压方程为

$$\begin{cases} u_a = Ri_a \pm p\,\psi_a \\ u_b = Ri_b \pm p\,\psi_b \\ u_c = Ri_c \pm p\,\psi_c \end{cases} \tag{2-1}$$

式中: u_a, u_b, u_c 为定子三相电压; i_a, i_b, i_c 为定子三相电流; ψ_a, ψ_b, ψ_c 为定子三相绕组磁链; R 为定子各相绕组电阻;p 为对时间的微分算子。

永磁同步电机在 $A-B-C$ 坐标系下的磁链方程为

$$\begin{bmatrix} \psi_a \\ \psi_b \\ \psi_c \end{bmatrix} = \begin{bmatrix} L_{aa}(\theta_r) & M_{ab}(\theta_r) & M_{ac}(\theta_r) \\ M_{ba}(\theta_r) & L_{bb}(\theta_r) & M_{bc}(\theta_r) \\ M_{ca}(\theta_r) & M_{cb}(\theta_r) & L_{cc}(\theta_r) \end{bmatrix} \begin{bmatrix} i_a \\ i_b \\ i_c \end{bmatrix} + \begin{bmatrix} \psi_{ra}(\theta_r) \\ \psi_{rb}(\theta_r) \\ \psi_{rc}(\theta_r) \end{bmatrix} \tag{2-2}$$

式中: $L_{aa}(\theta_r), L_{bb}(\theta_r), L_{cc}(\theta_r)$ 为定子各相绕组自感,是 θ_r 的函数; $M_{ab}(\theta_r)$, $M_{ac}(\theta_r), M_{ba}(\theta_r), M_{bc}(\theta_r), M_{ca}(\theta_r), M_{cb}(\theta_r)$ 为定子各相绕组间的互感,是 θ_r 的函数; $\psi_{ra}(\theta_r), \psi_{rb}(\theta_r), \psi_{rc}(\theta_r)$ 为转子磁链在定子三相绕组中产生的交链,是 θ_r

的函数；$\theta_r=\omega_r\cdot t$ 为转子转过的角度，ω_r 为转子旋转角速度。

根据上面的假设将磁链方程代入电压方程，得

$$\begin{bmatrix} u_a \\ u_b \\ u_c \end{bmatrix} = \begin{bmatrix} R+pL & -\frac{1}{2}pL & -\frac{1}{2}pL \\ -\frac{1}{2}pL & R+pL & -\frac{1}{2}pL \\ -\frac{1}{2}pL & -\frac{1}{2}pL & R+pL \end{bmatrix} \begin{bmatrix} i_a \\ i_b \\ i_c \end{bmatrix} - \omega_r\psi_f \begin{bmatrix} \sin\theta_r \\ \sin\left(\theta_r-\frac{2\pi}{3}\right) \\ \sin\left(\theta_r+\frac{2\pi}{3}\right) \end{bmatrix} \tag{2-3}$$

如果三相绕组中的三相电流满足 $i_a+i_b+i_c=0$，则式(2-3)可简化为

$$\begin{bmatrix} u_a \\ u_b \\ u_c \end{bmatrix} = \begin{bmatrix} R+\frac{3}{2}pL & 0 & 0 \\ 0 & R+\frac{3}{2}pL & 0 \\ 0 & 0 & R+\frac{3}{2}pL \end{bmatrix} \begin{bmatrix} i_a \\ i_b \\ i_c \end{bmatrix} - \omega_r\psi_f \begin{bmatrix} \sin\theta_r \\ \sin\left(\theta_r-\frac{2\pi}{3}\right) \\ \sin\left(\theta_r+\frac{2\pi}{3}\right) \end{bmatrix} \tag{2-4}$$

2.2.1.2 d-q 坐标系下的永磁同步电机数学模型

为了简化永磁同步电机的数学模型，通过 $3s/2r$ 变换将上面三相 A-B-C 静止坐标系的方程转换到两相 d-q 旋转坐标系中。这种等效变换可以使电机阻抗对角线化，消除定子绕组相间的静止耦合及定子与转子绕组之间的旋转耦合。

d-q 同步旋转坐标系把定子电流矢量分解为两个分量：一个分量与电枢磁动势重合，称为转矩电流分量（即 q 电流分量）；另一个分量与励磁磁场重合，称为励磁电流分量（即 d 轴电流分量）。通过控制定子电流空间矢量的相位和幅值，也就是控制转矩电流分量和励磁电流分量的相位和幅值，实现对磁场和转矩的解耦控制。

d-q 同步旋转坐标系下的永磁同步电机电压、磁链、电磁转矩和机械运动方程分别为

$$\begin{cases} u_d = Ri_d + p\psi_d - \omega_r\psi_q \\ u_q = Ri_q + p\psi_q - \omega_r\psi_d \end{cases} \tag{2-5}$$

$$\begin{cases} \psi_d = L_d i_d + \psi_f \\ \psi_q = L_q i_q \end{cases} \tag{2-6}$$

$$T_e = 1.5n_p(\psi_d i_q - \psi_q i_d) \tag{2-7}$$

$$T_e = J\frac{d\omega_r}{dt} + T_L + B\omega_r \tag{2-8}$$

式中：u_d,u_q 为 d,q 轴电压；i_d,i_q 为 d,q 轴电流；L_d,L_q 为 d,q 轴电感；R 为定子各相绕组电阻；ω_r 为转子角速度；ψ_d,ψ_q 为 d,q 轴磁链；ψ_f 为永磁体通过定子绕组的磁链；p 为微分算子，$p=d/dt$；n_p 为电机极对数；J 为转子和所带负载的总转动惯量；T_L 为负载转矩；B 为黏滞摩擦系数；T_e 为电磁转矩[4-6]。

2.2.2 基本运行原理

2.2.2.1 旋转磁场

一般三相交流电机的定子铁芯表面都开有齿槽，匝数相同的三相绕组均匀地分布在这些槽内，每相绕组经串、并联后的等效轴线在空间上互差 120°，符合上述条件的绕组即称为三相对称绕组。图 2-2 给出了一台由最简单的三相对称绕组组成的三相永磁电机，该电机为两极电机，每相绕组仅由一个独立的整距线圈构成，三相绕组对应的线圈分别用首尾端表示为 $A-X$、$B-Y$ 和 $C-Z$。规定电流从尾端（X、Y、Z）流入、从首端（A、B、C）流出为正；反之为负。“⊕”表示电流流入纸面，“⊙”表示电流流出纸面，由此画出三相绕组的轴线如图 2-2(a)所示。很显然，A 轴、B 轴和 C 轴在空间上互成 120°。

当三相对称绕组接至对称的三相交流电源上时，绕组内部便产生对称的三相电流，其瞬时表达式如式(2-9)。三相对称电流随时间变化的曲线以及 $\omega t=0$ 时刻的时间相量图如图 2-2(b)所示。

$$\begin{cases} i_A = I_m\cos(\omega t) \\ i_B = I_m\cos(\omega t - 120°) \\ i_C = I_m\cos(\omega t - 240°) \end{cases} \tag{2-9}$$

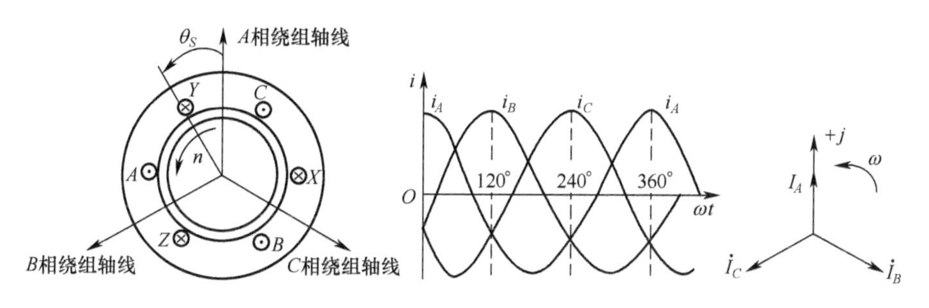

（a）结构示意图　　（b）三相对称电流波形与相应的时间相量图

图 2-2 最简单的三相永磁电动机定子与三相对称电流的波形

为了定性说明三相对称绕组通以三相对称电流所产生合成磁场情况，图 2-3分别绘出了当 $\omega t = 0°(t = 0)$ 、$\omega t = 120°(t = T/3)$、$\omega t = 240°(t = 2T/3)$、

$\omega t=360°(t=T)$ 四个瞬时的合成磁场情况。

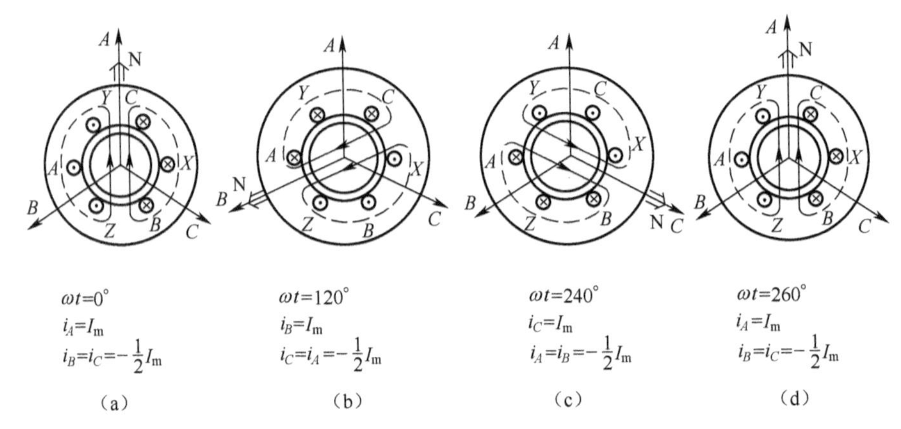

图 2-3　两极电机产生的旋转磁场的示意图

由图 2-3(a)可见,在 $\omega t=0°$时, $i_A=I_m, i_B=i_C=-I_m/2$, 按实际电流的正负,将各相电流分别绘制在图 2-3(a)所示的各相绕组中。根据右手螺旋定则,可获得在 $\omega t=0°$ 时三相定子绕组的合成磁场方向,如图 2-3(a)所示。在 $\omega t=120°$时, $i_B=I_m, i_A=i_C=-I_m/2$, 将其分别绘制在图 2-3(b)所示的各相绕组中,便可获得在 $\omega t=120°$时,三相定子绕组的合成磁场。同理可获得 $\omega t=240°$、$\omega t=360°$ 时三相定子绕组的合成磁场,分别如图 2-3(c)、(d)所示。

仔细观察图 2-3 可知,随着时间的推移,定子三相绕组所产生的合成磁场是大小不变、转速恒定的旋转磁场。当某相电流值达到最大时,定子合成磁场位于该相绕组的轴线上,由于三相定子电流的最大值是按照 A、B、C 的时间顺序依次交替变化的,相应合成磁场的旋转方向也是按照 $A \to B \to C$ 逆时针方向旋转。

对图 2-3 所示的两极电机而言,每相电流的最大值随时间变化一次(或经过一个周期),则相应的合成磁场就旋转一周,即移动两个极距。以每相电流一秒内的变化次数表示,则相应的合成磁场 1s 内将旋转 f_1 周或 f_1 对极距,由此可以获得两极电机旋转磁场的转速为 $n_1=60f_1$(r/min)。

若三相绕组为 p 对极,每相电流的最大值随时间变化一次,则相应的合成磁场将移动两个极距或 $1/p$ 周(图 2-4 给出了四极电机所产生的合成磁场情况)。考虑到每相电流 1s 内变化 f_1 次,则相应的合成磁场 1s 内将旋转 f_1/p 周,由此求得合成磁场的转速为

$$n_1=\frac{60f_1}{p}(\text{r/min}) \tag{2-10}$$

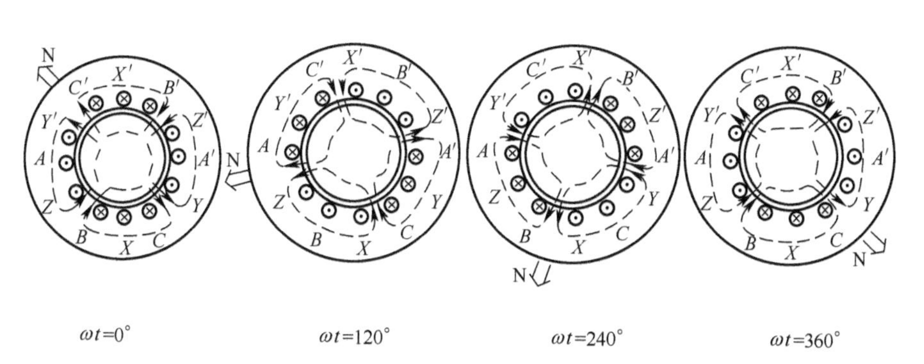

图 2-4　四极电机产生的旋转磁场的示意图

对于极对数确定的电机，由于合成磁场的转速 n_1 与三相定子绕组的通电频率 f_1 之间符合严格的同步关系，频率越高则转速 n_1 越高。因此，旋转磁场的转速又称为同步转速，简称为同步速。根据式(2-10)，对于工频为 50Hz 的供电系统，两极 f 电机($2p=2$)的同步速为 $n_1=3000\text{r/min}$ ，四极电机($2p=4$)的同步速为 $n_1=1500\text{r/min}$ ，六极电机($2p=6$)的同步速为 $n_1=1000\text{r/min}$ ……以此类推。

由上述分析可见，三相对称绕组通以三相对称电流将产生旋转磁场，旋转磁场的转速为同步速。

2.2.2.2　*永磁同步电机运行原理*

根据 2.2.2.1 小节得到的有关旋转磁场的基本结论可知：当在定子三相对称绕组中通以三相对称电流，电机内部便会产生以同步速 n_1 旋转的旋转磁势和磁场，图 2-5(a)为同步电机的结构示意图。图中，$A-X$、$B-Y$、$C-Z$ 分别表示等效的定子三相绕组，通常用图 2-5(b)所示的空间轴线表示。转子采用永久磁铁产生磁场，其极对数与定子绕组相同。若在永磁同步电机的定子 $A-B-C$ 三相对称绕组中分别通以下式所示的三相对称电流。

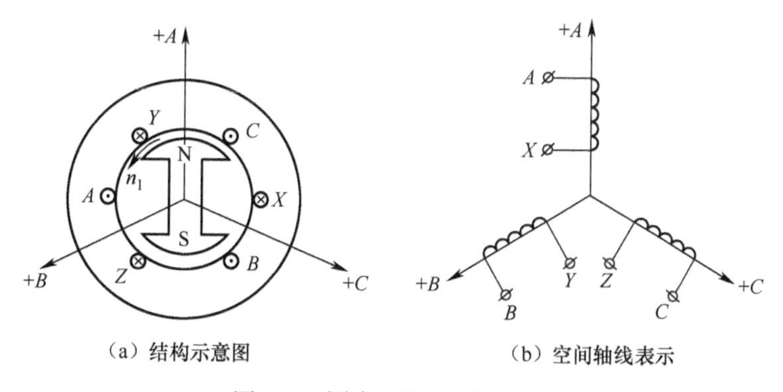

图 2-5　同步电机的结构示意图

$$\begin{cases} i_A = \sqrt{2}I\cos(\omega_1 t) \\ i_B = \sqrt{2}I\cos(\omega_1 t - 120°) \\ i_C = \sqrt{2}I\cos(\omega_1 t - 240°) \end{cases} \tag{2-11}$$

式中:I 为三相对称电流的有效值;ω_1 为通电角频率,$\omega_1 = 2\pi f_1$,f_1 为定子绕组的通电频率。

在三相对称电流的作用下,定子三相对称绕组必然产生圆形旋转磁势和磁场。定子旋转磁场的转速(即同步速)为

$$n_1 = \frac{60f_1}{p} \tag{2-12}$$

式中:p 为同步电动机的极对数。

式(2-12)表明,同步速既取决于电机自身的极对数又取决于外部通电频率。改变三相绕组的通电相序,定子旋转磁场将反向。

一旦永磁同步电机拖动机械负载稳定运行,则定子、转子旋转磁势因相对静止而叠加,从而形成以同步速旋转的气隙合成磁场,且转子磁极滞后气隙合成磁场一定角度。于是,转子磁极在同步速的气隙合成磁场拖动下,产生有效的电磁转矩并以同步速旋转。因此,同步电机的转子转速与定子绕组的通电频率之间保持严格的同步关系,同步电机由此而得名。

永磁同步电机名字的由来与异步电动机相对应,异步电机表现为转子转速只有与同步速之间存在差异(即转差)才能产生有效的电磁转矩。其根本原因在于,异步电机采用单边励磁,即仅靠定子三相绕组通以三相对称交流电流产生定子旋转磁势和磁场,转子绕组则是通过与定子旋转磁场的相对切割而感应转子电势和电流,并由转子感应电流产生转子旋转磁势和磁场。永磁同步电机则不同,由于采用的是双边励磁,即不仅定子三相绕组通以三相交流电产生旋转磁势和磁场,而且转子采用永磁体产生磁势和磁场,从而要求转子转速必须与定子旋转磁场保持同步(其转差为零),才能产生有效的电磁转矩。正因为励磁方式的不同,造成永磁同步电机与异步电机在运行原理、电磁关系上大相径庭。

以上介绍了永磁同步电机的基本运行原理。至于永磁同步发电机的基本运行原理,则可以理解为:在原电动机作用下转子旋转,转子磁极在气隙中产生旋转磁场,旋转磁场切割定子,在定子绕组中感应电势,并输出电功率,从而将原电动机输入的机械功率转换为电功率输出的过程,实现了机电能量转换[7-15]。

2.2.2.3 永磁同步电机结构

永磁同步电机定子的结构与异步电机基本相同,也是由定子三相对称分布绕组与定子铁芯组成,而转子则有所不同。永磁同步电机(PMSM)与普通同步

电机一样，也是由定子和转子两大部分组成，只是用转子上的永磁体取代了转子上的励磁绕组的励磁部分，其结构如图 2-6 所示。永磁同步电机较普通同步电机结构更加简单，加工和装配费用减少，且省去了容易出问题的集电环和电刷，提高了电机运行的可靠性；又因无励磁电流，无励磁损耗，提高了电机的效率和功率密度。永磁同步电机和无刷直流电机相比，结构基本相同，电机驱动器主电路也相同，只是取消了在无刷直流电机上的转子位置传感器，而根本不同之处在于其运动控制方式的不同：无刷直流电机的功率主回路中，三相桥的 6 个开关器件的通断由电机的转子位置决定，使得电机中的电磁场类似于直流电机中的电磁场；而永磁同步电机的运行是交流电机的原理，电机定子端输入的是三相对称正弦波，转子与定子在运行时严格保持同步，转速不随外部条件的变化而变化（如电压、负载转矩的波动等）。因此只要控制器给出的电压频率的精度能保证，则电机转速的精度也就能保证，而控制器的电压频率是由其内部晶体振荡器的精度决定的。晶体振荡器一般具有很高的精度，它使系统在稳定运行时不至于频繁调节，有利于运行的平稳性。永磁同步电机与无刷直流电机相比缺点是在负载突变时容易引起失步。但是，当负载相对恒定时，可忽略失步问题，同时若系统配置了速度反馈单元形成闭环控制，就排除了失步的可能。

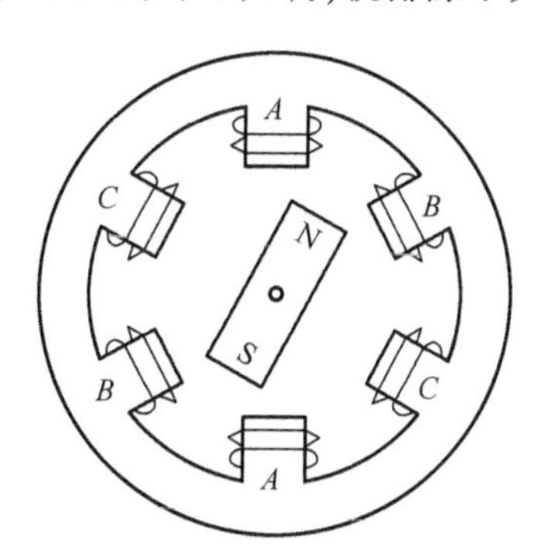

图 2-6　具有一对极的永磁同步电机结构示意图

当前，在交流伺服驱动系统中，普遍应用的交流永磁同步电机有他频式永磁同步电机和自频式永磁同步电机两种电机。

他频式永磁同步电机：称为正弦波反电动势电机或正弦波永磁同步电机。其定子电流采用“正弦波”原理，即经过加工设计，使转子上的永磁体产生的磁场沿气隙按正弦波分布，且将正弦波电流直接输入定子，这样就可以使电机的转矩波动在理论上为零。由于其转子转速与定子旋转磁场的转速是同步的，因此它的磁场定向矢量变换控制不需要如异步电机那样必须采取复杂的转子观察器来实现，而变得极其容易。从而使其具有和直流电机一样优良的动、静态控制性能。

自频式永磁同步电机：又称为方波反电势电机或无刷直流电机（brushless DC motor，BLDCM）。其特点是用电子换向线路来代替有刷直流电机的机械换向器，采用“方波”原理，即经过设计加工，使永磁转子产生的磁场沿气隙按矩形波或梯形波分布，将方波电流直接输入定子，这样就可以使电机的转矩波动在理论上为零。其定子电流的换流频率取决于转子转速，同时具有和直流电机一样优良的线性转矩控制性能。

永磁同步电机按照转子结构的不同分为：表贴式永磁同步电机和内置式永磁同步电机。由于这两种类型同步电机的永磁体结构以及放置的位置有所不同，相应永磁同步电机的矩角特性也存在很大差异。下面首先介绍这两种同步电机的结构特点，再分别讨论这两种永磁同步电机的相量图与矩角特性。

1. 表贴式永磁同步电机

1）转子结构特点

表贴式永磁同步电机的结构如图2-7所示。其中，定子绕组与普通异步电机和同步电机相同，由三相定子绕组产生同步速的定子旋转磁势和磁场；转子则通过环氧树脂将永磁体牢牢地粘接在转子铁芯表面上。

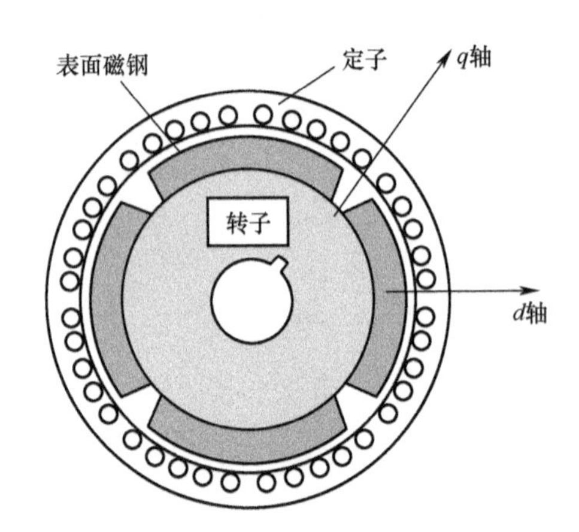

图2-7　表贴式永磁同步电机结构

表贴式永磁同步电机具有如下特点：

（1）考虑到转子的牢固性。表贴式永磁同步电机一般仅用于低速同步运行的场合。转速通常不超过3000r/min。但若采取其他措施，转子也可以在更高速下运行。

（2）考虑到永磁材料的相对磁导率较低（近似大于等于1），永磁体又粘接在转子表面上，因此表贴式永磁同步电机的有效气隙较大。该结构气隙均匀，即

转子为隐极式结构。其 d 轴和 q 轴同步电抗几乎相等，于是有 $L_d = L_q = L_s$，其特性呈现隐极式同步电机的特点。

（3）由于有效气隙较大，d 轴和 q 轴的同步电抗较小，则相应的电枢反应也较小。

2）相量图与矩角特性

根据上述结构特点可以得出如下结论：表贴式永磁同步电机的电磁过程与一般隐极式同步电机基本相同，其电压平衡方程式为

$$\dot{U} = \dot{E}_0 + r_a\dot{I}_a + jx\dot{I}_a \tag{2-13}$$

利用式(2-13)，绘出时空相量图，如图 2-8 所示。表贴式永磁同步电机的矩角特性为

$$T_{\mathrm{em}} = \frac{mE_0U}{x_t\Omega_1}\sin\theta = \frac{mpE_0U}{x_t\omega_1}\sin\theta = \frac{mp\Psi_fU}{x_t}\sin\theta \tag{2-14}$$

式中：$\omega_1 = p\Omega_1$，ψ_f 为转子永磁磁场在定子绕组内所匝链的磁链，且 $E_0 = \omega_1\psi_f$。对永磁同步电机，ψ_f 为常数。

根据图 2-8，可以获得表贴式永磁同步电机定子侧的输入电功率为

$$P_1 = mUI_a\cos\varphi = mI_a(E_0\cos\psi + r_aI_a) \tag{2-15}$$

电磁功率为

$$P_{\mathrm{em}} = P_1 - P_{\mathrm{Cua}} = P_1 - mI_a^2r_a = m\,E_0I_a\cos\psi \tag{2-16}$$

电磁转矩为

$$T_{\mathrm{em}} = \frac{P_{\mathrm{em}}}{\Omega_1} = mp\psi_fI_a\cos\psi \tag{2-17}$$

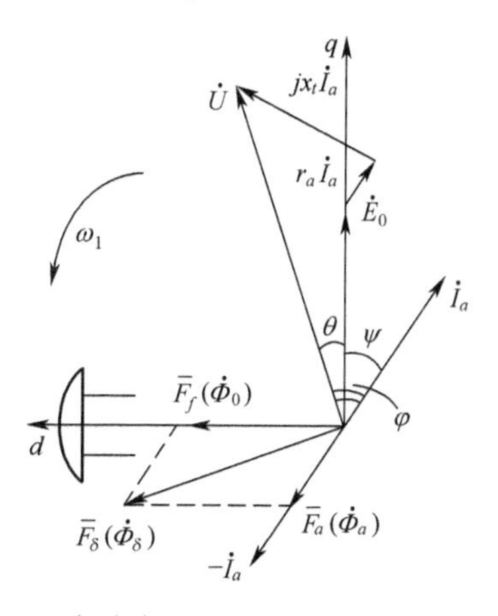

图 2-8 表贴式永磁同步电机的时空相量图

鉴于上述特点,表贴式永磁同步电机基本运行在恒励磁状态,相应地电机运行在恒转矩区域,其弱磁调速范围很小,并且一旦电机与供电变流器的输出电压和电流的定额确定,其定子侧的功率因数或转子磁势几乎不可能改变。

2. 内置式永磁同步电机

1)结构特点

内置式永磁同步电机的定子绕组与表贴式永磁同步电机相同,均形成同步速的定子旋转磁势和磁场;而转子则与表贴式永磁同步电机不同,其永磁体被牢牢地镶嵌在转子铁芯内部。

在内置式永磁同步电机中,转子永磁体的结构和形状是经过专门设计的。以确保转子磁势和磁场空间呈正弦分布。内置式永磁同步电机转子永磁体的结构种类较多,图 2-9 为内置式永磁同步电机的转子结构示意图。

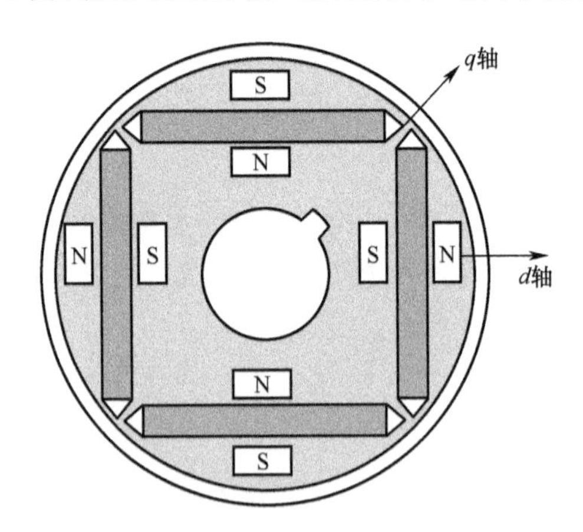

图 2-9　内置式永磁同步电机的转子结构示意图

内置式永磁同步电机具有如下特点:

(1)与表贴式永磁同步电机相比,内置式永磁同步电机结构较为复杂、运行可靠,可以在高速场合下运行。

(2)由于内置式永磁同步电机气隙较小,d 轴和 q 轴的同步电抗均较大,电枢反应磁势较大,因而存在相当大的弱磁空间。但去磁电枢反应磁势不宜过大,以免永磁体发生永久性退磁。

(3)与转子直流励磁凸极式同步电机不同的是,由于内置式永磁同步电机直轴的有效气隙比交轴的大(一般直轴的有效气隙是交轴的几倍),因此,直轴同步电抗小于交轴同步电抗,即 $x_d < x_q$(或电感 $L_d < L_q$)。

2)相量图与矩角特性

根据上述结构特点可如:内置式永磁同步电机的电磁过程与一般凸极式同

步电机基本相同。内置式永磁同步电机的电压平衡方程式为

$$\dot{U}=\dot{E}_0+r_a\dot{I}_a+jx_d\dot{I}_d+jr_q\dot{I}_q \tag{2-18}$$

内置式永磁同步电机的时空相量图,如图 2-10 所示。

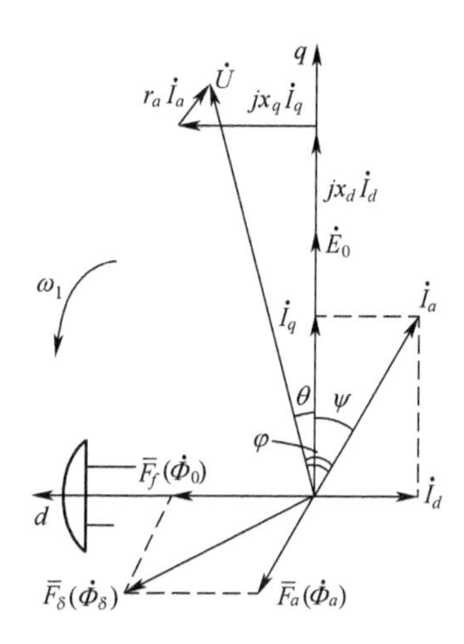

图 2-10　内置式永磁同步电机的时空相量图

参考式(2-14),内置式永磁同步电机的矩角特性为

$$\begin{aligned}T_{\text{em}}&=\frac{mE_0U}{x_d\Omega_1}\sin\theta+\frac{1}{2}\frac{mU^2}{\Omega_1}\left(\frac{1}{x_q}-\frac{1}{x_d}\right)\sin(2\theta)\\&=\frac{mpE_0U}{x_d\omega_1}\sin\theta+\frac{1}{2}\frac{mpU^2}{\omega_1}\left(\frac{1}{x_q}-\frac{1}{x_d}\right)\sin(2\theta)\\&=\frac{mp\psi_fU}{x_d\omega_1}\sin\theta+\frac{1}{2}\frac{mpU^2}{\omega_1}\left(\frac{1}{x_q}-\frac{1}{x_d}\right)\sin(2\theta)\end{aligned} \tag{2-19}$$

式中:ψ_f 为常数。与转子直流励磁凸极式同步电机类似,内置式永磁同步电机的电磁转矩也是由两部分组成:一部分为基本电磁转矩 $T'_{\text{em}}=\frac{mp\psi_fU}{x_d}\sin\theta$,它是由转子永磁体所产生的磁场与定子磁场相互作用所产生的;另一部分是由凸极效应所产生的磁阻转矩 $T''_{\text{em}}=\frac{1}{2}\frac{mpU^2}{\omega_1}\left(\frac{1}{x_q}-\frac{1}{x_d}\right)\sin(2\theta)$ 。由于内置永磁同步电机的直轴同步电抗小于交轴同步电抗,因此,由凸极效应所引起的磁阻转矩 T''_{em} 小于零。

根据图 2-10,可以获得内置式永磁同步电机定子侧的输入电功率为

$$P_1=mUI_a\cos\varphi=m[(E_0+r_aI_q+x_dI_d)I_q-(x_qI_q-r_dI_d)I_d] \tag{2-20}$$

式中：$I_d = I_a\sin\psi$；$I_q = I_a\cos\psi$。电磁功率为

$$P_{em} = P_1 - P_{Cua} = P_1 - mI_a^2 r_a = m[E_0 I_q + I_d I_q(x_d - x_q)] \tag{2-21}$$

电磁转矩为

$$T_{em} = \frac{P_{em}}{\Omega_1} = mp[\psi_f I_a \cos\Psi + (L_d - L_q) I_d I_q] \tag{2-22}$$

根据式(2-19)，绘出内置式永磁同步电机的矩角特性曲线，如图 2-11 所示。由图 2-11 可见，内置式永磁同步电机的最大功率角 θ_m 较转子直流励磁凸极式同步电机大。在同样负载转矩的条件下，内置式永磁同步电机的功率角也要比转子直流励磁凸极式同步电机大。

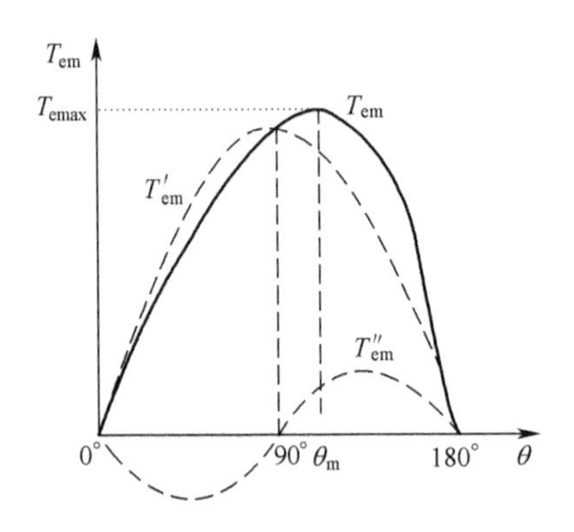

图 2-11　内置式永磁同步电机的矩角特性曲线

2.2.2.4　功率角 θ 的物理意义

同步电机的矩角特性类似于异步电机的机械特性，其中的功率角相当于异步电机的转差率 s。而随着负载转矩的增加，异步电机的转差率将有所增加。同样，对于同步电机，随着负载转矩的增加，同步电机的功率角 θ 也有所增加，电磁转矩也将相应地增加，最终使得电磁转矩与负载转矩相平衡。需注意的是，稳态运行后转子转速并未发生变化，同步电机仍保持同步速运行。

同步电机的功率角 θ 具有双重含义：从时间上看，功率角为定子感应电势 $\dot{E}_0$ 与定子电压 $\dot{U}$ 之间的夹角；从空间上看，功率角 θ 为转子励磁磁势 $\overline{F}_f$ 和气隙合成磁势 $\overline{F}_\delta = \overline{F}_f + \overline{F}_a$ 之间的夹角，其中 $\dot{E}_0$ 是由转子励磁磁势 $\overline{F}_f$ 在定子绕组中感应的电势，而 $\dot{U}$ 可近似看作由气隙合成磁势 $\overline{F}_\delta$ 在定子绕组中的感应电压。

若将所有磁势用等效磁极来表示，当同步电机作电动机运行时，由相量图(图 2-8 或图 2-10)可见，$\dot{U}$ 超前于 $\dot{E}_0$ 功率角 θ，于是气隙合成磁势 $\overline{F}_\delta$ 超前转

子励磁磁势 $\overline{F}_f$ 功率角 θ，在气隙合成磁势 $\overline{F}_\delta$ 所对应的磁极拖动下，转子磁极以同步速旋转（图 2-12(a)），从而拖动机械负载以同步速旋转，并将定子侧输入的电功率转换为转子的机械功率输出，此时电磁转矩为正。

当同步电机作发电机运行时，由相量图（图 2-8 或图 2-10）可见，$\dot{E}_0$ 超前于 $\dot{U}$ 功率角 θ，则转子励磁磁势 $\overline{F}_f$ 超前气隙合成磁势 $\overline{F}_\delta$ 功率角 θ，于是转子磁极拖动气隙合成磁势 $\overline{F}_\delta$ 。所对应的磁极以同步速旋转（图 2-12(b)），从而将输入至转子的机械功率转换为定子侧电功率输出，此时电磁转矩为负。

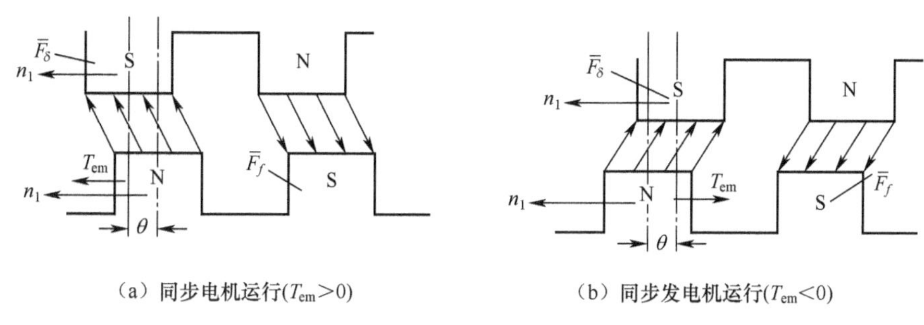

（a）同步电机运行($T_{em}>0$)　　（b）同步发电机运行($T_{em}<0$)

图 2-12　功率角 θ 的物理意义

由此可见，功率角 θ 的正、负是衡量同步电机运行状态的一个重要标志。当永磁同步电机作电动机运行时，$\dot{U}$ 超前于 $\dot{E}_0$ 功率角 θ，若规定此时的功率角 θ 为正，而当永磁同步电机作发电机运行时，$\dot{U}$ 滞后于 $\dot{E}_0$ 功率角 θ 。此时，功率角 θ 则为负[16-20]。

2.2.3 控制方式

2.2.3.1 永磁同步电机基本控制策略简介

随着电力电子技术的快速发展，永磁材料性能的不断提高，永磁同步电机与其他电机相比，由于其突出的性能优势在日常的生产、生活中发挥了越来越重要的作用。而控制技术的不断提高使得永磁同步电机的性能进一步提升。

1. 变压变频控制（VVVF）

VVVF 是控制交流电机最简单的控制策略，该策略中电压与频率比为常数，控制系统通过同时调节逆变器输出端的电压幅值和频率调节电机的转速和转矩。这种控制方式为开环控制，其具有实现简单、调试方便和运行可靠等优点。由于系统中没有引入转速、电流等任何外部反馈信号，从而使系统的转矩利用率不高,转速动态性能差。在系统转速或负载变化比较大的情况下,电机容易出现失步现象。

2. 矢量控制

1968 年,矢量控制的概念首先由德国的 Hasse 博士提出。1971 年德国西门子公司的 F. Blaschke 博士将其形成系统理论,并以磁场定向控制命名。矢量控制的基本思想为模仿直流电机的控制方式,通过旋转坐标变换将交流电机的定子电流解耦为相互正交的励磁分量和转矩分量分别加以控制。矢量控制实现了将交流电机的控制过程等效为直流电机的控制过程,使得交流电机的机械特性和静、动态性能可达到直流电机的控制水平,从而促进了交流电机在工业生产等领域的进一步发展。

矢量控制实际上是对定子电流在空间上进行分解及控制。根据不同的应用环境及场合,其控制方法可分为:最大转矩电流比控制(MPTA)、恒磁链控制、单位功率因数控制(UPF)、最大输出功率控制和弱磁控制等。对于不同的永磁同步电机,MPTA 是其常用的一种矢量控制方法。对于表贴式永磁同步电机,$i_d = 0$ 的控制就是 MPTA 的控制方法;对于内置式永磁同步电机,MPTA 控制方法的实现方式为:控制时使定子电流幅值一定,而根据该电流幅值计算通过 d-q 轴怎么样分解控制,从而使输出转矩最大,或者控制使输出转矩一定,计算最小需要的定子电流。目前,MPTA 控制方法因其突出的特点,与一些先进的控制策略和在线参数辨识方法相结合,广泛应用在永磁同步电机的控制及研究中。弱磁控制是在要求电机高速运行的场合,由于存在逆变器输出最大电流、电压幅值及频率的限制,无法通过控制逆变器而达到其控制要求时,根据电机内部电磁关系,利用增加直轴去磁电流以实现增速的目的。

3. 直接转矩控制

1985 年,德国鲁尔大学的 Depenbrock 教授首先提出了直接转矩控制理论。它摒弃了矢量控制中解耦的思想,强调对电机转矩进行直接控制。它不经过旋转坐标变换,直接检测电机的定子电流和电压,借助瞬时空间矢量理论计算电机的磁链和转矩,并计算参考值和给定值之间的差值,借助离散的两点式调节实现磁链和转矩的直接控制。直接转矩控制技术开始时被应用于异步电机。1996 年,英国的 Chris French 和 Paul Acarnley 将直接转矩控制的方案应用在永磁同步电机控制中,但由于仍然具有电流环而无法使直接转矩控制的快速反应能力等优点突出,从而不属于在永磁同步电机领域应用的成功案例。1997 年,Zhong. L 和 M. F. Rahman 等成功提出将直接转矩控制技术应用在永磁同步电机领域的实现方案。之后,直接转矩控制在永磁同步电机领域的研究成为热点。

直接转矩控制直接将定子磁链和转矩作为控制变量,不需要矢量变换、磁场

定向和定子电流控制等步骤,使得控制方法更加简单明了,动态转矩响应快,具有良好的动、静态控制性能。但该方法由于存在磁链和转矩滞环比较器,在低速运行时会引起一定的转矩脉动,为了进一步提高直接转矩控制方法的性能,抑制和消除该方法所引起的转矩脉动,近几年,很多学者提出了改进方法。如利用卡尔曼滤波观测器对永磁同步电机直接转矩控制系统进行精确参数估计的方法。通过检测定子电压和电流,应用 EKF 观测器精确估计电机的定子磁链、电机转速和转子位置,间接估计转矩,进而实现永磁同步电机的无速度传感器控制;同时改进常规的 EKF 估计状态方程,提高速度估计的精确性。有的研究人员针对传统直接转矩控制中存在磁链和转矩脉动大,以及速度传感器的使用降低了系统可靠性、增加了系统成本等问题,对转矩和磁链偏差进行精确补偿,同时保证逆变器开关频率恒定。基于扩展卡尔曼滤波器同时进行定子磁链和转速观测,提高磁链观测精度。

4. 非线性控制策略

永磁同步电机是一个多耦合的非线性系统,在其控制过程中可以借助非线性理论对其系统进行研究,而非线性控制理论主要包含模糊控制、滑模控制等。

1）模糊控制

1965 年,美国著名控制论专家 Zadeh 创立了模糊集合论,其核心是对复杂的系统或过程建立一种语言分析的数学模式,使人们日常生活中的语言能直接转化为计算机所接受的算法语言。模糊集合理论的诞生为解决复杂系统的控制问题提供了强有力的数学工具。1974 年,Mamdani 创立了基于模糊语言描述控制规则的模糊控制理论,并将其成功地应用于控制,在自动控制领域中开辟了模糊控制理论及其工程应用的崭新阶段。此后模糊控制和策略的研究与应用领域逐渐扩大,并取得了极大的成功。进入 20 世纪 90 年代,由于其简单、易用、控制效果好等特点,模糊控制方法广泛应用于各种控制系统,尤其是用在那些模型不确定、非线性、大时滞的控制系统上。

图 2-13 是模糊控制系统的主要结构组成,它包括模糊化、模糊规则集、模糊推理机制和解模糊化等。

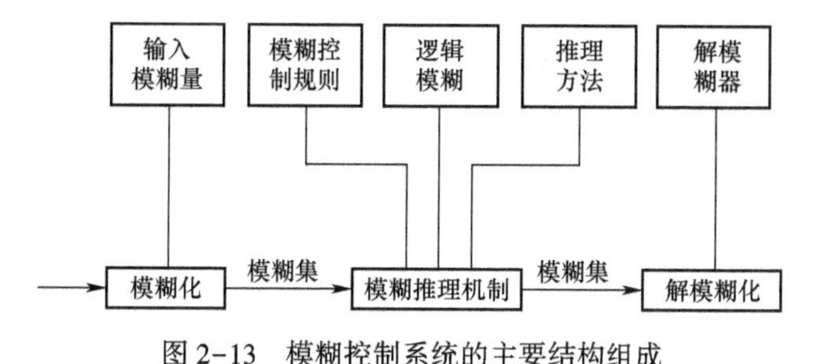

图 2-13　模糊控制系统的主要结构组成

模糊化:将实际输入转换为模糊输入。

模糊规则集:过程操作者用 if-then 控制规则形式给出的信息。目前模糊系统主要使用以下两种形式的模糊规则:

$$\text{R1}: \text{如果} x_1 = A_1, x_2 = A_2, \cdots, x_n = A_n, \text{那么}\ y = B_i \tag{2-23}$$

$$\text{R2}: \text{如果} x_1 = A_1, x_2 = A_2, \cdots, x_n = A_n, \text{那么}\ y = f(x_1, x_2, \cdots, x_n) \tag{2-24}$$

这里 $A_i(i=1,2,\cdots,n)$ 和 B_i 分别是在 $U \subset R$ 中的输入变量 x 和输出变量 y 的模糊集合,$f(x_1,x_2,\cdots,x_n)$ 可以是任意函数,采用形式(2-23)模糊规则集的模糊系统称为 Mamdani 模糊系统。采用形式(2-24)模糊规则集的模糊系统称为 Takagi-Sugeno(TS)模糊系统。

模糊推理机制:基于模糊规则采用模糊逻辑操作和推理方法,进而获得模糊输出。常用的推理方法有 Mamdani 推理法、Zedeh 推理法、最小推理法等。

解模糊化:将模糊输出集转换成系统的数值输出。最常见的解模糊方法有最大隶属度平均法、重心法、加权平均法等。

模糊控制在应用中的两个主要问题是:需要改进系统的稳态控制精度和进一步提高其适应能力与智能水平。在电机控制应用方面,模糊控制主要是与自适应、滑模等其他控制理论和方法相结合,以达到发挥各自优势的控制效果。针对模糊控制的应用主要分为模糊复合控制(如模糊-PID 复合控制等)、自学习和自适应模糊控制(如参数自调整模糊控制等)、模糊控制与其他智能控制方法的结合(如神经网络模糊控制)等。

2) 滑模变结构控制

20 世纪 60 年代,随着工业生产中大量继电器的使用和学者对一阶、二阶继电器系统控制过程中系统结构变化特征的研究,提出了滑模变结构控制方法。该控制方法是一种不连续的非线性控制方法,主要针对不满足参数线性化条件的系统,或者是结构和参数存在不确定性的系统进行控制。对于以上具有不确定动态特性的非线性系统,滑模控制需要根据系统被控量的差值及微分量设计滑动模态方程,该方程与被控系统的参数变化情况和外界扰动无关,即其控制方法对系统模型要求低,对参数和外界扰动具有强鲁棒性,其设计算法简单。随着工业发展对自动控制系统控制性能要求的提高,针对非线性系统的滑模控制方法在实际工程中得到了广泛的应用。

永磁同步电机是一种具有内在高阶非线性的设备,将滑模变结构控制方法应用在永磁同步电机的控制中,该控制方法通过对控制量的不断切换使系统的状态始终沿着设计的滑模面滑动,由于该滑模面与系统的参数变化和外界干扰无关,所以应用该控制方法对电机系统的参数变化和外界电流、负载等扰动具有强鲁棒性,保证了系统运行的稳定性。而滑模控制是一种不连续的控制方法,滑模控制中需要不断地进行逻辑切换,以保证系统始终在滑动模态上运行。从而使得滑模控制的系统中存在抖振现象,它将使系统的良好性能得到破坏,同时容易引起系统的未建模高频特性。为了抑制或消除滑模控制带来的系统抖振,许多学者对其传统的滑模控制进行了深入的研究和滑模面等进行了改进。当前,针对滑模变结构控制在永磁同步电机中应用的研究,主要集中在新型趋近律的设计、动态滑模的控制、滑模控制方法与其他新型控制方法和在线辨识方法的结合控制等方面。

2.2.3.2 空间矢量的逆变器开关状态和电压状态

一台电压型逆变器如图 2-14 所示。其由 3 组、6 个开关(S_a、$\bar{S}_a$、S_b、$\bar{S}_b$、S_c、$\bar{S}_c$)组成。由于 S_a 与 $\bar{S}_a$、S_b 与 $\bar{S}_b$、S_c 与 $\bar{S}_c$ 之间互为反向,即一个接通,另一个断开,所以 3 组开关有 8 种可能的开关组合。开关 S_a、$\bar{S}_a$ 称为 a 相开关,用 S_a 表示;开关 S_b、$\bar{S}_b$ 称为 b 相开关,用 S_b 表示;开关 S_c、$\bar{S}_c$ 称为 c 相开关,用 S_c 表示。也可用简称 S_{abc} 表示开关 S_a、S_b、S_c 。若规定 a、b、c 三相负载的某一相与"+"极接通时,该相的开关状态为"1"态;反之,与"-"极接通时,为"0"态,逆变器的 8 种可能的开关组合状态见表 2-1。

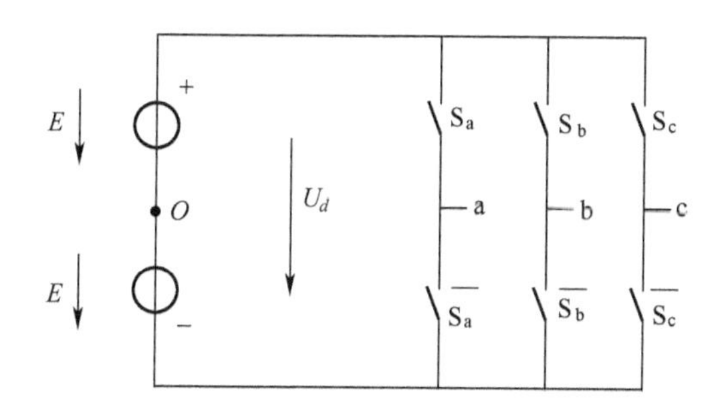

图 2-14 电压型逆变器

表 2-1 逆变器的 8 种可能的开关组合状态

状态	0	1	2	3	4	5	6	7
S_a	0	1	0	1	0	1	0	1
S_b	0	0	1	1	0	0	1	1
S_c	0	0	0	0	1	1	1	1

逆变器 8 种可能的开关状态可以分成两类:一类是 6 种工作状态,即表 2-1 中的状态"1"到状态"6",它们的特点是三相负载并不都接到相同的电位上去;另一类开关状态是零开关状态,即表 2-1 中的状态"0"和状态"7",它们的特点

是三相负载都被接到相同的正电位。

如果用符号 $U_S(t)$ 表示逆变器输出电压状态的空间矢量，那么电压型逆变器在不输出零状态电压的情况下，根据逆变器的基本理论，其输出的 6 种工作电压状态的电压波形如图 2-15 所示，表示逆变器的相电压波形及所对应的开关状态和电压状态的对应关系。

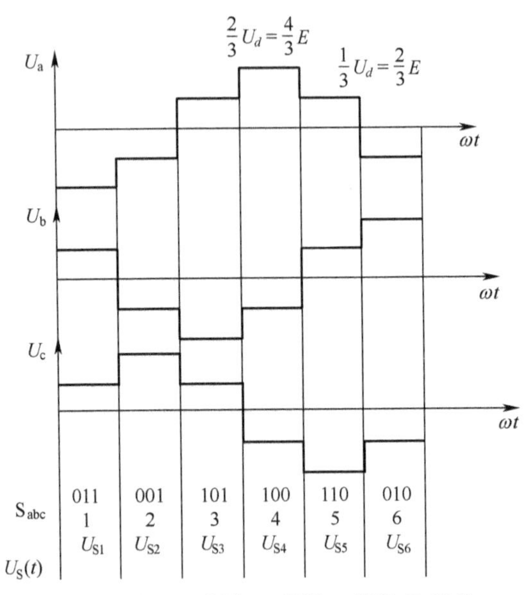

图 2-15 无零状态输出的 6 种工作电压状态的电压波形

由图 2-15 可知：相电压的波形图可直接得到逆变器的各开关状态。电压状态和开关状态都是 6 个状态为一个周期，从状态"1"到状态"6"，然后循环；相电压波形的幅值是两个：$\pm 2U_d/3=\pm 4E/3$ 和 $\pm U_d/3=\pm 2E/3$。

根据空间矢量的概念和逆变器的电压开关状态，可给出图 2-16 所示电压状态的矢量和区段划分空间顺序。图中形成了 8 个离散的电压空间矢量，每两个工作电压的空间矢量在空间的位置相隔 60°，6 个工作电压空间矢量的顶点构成正六边形的 6 个顶点。零电压矢量则位于六边形的中心点。

2.2.3.3 永磁同步电机矢量控制

永磁同步电机矢量控制理论的构架实际上是由两个层次构成：

第一层次是理论层次，模仿直流电机。在理论上，通过旋转坐标变换将三相交流电机等效成直流电机，并将三相交流电机的电枢电流分解成相互正交解耦的转矩电流和励磁电流，通过分别控制电枢电流中的励磁电流和转矩电流分量

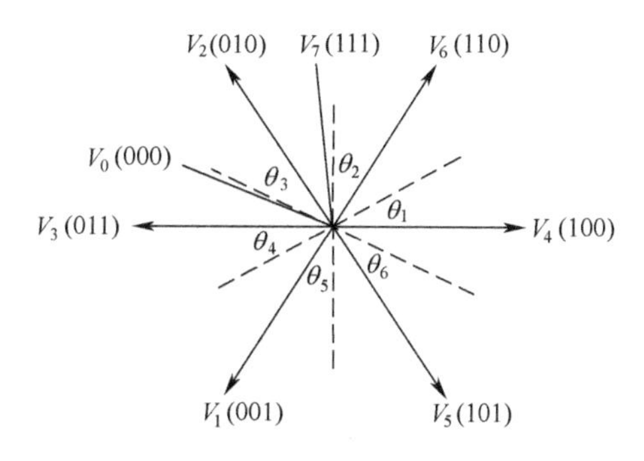

图 2-16 电压矢量和区段划分

使交流电机获得像直流电机一样优异的调速性能。在这个层次中,除了核心的、属于理论范畴的“解耦”需求外,并无实际应用的需求,电枢电流中的励磁电流和转矩电流分量可自由控制,没有限制,这种情况和直流电机十分类似。把这一层次的具有“电枢电流中的励磁电流和转矩电流分量可自由控制,没有限制,和直流电机类似”特性的永磁同步电机看成是永磁同步电机矢量控制的“基本原型机”。

第二层次是应用层次。根据现场应用实际需求,各个需求特征各不相同,于是,在矢量控制基本理论的基础上,对电枢电流中的励磁电流和转矩电流分量,具有若干个各有特色的控制方法,也就是说,对电枢电流中的励磁电流和转矩电流分量有限制。

永磁同步电机矢量控制的基本思想是将永磁同步电机模型从三相静止坐标系下转换到两相旋转坐标系下,相互耦合的三相电流 i_A、i_B 和 i_C 实现电流解耦,得到随转子磁场旋转的两个直流分量 i_d 和 i_q 。这样,就可以像控制直流电机一样分别对 i_d 和 i_q 单独进行控制从而达到控制永磁同步电机运转的目的。

具体实施控制方案时,首先给控制系统输入给定转速信号 n_{ref} ,与此同时将通过转子位置传感器或者无位置传感器控制方法得出的转子位置信息计算电机的实际转速 n 作为转速环的负反馈,与给定的转速信号 n_{ref} 作差,经过 PI 调节器输出 q 轴电流参考值 i_{qref} ,再通过计算给定控制电机所需要的 d 轴电流参考值 i_{dref} 。同时,使用电流传感器测量电动机 A、B、C 三相绕组电流 i_A、i_B 和 i_C(通常情况下只用两个电流传感器测量 i_A 和 i_B 的值,i_C 的值则通过 $i_A+i_B+i_C=0$ 在控制程序里求出),然后利用转子位置传感器或者是无位置传感器控制方法得出的转子机械位置角 φ ,求得转子电位置角 θ ,通过 Clarke 变换和 Park 变换得到电机的实际 i_d 和 i_q 作为电流环的负反馈,分别与上述得出的 d、q 轴电流参考值

i_{dref} 和 i_{qref} 作差，经过 PI 调节器输出电动机 d、q 轴电压 u_d 和 u_q，经过 Park 逆变换后得到电动机 α、β 轴电压 u_α 和 u_β，将 α、β 轴电压 u_α 和 u_β 作为 SVPWM 模块的输入，计算产生控制逆变器的 PWM 信号，再通过功率开关管的通断来控制电机，矢量控制结构框图如图 2-17 所示。

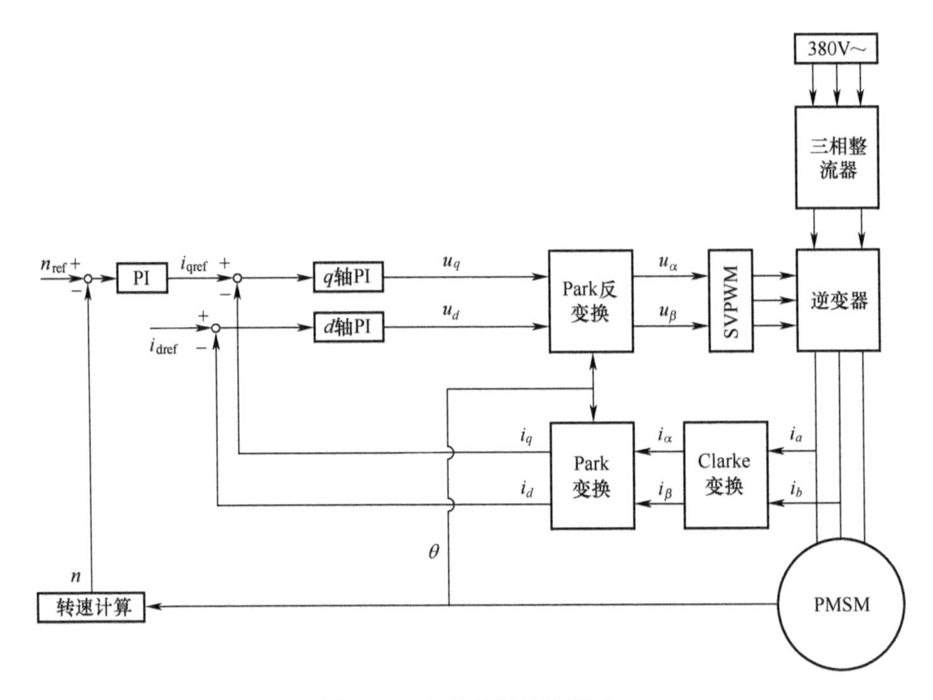

图 2-17　矢量控制结构框图

由上述可知，对 d、q 轴电流参考值 i_{dref} 和 i_{qref} 的计算控制是矢量控制的关键，接下来对目前几种主要的矢量控制方法进行分析。

1. *d* 轴电流零值控制法

该控制方法是指在控制过程中永磁同步电机的 d 轴电流分量参考值 i_{dref} 一直为 0，此时定子三相电流产生的磁场不会对转子直轴方向上的磁场强度有任何影响，由式(2-22)可知，此时电机的电磁转矩只与 q 轴电流的大小有关，只需计算调节 q 轴电流分量参考值 i_{dref} 的大小即可实现对电机的控制，此时可将永磁同步电机视为一个他励直流电机。这种控制方法简单有效，降低了定子电流，电机铜耗小，效率高，而且不会导致永磁体退磁。对于内置式永磁同步电机，由于 $L_d < L_q$，因此，必须对 I_d 和 I_q 同时控制，以获得所需要的电磁转矩。

当 $I_d = 0$ 时，$\boldsymbol{I}_a = \boldsymbol{I}_q$，此时内功率因数角 $\psi = 0°$。式(2-22)中的第 2 项，即由凸极效应所产生的磁阻转矩 $T''_{em} = mpI_dI_q(L_d - L_q) = 0$。此时，内置式永磁同

步电机的转矩表达式与表贴式永磁同步电机完全相同,亦即通过控制电枢电流的幅值便可以调整永磁同步电机的电磁转矩,从而获得类似于直流电机的调速性能。因此,在这种控制方式下,内置式永磁同步电机也是一种无刷直流电机,故这种方案得到广泛采用。当 $\psi = 0°$ 时,内置式永磁同步电机的相量图与表贴式永磁同步电机完全相同。

需要指出的是,对于内置式永磁同步电机,采用方案 $I_d = 0$ 的优点是控制简单、易于实现;但也存在明显的不足,具体表现在:①磁阻转矩未得到充分发挥。由式(2-22)可见,由于 $L_d < L_q$,若采用 $I_d = 0$ 的控制方案,磁阻转矩部分将由零变为驱动性的转矩,从而有可能产生更大的电磁转矩。②功率因数可以进一步优化。根据相量图,与 $I_d = 0$ 相比,若采用 $I_d < 0$ 的控制方案,则定子侧的功率因数角 φ 将减小,定子功率因数可进一步提高。此外,在满足 $I_a = \sqrt{I_d^2 + I_q^2} \leqslant I_{\mathrm{amax}}$ 的约束条件下,通过优化 I_d 与 I_q 两个分量之间的关系,有助于降低定子绕组的铜耗,改善电机的效率。

2. 最大转矩电流比控制法

该控制方法是指给定输出转矩通过控制使得电机定子三相绕组取得最小电流值的控制方法。根据式(2-22)对自变量 i_d 进行求导得到导函数 $\mathrm{d}T_e/\mathrm{d}i_d$,令该导函数的值为0时求得 i_d 的值如下式:

$$i_d = \frac{-\Psi_{f1} + \sqrt{\psi_{f1}^2 + 4(L_d - L_q)^2 i_q^2}}{2(L_d - L_q)} \tag{2-25}$$

定义 i'_d 为 d 轴电流分量标幺值,i'_q 为 q 轴电流分量标幺值,T'_{e} 为电动机给定输出转矩标幺值,则其值为

$$\begin{cases} i'_d = \dfrac{i_d}{\sqrt{i_d^2 + i_q^2}} \\ i'_q = \dfrac{i_q}{\sqrt{i_d^2 + i_q^2}} \\ T'_{\mathrm{e}} = \dfrac{T_{\mathrm{e}}}{T_{\mathrm{re}}} \end{cases} \tag{2-26}$$

式中:T_{re} 为额定输出转矩。

将式(2-25)代入式(2-26),可得

$$\begin{cases} T'_{\mathrm{e}} = \sqrt{i'_d(1 - i'_d)^3} \\ T'_{\mathrm{e}} = \dfrac{i'_d}{2}[1 + \sqrt{1 + 4i_q'^2}] \end{cases} \tag{2-27}$$

通过式(2-27)可求出最大转矩电流比控制方法的 d 轴电流和 q 轴电流参考值 i_{dref} 和 i_{qref}。显然,使用这种方法对永磁同步电机进行控制可以最大化地提高定子电流的利用率,产生较小的铜耗。确保最大 (T_{em}/I_a) 准则下,定子电枢电流的直轴分量 I_d 和交轴分量 I_q 与电磁转矩之间的关系曲线如图 2-18 所示,利用这一曲线便可以获得最大 (T_{em}/I_a) 的控制策略。

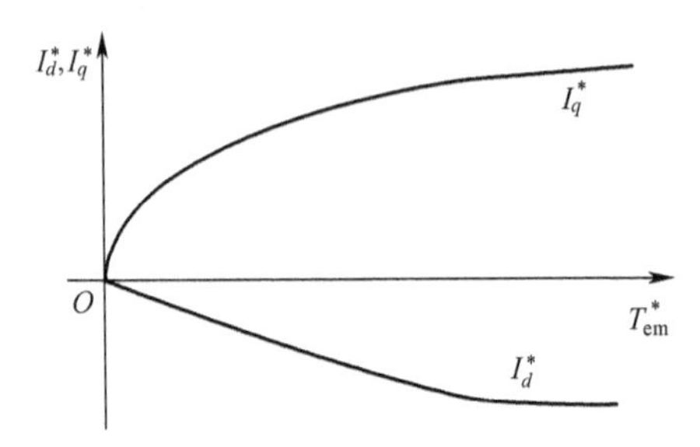

图 2-18 最大转矩电流比控制方式下定子电枢电流分量与电磁转矩之间的关系曲线

3. 弱磁控制法

当电机运行到额定转速时,若使用 d 轴电流零值控制法、最大转矩电流比控制法调速,逆变器直流侧的母线电压利用率已经达到最大,此时电机绕组电流也已经达到最大值,若还要继续升高电机转速,则需要使用弱磁控制方法。

定义逆变器的最大输出电压和电流分别为 U_{lim} 和 I_{lim},则必然存在下式:

$$\begin{cases}\sqrt{i_d^2+i_q^2}\leqslant I_{\text{lim}}\\ \sqrt{u_d^2+u_q^2}\leqslant U_{\text{lim}}\end{cases} \tag{2-28}$$

若将式(2-28)在一个以 i_d 为横轴、以 i_q 为纵轴的平面坐标系中表示则为一个圆和一族椭圆,称之为电流极限圆和电压极限圆,可以将该电流极限圆和电压极限圆表示于图 2-19 中。

图中,ω 为电机转速,且有 $\omega_1<\omega_2<\omega_3$。电流 i 必须保证同时位于电流极限圆和该转速下对应的电压极限圆之内,永磁同步电机控制系统才能够保证正常工作。假定 ω_1 对应电机的额定转速,A 点为使用最大转矩电流比控制方法到达的额定转速点,B 点为电机运行于转速 ω_2 时对应的运行点。当电机状态到达额定转速点 A 点时,需继续将转速升高到 ω_2,则此时需要调整电流 i_d 和 i_q,使得电机运行状态沿着电流极限圆的边从 A 点逆时针移动到 B 点,然后稳定地以 ω_2 的转速运行于 B 点。由上述可知,弱磁调速方法可以使电机运行于额定转速以上,大大拓宽电机的调速范围。

4. 最大输出功率控制法

当永磁同步电机在弱磁控制方法下运行时(即运行于额定转速以上时),存

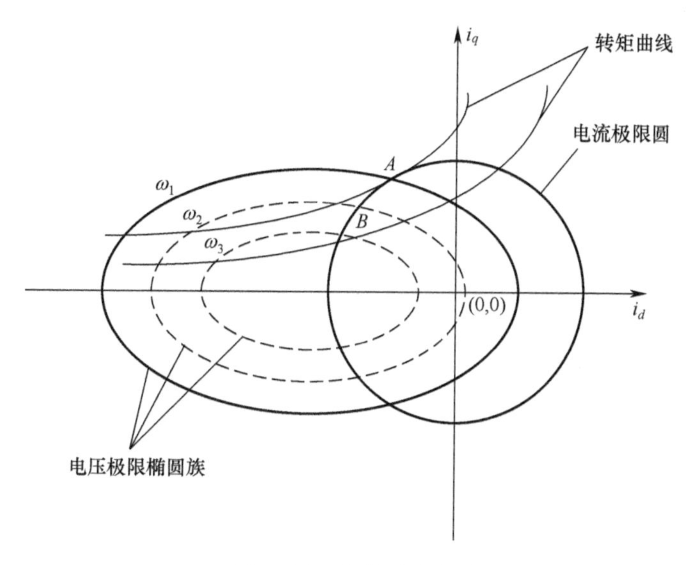

图 2-19　极限圆示意图

在电压极限圆上的一个点，使得电机的输出功率最大，控制电机的 d、q 轴电流使得电机运行于该点即为最大输出功率控制方法。

通常当输入电机的有功功率越大时，其输出功率也越大。不妨设输入电机的有功功率为 $P_1 = u_d i_d + u_q i_q$，此时转速为 ω，将 P_1 对自变量 i_d 进行求导并且令其导函数等于 0，如下式：

$$\frac{\mathrm{d}P_1}{\mathrm{d}i_d} \tag{2-29}$$

可以求得

$$i_q = \frac{\sqrt{(U_{\lim}/\omega)^2 - (L_d i_d + \psi_{f1})^2}}{L_q} \tag{2-30}$$

由于永磁同步电机三相定子绕组的电阻值较小，一般可以忽略不计，整理式(2-29)和式(2-30)可得

$$\begin{cases} i_d = -\dfrac{\psi_{f1}}{L_d} + \Delta i_d \\ i_q = \dfrac{\sqrt{(U_{\lim}/\omega)^2 - (L_d \Delta i_d)^2}}{L_q} \end{cases} \tag{2-31}$$

式中 Δi_d 的值为

$$\Delta i_d = \frac{\frac{L_q}{L_d}\psi_{f1} - \sqrt{\left(\frac{L_q}{L_d}\psi_{f1}\right)^2 + 8\left(\frac{L_q}{L_d} - 1\right)^2\left(\frac{U_{\lim}}{\omega}\right)^2}}{4\left(\frac{L_q}{L_d} - 1\right)L_d} \tag{2-32}$$

2.2.3.4　直接转矩控制

直接转矩控制采用 bang-bang 控制的离散滞环控制方式，以转矩和定子磁链作为被控对象，将转矩和磁链误差通过滞环比较器产生 PWM 信号直接控制逆变器的开关状态。图 2-20 为永磁同步电机不同坐标下的矢量图。

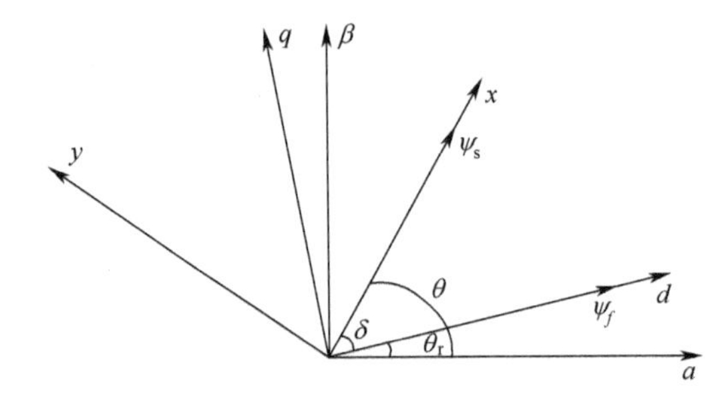

图 2-20　永磁同步电机不同坐标下的矢量图

图 2-20 中的 δ 为定子磁链 ψ_s 和转子磁链 ψ_f 之间的夹角，即功角。当系统在一定转速下稳定运行时，δ 不变。当系统状态改变时，δ 在不断变化。

在 d-q 坐标下，永磁同步电机的转矩公式为

$$T_e = 1.5n_p(\psi_d i_q - \psi_q i_d) \tag{2-33}$$

式中：ψ_d、ψ_q 分别为定子磁链 ψ_s 在 d 轴和 q 轴上的分量；i_d、i_q 分别为定子电流在 d 轴和 q 轴上的分量；n_p 为电机极对数。

从图 2-20 可得 $\alpha\beta - dq$ 之间的变换公式：

$$\begin{pmatrix} X_d \\ X_q \end{pmatrix} = \begin{pmatrix} \cos\theta_r & \sin\theta_r \\ -\sin\theta_r & \cos\theta_r \end{pmatrix} \begin{pmatrix} X_\alpha \\ X_\beta \end{pmatrix} \tag{2-34}$$

将式(2-34)代入式(2-33)，得

$$T_e = 1.5n_p(\psi_\alpha i_\beta - \psi_\beta i_\alpha) \tag{2-35}$$

从图 2-20 可知：

$$\sin\delta = \frac{\psi_q}{|\psi_s|}\cos\delta = \frac{\psi_d}{|\psi_s|} \tag{2-36}$$

xy 坐标系到 dq 坐标系的转换公式如下：

$$\begin{pmatrix} X_d \\ X_q \end{pmatrix} = \begin{pmatrix} \cos\delta & -\sin\delta \\ \sin\delta & \cos\delta \end{pmatrix} \begin{pmatrix} X_x \\ X_y \end{pmatrix} \tag{2-37}$$

式中：X 可分别表示电流、电压、电磁。将式(2-37)代入式(2-33)可得到

$$T_e = 1.5n_p(|\psi_s|i_y) \tag{2-38}$$

结合式(2-38)、式(2-37)和式(2-33)可得

$$T_e = \frac{3}{4L_dL_q}n_p|\psi_s|[2\psi_f L_q\sin\delta - |\psi_s|(L_q - L_d)\sin(2\delta)] \tag{2-39}$$

式中：L_d 和 L_q 为电感 L 分别在 d 轴和 q 轴上的分量。

对于隐极式永磁同步电机 $L_q = L_d$，故式(2-39)可写为

$$T_e = \frac{3}{2L_d}n_p|\psi_s||\psi_f|\sin\delta \tag{2-40}$$

由式(2-40)可知，若定子磁链不变，调速时只需改变 δ 角度便可改变转矩的大小。δ 在 $\left[-\frac{\pi}{2},\frac{\pi}{2}\right]$ 之间变化时，随着角度的增加转矩增加。直接转矩控制就是选择合适的电压矢量来调节定子磁链的位置，以达到控制 δ 角度的作用。

永磁同步电机直接转矩控制系统的结构框图如图 2-21 所示，整套系统主要由 3/2 变换，转矩、磁链滞环比较器，转矩、磁链和定子磁链位置角估计，电压矢量控制表和逆变器组成。工作原理为通过对转矩误差和磁链误差的分析，生成一个电压矢量控制表，通过表的数据来动态地调节三相逆变器各相的开关状态，从而达到动态控制电机的作用。

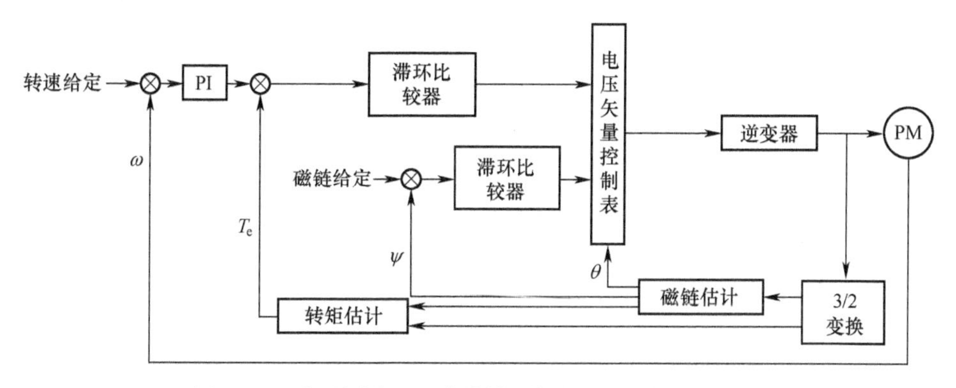

图 2-21　永磁同步电机直接转矩控制系统的结构框图

1. 表贴式隐极永磁同步电机 DTC 系统 $i_{sd}=0$ 控制

由于电机定子电流中的 d 轴分量有可能引起去磁和磁通饱和现象，会严重影响系统运行的安全，而通过 $i_{sd}=0$ 的控制方式能使得 d 轴电流为零，因而能避

免永磁体的去磁或饱和现象，$i_{sd}=0$ 控制方式在永磁同步电机矢量控制中应用较多,人们对它也较熟悉。由于矢量控制有电流环,它是通过控制电流来实现电机控制。因此,要控制 d 轴电流为零很容易,特别是在 dq 坐标系下实现时。但是 DTC 中没有电流环,不直接控制电流,要在 DTC 中实现控制 d 轴电流为零要比矢量控制难得多。

矢量控制实现 $i_{sd}=0$ 方案的思路是设置电流环,将“电流”作为控制手段。根据直流电机的控制原理,由电动机需求的电磁转矩 T_{em} 来控制 q 轴电流 i_{sq}，并将 d 轴电流控制为零,d 轴电流 i_{sd} 和 q 轴电流 i_{sq} 合成为电机所需的定子电流矢量控制电机的定子电流矢量 $\boldsymbol{i}_s$（包括它的幅值和相位）,以达到既快速控制电磁转矩 T_{em}，又控制 d 轴电流 i_{sd} 为零的目的。

而在表贴式隐极永磁同步电机 DTC 系统中没有电流环,对电流不直接控制。DTC 系统的控制手段是“空间电压矢量”,因此,要使 d 轴电流 i_{sd} 为零,就必须再添加一个 $i_{sd}=0$ 的控制条件,寻求同时满足电磁转矩 T_{em} 快速变化和 $i_{sd}=0$ 两个条件的空间电压矢量最优选择方案。

由于永磁同步电机不必将定子磁链幅值 $|\psi_s|$ 控制为定值,因此,在隐极式永磁同步电机 DTC 系统中,定子磁链幅值 $|\psi_s|$ 就成了一个多出来的可利用的变量,如果这个变量和 $i_{sd}=0$ 有一对一的关系,就可以在 $i_{sd}=0$ 方案中利用这个变量,仍然用空间电压矢量作为手段,控制定子磁链幅值 $|\psi_s|$ 为零。表贴式隐极永磁同步电动机的定子磁链、转矩和电流的关系为

$$\begin{cases}\psi_{sd}=L_d i_{sd}+\psi_f\\ \psi_{sq}=L_q i_{sq}\\ |\psi_s|=\sqrt{\psi_{sd}^2+\psi_{sq}^2}\end{cases} \tag{2-41}$$

电磁转矩 T_{em} 如下式：

$$T_{em}=\frac{3}{2}p(\psi_{sd}i_{sq}-\psi_{sq}i_{sd}) \tag{2-42}$$

现将 $i_{sd}=0$ 条件代入,解式(2-41)、式(2-42),得

$$|\psi_s|=\sqrt{(2L_qT_{em}/3p\psi_f)^2+\psi_f^2} \tag{2-43}$$

式(2-43)中推导的定子磁链幅值 $|\psi_s|$ 是在 $i_{sd}=0$ 条件下推导的,电磁转矩 T_{em} 是 DTC 系统的目标控制量,每一个控制周期都要控制它和计算它。因此,对 DTC 系统来说,它是一个已知量,根据控制转矩 T_{em} 的大小,由式(2-43)计算相应的“定子磁链幅值 $|\psi_s|*$”,并重新启用定子磁链幅值环,对定子磁链幅值 $|\psi_s|$ 进行控制。这样,在转矩 T_{em} 和定子磁链幅值 $|\psi_s|$ 双重控制下,电机 d 轴电流 i_{sd} 被强迫为零,从而达到 $i_{sd}=0$ 的控制目的。

从式(2-43)可知,使 $i_{sd}=0$ 的“定子磁链幅值给定值 $|\psi_s|^*$ ”和转矩 T_{em} 有关,转矩 T_{em} 不同,定子磁链幅值 $|\psi_s|$ 就不同,它们有一一对应关系,如果从零到额定值取若干个电磁转矩 T_{em} 的值就能得到若干个对应“定子磁链幅值 $|\psi_s|^*$ ”。将它们描绘到 $|\psi_s|^*-T_{em}$ 平面上,能得到 $i_{sd}=0$ 控制的 $|\psi_s|^*-T_{em}$ 关系曲线。

2. 内置式凸极永磁同步电机 DTC 系统的最大转矩电流比控制

凸极式永磁同步电机的电磁转矩为

$$T_{em}=\frac{3}{2}p[\psi_f i_{sq}+(L_d-L_q)i_{sd}i_{sq}] \tag{2-44}$$

它产生的电磁转矩不是唯一的由 q 轴电流分量 i_{sq} 决定,而是由 q 轴电流分量 i_{sq} 和 d 轴电流分量 i_{sd} 两者决定,因此在一定的转矩控制情况下,求解最小定子电流幅值要进行极值计算。

隐极式永磁同步电机实现最大转矩电流比控制的关键思路是求出最大转矩电流比控制时的 $|\psi_s|^*-T_{em}$ 平面上的控制曲线,根据转矩 T_{em},确定定子磁链幅值给定值 $|\psi_s|^*$,然后,用 DTC 的办法,使正弦波永磁同步电机的定子磁链幅值达到这个给定值 $|\psi_s|^*$ 。凸极式永磁同步电机实现最大转矩电流比控制和隐极式永磁同步电机不同之处只是两者的最大转矩电流比控制时的 $|\psi_s|^*-T_{em}$ 曲线不同。

$$i_{sd}=|i_s|\sin\alpha \tag{2-45}$$

$$i_{sq}=|i_s|\cos\alpha \tag{2-46}$$

将式(2-45)和式(2-46)代入式(2-44)中得

$$T_e=\frac{3}{2}p\left[\psi_f|i_s|\cos\alpha-\frac{1}{2}(L_d-L_q)|i_s|^2\sin(2\alpha)\right] \tag{2-47}$$

式(2-47)中有两个变量,一个是电流幅值 $|i_s|$,一个是电流矢量 $\boldsymbol{i}_s$ 的相角 α,它们都是电流矢量 $\boldsymbol{i}_s$ 的参数。将电流矢量 $\boldsymbol{i}_s$ 的幅值 $|i_s|$ 视为某一定值,调整电流矢量 $\boldsymbol{i}_s$ 的相角 α,使 T_{em} 达到最大。用“每安培最大转矩控制策略”方法求极大值。于是,对式(2-47)求极值,得到最大转矩电流比控制的条件为

$$\frac{dT_{em}}{d\alpha}=\frac{3}{2}p\left[-\psi_f|i_s|\sin\alpha-\frac{1}{2}(L_d-L_q)|i_s|^2\cos2\alpha\right]=0 \tag{2-48}$$

$$\frac{d^2T_{em}}{d\alpha^2}=\frac{3}{2}p\left[-\psi_f|i_s|\cos\alpha+\frac{1}{2}(L_d-L_q)|i_s|^2\sin2\alpha\right]=0 \tag{2-49}$$

由于 $|i_s|^2=i^2{}_{sd}+i^2{}_{sq}$,将式(2-48)所得结果代入可得

$$i_{sq}^2=i_{sd}^2+\frac{\psi_f}{L_d-L_q}i_{sd} \tag{2-50}$$

整理为

$$2i_{sd}^2 + \frac{\psi_f}{L_d - L_q} i_{sd} - |i_s^2| = 0 \tag{2-51}$$

式(2-51)为在某定子电流下的最大转矩电流比控制条件。由 $d^2T_{em}/d\,\alpha^2 < 0$，可得，$L_d < L_q$，则 $i_{sd} < \dfrac{\psi_f}{4(L_d - L_q)}$；若 $L_d > L_q$，则 $i_{sd} > \dfrac{\psi_f}{4(L_d - L_q)}$，因此，式(2-51)可表示为

$$i_{sd} = \frac{\psi_f - \sqrt{\psi_f^2 + 8\,(L_d - L_q)^2\ |i_s|^2}}{4(L_d - L_q)} \tag{2-52}$$

可见，在凸极式永磁同步电机中，使用最大转矩电流比控制时，d 轴电流分量 i_{sd} 不为零，它的最大转矩电流比控制不是 $i_{sd} = 0$ 的控制，其控制方案要比隐极式永磁同步电机复杂得多。在凸极式永磁同步电机 DTC 中，实现最大转矩电流比控制策略的方法具体如下：

由转矩 T_{em} 在 $|\psi_s|^* - T_{em}$ 图中查表获得定子磁链幅值给定值 $|\psi_s|^*$。

用 DTC 技术的办法，构成磁链和转矩双滞环控制，实现定子电流最小控制。显然在控制中，定子磁链幅值给定值 $|\psi_s|^*$ 是随转矩变化而变化的。

3. 电压空间矢量对定子磁链的控制

定子磁链空间矢量 $\boldsymbol{\psi}_s(t)$ 与电压空间矢量 $\boldsymbol{u}_s(t)$ 的关系如下：

$$\boldsymbol{\psi}_s(t) = \int (u_s(t) - i_s(t) r_s)\,dt \tag{2-53}$$

若忽略定子电阻压降的影响，则

$$\boldsymbol{\psi}_s(t) = \int u_s(t)\,dt \tag{2-54}$$

也就是说，定子磁链空间矢量 $\boldsymbol{\psi}_s(t)$ 与电压空间矢量 $\boldsymbol{u}_s(t)$ 之间为积分关系，当电压矢量按顺序 1,2,3,4,5,6 作用时，磁链矢量沿六边形的六条边 S_1，S_2，S_3，S_4，S_5，S_6 运动，如图 2-22 所示。如果加到定子上的电压空间矢量为 $\boldsymbol{u}_{s_1}$，定子磁链将沿着边 S_1 运动；当定子磁链达顶点 6 时，改加电压空间矢量 $\boldsymbol{u}_{s_2}$，则定子磁链将沿着边 S_2 运动。磁链轨迹（S_1 或 S_2）总与所加的电压矢量（$\boldsymbol{u}_{s_1}$ 或 $\boldsymbol{u}_{s_2}$）的方向平行。依此类推就可以得到六边形的定子磁链轨迹。

为分析方便，将式(2-53)改写为微分方程，即 $u_s = d\psi_s/dt$，再将此方程离散化，得到

$$\begin{cases} \psi_s(k) = \psi_s(k-1) + u_s(k-1)T_s \\ \Delta\psi_s = u_s(k-1)T_s \end{cases} \tag{2-55}$$

式中：T_s 为采样周期。从上式可以看出：定子绕组上加电压矢量 $\boldsymbol{u}_s$ 后，在 T_s 时

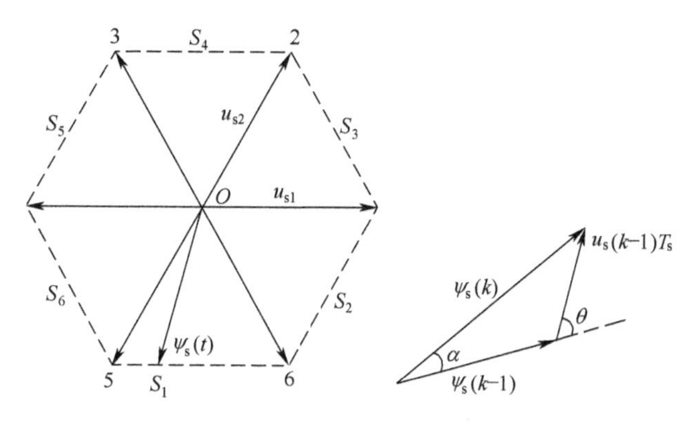

（a）定子磁链的六边形轨迹　　（b）定子磁链与电压空间矢量的关系

图 2-22　定子磁链图

间段内,在电机气隙中将产生与 u_s 相同方向的磁链 $\Delta\psi_s = u_sT$, 即 $\Delta\psi_s$ 的大小与 u_s 和 T_s 的值有关,其方向与前一时刻的 $\psi_s(k-1)$ 方向不同, $\Delta\psi_s$ 与 $\psi_s(k-1)$ 的矢量和为总磁链 $\psi_s(k)$ 。定子磁链 ψ_s 与电压空间矢量的关系如图 2-22(b) 所示,其中, θ 为 $\psi_s(k-1)T_s$ 与 $\psi_s(k-1)$ 的夹角。从中我们可以看到,非零电压矢量能产生定子磁链并使它运动。这样适当地控制电压矢量的顺序和作用时间,就可以迫使磁链按所需轨迹运动。当 T_s 足够小时就可能使六边形磁链轨迹变为圆形(或接近圆形)轨迹[21-33]。

2.3　永磁同步电机技术特点

永磁同步电机采用永磁体励磁,具有电励磁电机无可比拟的优点。下面列出了永磁同步电机的优点:

(1) 效率高:在转子上嵌入永磁材料后,在正常工作时转子与定子磁场同步运行,转子绕组无感生电流,不存在转子电阻和磁滞损耗,提高了电机效率。用在牵引机车上可以减少齿轮箱,可对转向架系统随意设计:如柔式转向架、单轴转向架,使列车动力性能大大提高。可以将电机整体地安装在轮轴上,形成整体直驱系统,即一个轮轴就是一个驱动单元,省去多级机械传动。

(2) 功率因数高:永磁同步电机转子中无感应电流励磁,定子绕组呈现阻性负载,电机的功率因数接近于 1,减小了定子电流,提高了电机的效率。同时功率因数的提高,提高了电网品质因数,减小了输变电线路的损耗,输变电容量也可降低,节省了电网投资。

(3) 起动转矩大:对需要大起动转矩的设备(如油田抽油电机),可以用较小容量的永磁电机替代较大容量的 Y 系列电机。如果用 37kW 永磁同步电机代替 45~55kW 的 Y 系列电机,较好地解决了“大马拉小车”的现象,节省了设备投入费用,提高了系统的运行效能。

(4) 力能指标好:Y 系列电机在 60%的负荷下工作时,效率下降 15%,功率因数下降 30%,力能指标下降 40%;而永磁同步电机的效率和功率因数下降甚微,当电机只有 20%负荷时,其力能指标仍为满负荷的 80%以上。

(5) 温升低:转子绕组中不存在电阻损耗,定子绕组中无功电流小,因而电机温升低。

(6) 体积小,重量轻,耗材少,噪声小:同容量的永磁同步电机与异步电机相比,体积、重量、所用材料可以减小 30%左右。

(7) 可大气隙化,便于构成新型磁路。

(8) 电枢反应小,抗过载能力强。

(9) 系统采用全封闭结构,无传动齿轮磨损、无传动齿轮噪声,免润滑油、免维护。

虽然在开发高性能永磁同步电机过程中,取得了上述成果的同时,也存在一些问题,有待更深入地研究和探索。永磁同步电机的缺点:

(1) 不可逆退磁问题。如果设计或使用不当,永磁同步电机在过高(钕铁硼永磁)或过低(铁氧体永磁)温度时,在冲击电流产生的电枢反应作用下,或在剧烈的机械振动时有可能产生不可逆退磁,或叫失磁,使电机性能下降,甚至无法使用。

因此,既要研究开发适用于电机制造厂使用的检查永磁材料热稳定性的方法和装置,又要分析各种不同结构形式的抗去磁能力,以便设计和制造时,采取相应措施保证永磁同步电机不失磁。

(2) 成本问题。铁氧体永磁同步电机由于结构工艺简单、质量减轻,总成本一般比电励磁电机低,因而得到了广泛应用。而稀土永磁体目前的价格还比较贵,稀土永磁电机的成本一般比电励磁电机高,这需要用它的高性能和运行费用的节省来补偿。在设计时既需要根据具体使用场合和要求进行性能、价格的比较后取舍,又要进行结构工艺的创新和设计优化,以降低成本。

(3) 控制问题。永磁同步电机不需外界能量即可维持其磁场,但这也造成从外部调节、控制其磁场极为困难。但是随着 MOSFET、IGBT 等电力电子器件和控制技术的发展,大多数永磁同步电机在应用中,可以不进行磁场控制而只进行电枢控制。设计时需把永磁材料、电力电子器件和微机控制三项新技术结合起来,使永磁同步电机在崭新的工况下运行。此外,以永磁同步电机作为执行元件的永磁交流伺服系统,由于永磁同步电机本身是具有一定非线性、强耦合性和时变性的系统，同时其伺服对象也存在较强的不确定性和非线性，加之系统运行时易受到不同程度的干扰，因此采用先进控制策略、先进的控制系统实现方式，从整体上可提高系统的智能化和数字化水平，这应是当前发展高性能永磁同步电机伺服系统的一个主要突破口。

2.4 永磁同步电机应用及其展望

永磁同步电机以其效率高、功率比大、结构简单、节能效果显著等诸多优点在工业生产和日常生活中逐步得到广泛应用。尤其是近年来高耐热性、高磁性能钕铁硼永磁体的成功开发以及电力电子元件的进一步发展和改进，使得稀土永磁同步电机的研究开发在国内外进入了一个新的时期，在理论研究和应用领域都将产生质的飞跃，目前它正向超高速、高转矩、大功率、微型化、高功能化方向发展。

（1）超高速电机。永磁同步电机不需要励磁绕组，结构比较简单，磁场部分没有发热源，不需要冷却装置，材料的矫顽力高，气隙长度可以取较大值，从而使大幅度提高转速成为可能。如美国通用电气公司研制的150kW，23000r/min的径向气隙型转子结构航空用稀土永磁发电机，以及用于电动汽车的外转子型7.2kW，27000r/min的电机。目前，甚至每分钟几十万转的电机国内外也正在研制。

（2）高转矩大功率电机。耐热、高磁性能钕铁硼永磁材料的开发成功将使其在大功率永磁同步电机中获得重要应用。运输业和工业中诸如电动汽车、混合型（内燃机与电机并用）动力汽车、列车、电梯、机床、机器人等，对大功率电机的需求正在增长。如船舶推动电机要求低速大转矩。德国西门子公司于1986年研制1095kW，230r/min的六相永磁同步电动机，用于舰船的推进，与过去使用的直流电机相比，其体积可减小60%左右，损耗可降低20%左右。另外，已有1760kW的永磁同步推进电机装于潜艇试用，其长度、有效体积与传统的直流推进电机相比减少40%。瑞士ABB公司已经建造了超过300艘的电力推进船舶，其研制的400kW~3MW永磁同步电机用于吊舱式电力推进系统。法国热蒙工业公司1987年研制的400kW，500r/min永磁电机样机与直流电机相比，体积也减少了40%。1996年，12相、1800kW、180r/min永磁推进电机及控制装置已完成研制及所有的实船试验。同年，英国展出了"海航"号轻型隐身护卫舰设计模型。该舰装有两台21MW永磁同步电机用于在巡航或隐身时直接驱动螺旋桨。

（3）微型化。由于钕铁硼永磁的最大磁能积很高，特别是能制成超薄型的永磁体，从而使过去难以制作的超微型和低惯量电动机得以实现。目前已开发出直径几毫米以下的超小型电动机用作医疗微型机器、眼球手术用机器人手臂或管道检查用机器人等场合的驱动源。现已制成外径 0.8mm、长 1.2mm 的永磁电动机。

（4）高功能化。在高温、高真空度或空间狭小等特殊场合难以使用传统电机，而稀土永磁电机可以耐高温（指钐钴或高耐热性钕铁硼磁体），且体积小，正好能满足这些特殊要求。宇航设备中的机械手、原子能设备的检查机器人和半导体制造装置等特殊环境下工作的电动机，需要使用高温电动机和高真空电动机。已开发的有 150W、3000r/min，工作在 200~300℃高温和真空度环境下的三相四极永磁电动机，直径 105mm、长 145mm，采用高温特性好的永磁体。

参考文献

[1] 唐任远．现代永磁电机理论与设计[M]．北京：机械工业出版社，2008.
[2] 袁登科，等．永磁同步电动机变频调速系统及其控制[M]．北京：机械工业出版社，2015.
[3] 苏绍禹．图解电、磁及永磁电机基础知识入门[M]．北京：机械工业出版社，2019.
[4] 刘锦波，张承慧．电机与拖动[M]．北京：清华大学出版社，2015.
[5] 李发海，王岩．电机与拖动基础[M]．北京：清华大学出版社，2012.
[6] 孙宇，王志文，孔凡莉．交流伺服系统设计指南[M]．北京：机械工业出版社，2013.
[7] 卢达，赵光宙，曲轶龙，等．永磁同步电机无参数整定自抗扰控制器[J]．电工技术学报，2013，28(3)：2-7.
[8] 徐东，王田苗，魏洪兴．一种基于简化模型的永磁同步电机转动惯量辨识和误差补偿[J]．电工技术学报，2013，28(2)：126-132.
[9] 崔雪萌，刘勇，梁艳萍．非均匀气隙对切向永磁同步发电机性能影响[J]．哈尔滨理工大学学报，2014，19(3)：100-106.
[10] 王艾萌，卢伟甫．五种拓扑结构的永磁同步电动机性能分析与比较[J]．微特电机，2010，30(4)：20-27.
[11] 冯桂宏，李庆旭，张炳义，等．电动汽车用永磁电机弱磁调速能力[J]．电机与控制学报，2014，18(8)：55-61.
[12] 陈丽香，张兆宇，唐任远．一种提高永磁牵引电机弱磁扩速能力的新结构[J]．电工技术学报，2012，27(3)：100-107.
[13] 李和明，卢伟甫，王艾萌．基于有限元分析的内置式永磁同步电机转矩特性的优化设计[J]．华北电力大学学报(自然科学版)，2009，36(5)：7-13.
[14] 白玉成，唐小琦，吴功平．内置式永磁同步电机弱磁调速控制[J]．电工技术学报，2011，26(9)：54-60.

[15] 张羽．基于自抗扰控制技术的永磁同步电机调速系统[D]．成都:西南交通大学电气工程学院,2017.

[16] 牛里．基于参数辨识的高性能永磁同步电机控制策略研究[D]．哈尔滨：哈尔滨工业大学电气工程学院,2015.

[17] 黄庆,黄守道,冯垚径,等．基于变结构自抗扰的永磁电动机速度控制系统[J]．电工技术学报,2015,30(20):31-39.

[18] 曾岳南,周斌,郑雷,等．永磁同步电机一阶线性自抗扰控制器的设计[J]．控制工程,2017,24(9):1818-1822.

[19] 王军,潘健．基于 id=0 的永磁同步电机矢量控制研究[J]．山东工业技术,2015(3):32 -35.

[20] 孙金秋,游有鹏．基于线性自抗扰控制的永磁同步电机调速系统[J]．现代电子技术,2014,37(16):152-155.

[21] 邱鑫,黄文新,杨建飞,等．一种基于转矩角的永磁同步电机直接转矩控制[J]．电工技术学报,2013,28(3):56-62.

[22] 周扬忠,钟技．用于永磁同步电动机直接转矩控制系统的新型定子磁链滑模观测器[J].中国电机工程学报,2010,30(18):97-102.

[23] 周胜灵,刘峰．永磁同步电机直接转矩控制系统的改进及仿真[J]．重庆大学学报,2013,36(11): 87-92.

[24] 邢岩,王旭,刘岩,等．基于空间矢量调制的永磁同步电机新型直接转矩控制策略[J]．电气传动,2013(增刊 1): 6-10.

[25] 林茂,李颖晖,吴辰,等．基于滑模模型参考自适应系统观测器的永磁同步电机预测控制[J]．电工技术学报,2017,32(6): 156-163.

[26] 李旭春,张鹏,严乐阳,等．具有参数辨识的永磁同步电机无位置传感器控制[J]．电工技术学报,2016,31(14): 139-147.

[27] 苑伟华．基于滑模策略的永磁同步电机直接转矩控制[D]．太原:太原科技大学,2015.

[28] 梁艳,李永东．无传感器永磁同步电机矢量控制系统概述[J]．电气传动,2003,33(4):4-9.

[29] 孙杰,崔巍,范洪,等．基于滑模观测器的永磁同步电机无传感器矢量控制[J]．电机与控制应用,2011,38(1):38-42.

[30] 郭巍,李光军．基于改进的滑模观测器永磁同步电动机转速估计[J]．微特电机,2016,44(9):89-91.

[31] 郭小定,柏达,周少武,等．一种新型趋近律的永磁同步电机滑模控制[J]．控制工程,2018,25(10):31-35.

[32] 欧阳凡,陈林．永磁同步电机新型趋近律滑模变结构控制[J]．自动化与仪表,2018,33(12):16-20.

[33] 戴鹏,徐楠,谢后晴,等．永磁同步电机调速系统的快速幂次趋近律控制[J]．电机与控制学报,2017,21(11):33-39.

第3章

无刷直流电动机

3.1 无刷直流电动机简介

无刷直流电动机是近年随着稀土永磁材料和电力电子技术的迅速发展而发展起来的一种新型电机。由于其可以有效地克服直流电动机换向恶劣、工作时间短、可靠性差等缺点,并具有效率高、体积小、重量轻、可靠性高、特性好、调速方便、结构简单等一系列优点,已广泛地应用于电动汽车、医疗器械、国防工业、精密电子仪器与设备、工业自动化等国民经济的各个领域中。随着半导体器件的迅猛发展、功率开关器件控制驱动技术的不断进步,以及高磁能积的稀土永磁材料的应用,使得无刷直流电动机在减小电动机和驱动器体积重量,提高功率密度,改善性能方面有了明显的进展。目前无刷直流电动机的发展已经与大功率开关器件、专用集成电路、稀土永磁材料、新型控制理论及电动机理论的发展紧密结合,体现着当今应用科学的许多最新成果,促进了高效节能电动机技术国有知识产权的开发,因而具有很强的应用前景和理论创新意义。

3.2 无刷直流电动机工作原理

3.2.1 无刷直流电动机基本结构及工作原理

1. 基本结构

无刷直流电动机实质上是一种特定类型的永磁同步电动机,经过专门的磁路设计,可获得梯形波的气隙磁场,感应的电动势也是梯形波的。性能更接近于直流电动机,但没有电刷,故称无刷直流电动机。

无刷直流电动机的基本构成包括电动机本体、控制器、逆变器和转子位置传

感器[1-3]，如图 3-1 所示。

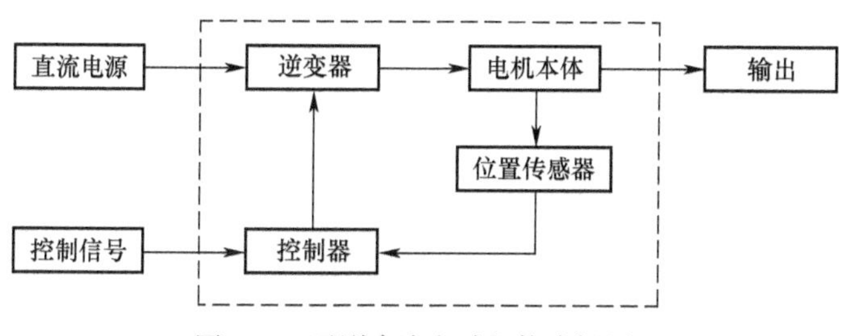

图 3-1　无刷直流电动机构成框图

1）电动机本体

无刷直流电动机和永磁同步电动机的电机本体结构相似，其电枢绕组放在定子上，转子励磁采用稀土永磁材料，产生气隙磁通。电机转子结构形式十分灵活，根据永磁体在转子中放置的位置，可以分为嵌入式和表贴式；根据励磁方式的不同，可以分为径向励磁式和切向励磁式。不同分法又可以相互组合，因此往往构成许多各有特色的转子磁路结构。电机本体常用的转子结构形式如图 3-2(a)和(b)所示。其中图(a)结构是转子铁芯外缘粘贴瓦片形稀土永磁体，这种结构在电机高速运行时需要在永磁体外表面套一个起保护作用的紧圈；图(b)结构是在转子铁芯中嵌入稀土永磁体，这种结构永磁体的放置方式多种多样，可以根据需要进行灵活的选择得到不同的磁路结构形式，图中所示为矩形切向励磁永磁体。永磁体可以通过多块进行拼接，放置方式多种多样，例如新型永磁体排列方式 Halbach 阵列，将不同磁化方向的永磁体按照一定的顺序排列，使得阵列一边的磁场显著增强而另一边显著减弱，这种排列方式很容易得到在空间正弦分布的磁场。

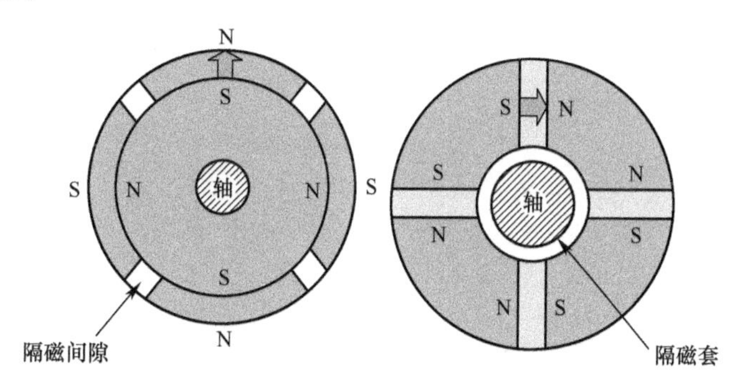

（a）瓦形永磁体径向磁化　　（b）矩形永磁体径切向磁化

图 3-2　无刷直流电动机转子结构形式

2）转子位置传感器

转子位置传感器是检测转子磁极相对于定子电枢绕组轴线的位置，并向控制器提供位置信号的一种装置。转子位置传感器也由定子和转子两部分组成，其转子与电动机本体同轴，以跟踪电动机本体转子磁极的位置，定子固定在电机本体定子或端盖上，以检测和输出转子位置信号。转子位置传感器的种类包括磁敏式、电磁式、光电式、接近开关式、正余弦旋转变压器式以及编码器等。无刷直流电动机通常采用霍耳位置传感器，根据霍耳元件的霍尔效应来工作，其结构如图 3-3(a)所示，安装位置如图 3-3(b)所示。霍耳位置传感器定子包含 3 个霍耳元件 $H_1 \sim H_3$，空间上彼此相差 120°，分别与无刷直流电动机定子三相绕组首端所在槽中心线对齐；霍耳位置传感器转子与无刷直流电动机转子同轴安装，上面安装的有极弧宽度为 180°电角度的永磁体，永磁体轴线与电机转子的主磁极轴线垂直，安装方式如图 3-3(c)所示。霍耳位置传感器转子转动过程中，当霍耳位置传感器定子分别处于 N 极和 S 极时，输出的信号分别为低电平位置信号和高电平位置信号。

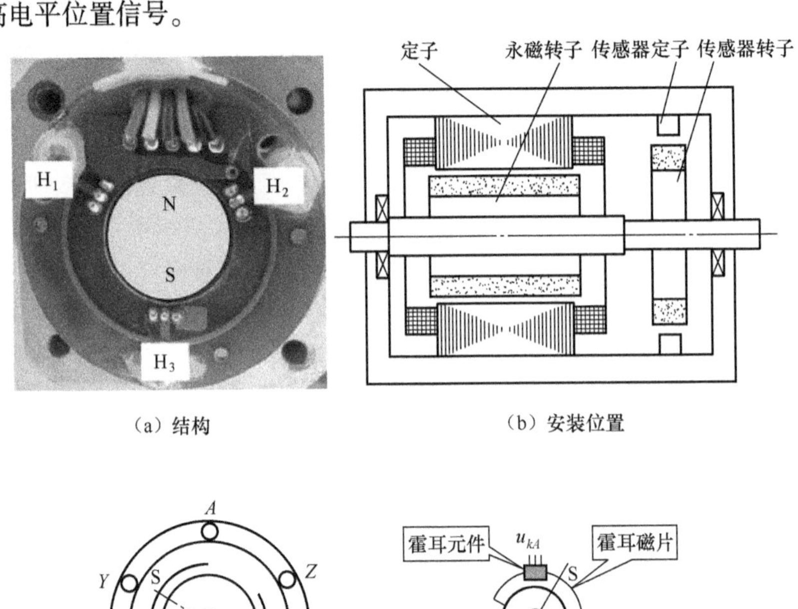

(a) 结构　　(b) 安装位置

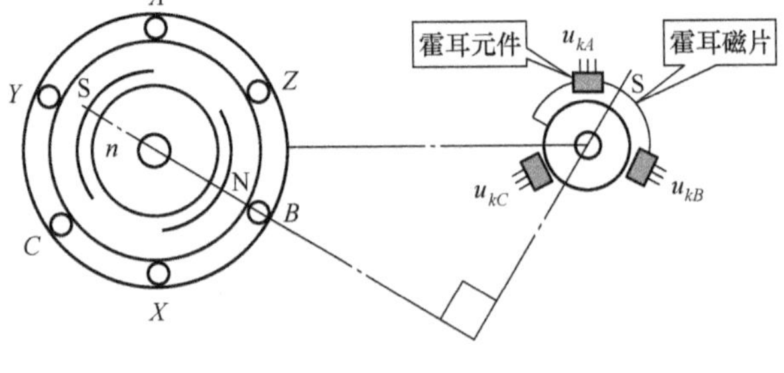

(c) 安装方式

图 3-3　霍耳位置传感器

3）控制器

控制器是用来控制电动机定子上各相绕组通电的顺序和时间，主要由逆变器和位置传感器信号处理单元两个部分组成。

逆变器是控制电路的核心，其功能是将电源的功率以一定的逻辑关系分配给无刷直流电动机定子上各相绕组，以便使电动机产生持续不断的转矩。而各相绕组导通的顺序和时间主要取决于来自位置传感器的信号。无刷直流电动机的逆变器提供与电动势严格同步的方波电流。

位置传感器信号处理单元的主要功能是对转子位置传感器输出的信号、PWM调制信号、正反转和停车信号进行逻辑综合，为驱动电路提供各开关管的斩波信号和选通信号，实现电机的正反转及停车控制。

2. 工作原理

对于无刷直流电动机，通过控制逆变器上的开关器件按一定顺序进行换相而形成的输入电流为一系列可以等效为方波的脉冲。无刷直流电动机系统图如图3-4所示，其中VF为逆变器，REPMM为采用稀土永磁材料的无刷直流电动机本体，PS为与电动机本体同轴联结的转子位置传感器，控制电路对转子位置传感器检测的信号进行逻辑变换后产生脉宽调制PWM信号，经过驱动电路放大送至逆变器各功率开关管，从而控制电动机各相绕组按一定顺序工作，在电动机气隙中产生跳跃式旋转磁场。

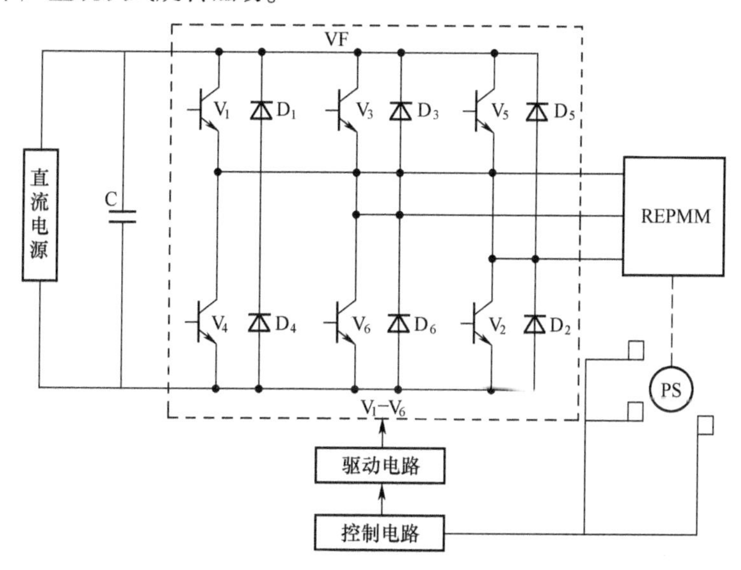

图3-4　无刷直流电动机系统图

以二相导通星形三相六状态无刷直流电动机为例来说明其工作原理。

无刷直流电动机工作原理示意图如图 3-5 所示。当转子永磁体位于图 3-5(a)所示位置时,转子位置传感器输出磁极位置信号,经过控制电路逻辑变换后驱动逆变器,使功率开关管 V_1、V_2 导通,即绕组 A、B 通电,A 进 B 出,电枢绕组在空间的合成磁势 F_a, 如图 3-5(a)所示。此时定转子磁场相互作用拖动转子沿顺时针方向转动。电流流通路径为:电源正极→V_1 管→A 相绕组→B 相绕组→V_6 管→电源负极。当转子转过 60°电角度,到达图 3-5(b)中位置时,位置传感器输出信号,经逻辑变换后使开关管 V_6 截止,V_2 导通,此时 V_1 仍导通。则绕组 A、C 通电,A 进 C 出,电枢绕组在空间合成磁场如图 3-5(b)中 F_a 。此时定转子磁场相互作用使转子继续沿顺时针方向转动。电流流通路径为:电源正极→V_1 管→A 相绕组→C 相绕组→V_2 管→电源负极,依次类推。当转子继续沿顺时针每转过 60°电角度时,功率开关管的导通逻辑为 V_3V_2→V_3V_4→V_5V_4→V_5V_6→V_1V_6……,则转子磁场始终受到定子合成磁场的作用并沿顺时针方向连续转动。

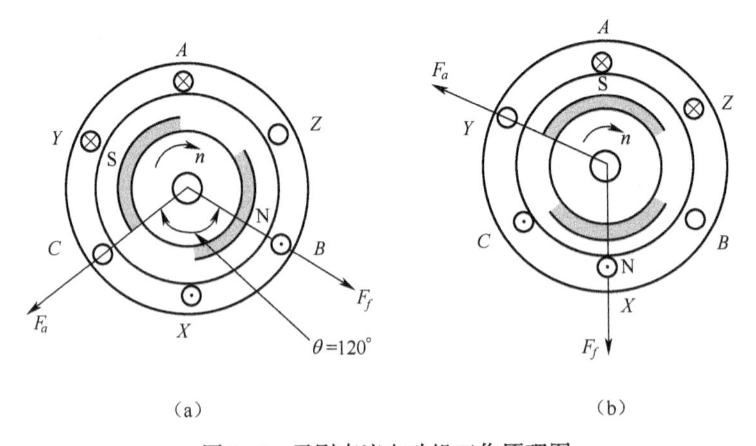

图 3-5　无刷直流电动机工作原理图

在图 3-5(a)到(b)的 60°电角度范围内,转子磁场顺时针连续转动,而定子合成磁场在空间保持图 3-5(a)中 F_a 的位置不动,只有当转子磁场转够 60°电角度到达图 3-5(b)中 F_f 的位置时,定子合成磁场才从图 3-5(a)中 F_a 位置顺时针跃变至(b)中 F_a 的位置。可见定子磁场在空间不是连续旋转的磁场,而是一种跳跃式旋转磁场,每个步进角是 60°电角度。

当转子每转过 60°电角度时,逆变器开关管之间就进行一次换流,定子磁状态就改变一次。可见,电动机有 6 个磁状态,每一状态都是两相导通。每相绕组中流过电流的时间相当于转子旋转 120°电角度,每个开关管的导通角为 120°电角度,故该逆变器为 120°导通型。两相导通星形三相六状态无刷直流电动机的三相绕组与各个开关管导通顺序的关系[4]见表 3-1。

表 3-1 两相导通星形三相六状态时绕组和开关导通顺序表

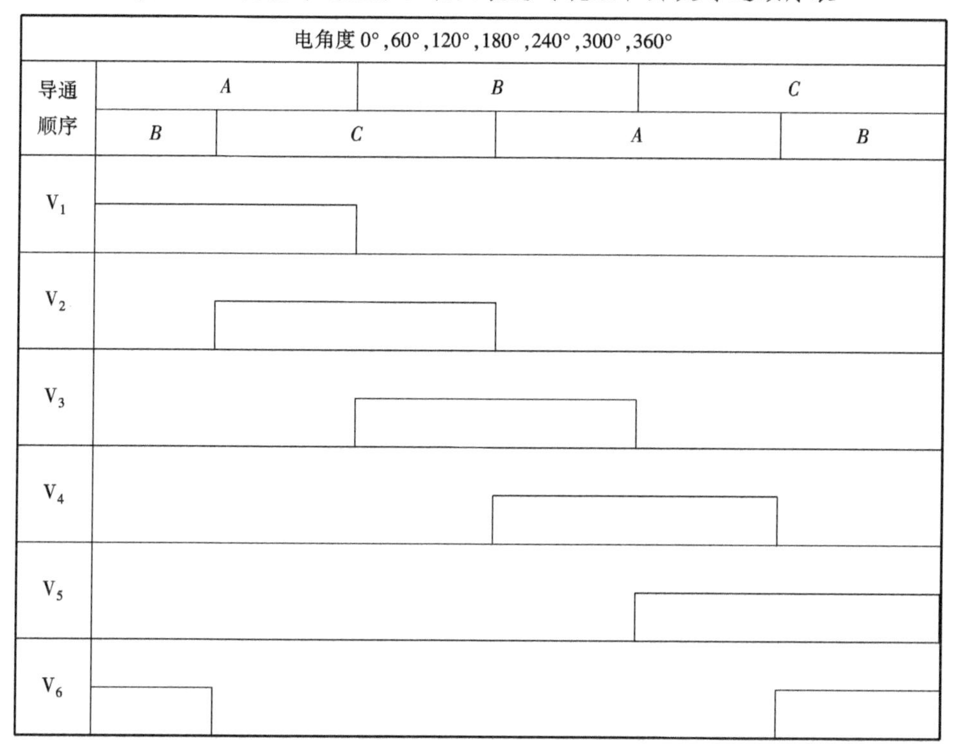

电角度 0°,60°,120°,180°,240°,300°,360°						
导通顺序	A		B		C	
	B	C		A		B
V_1						
V_2						
V_3						
V_4						
V_5						
V_6						

3.2.2 无刷直流电动机的基本公式及数学模型

1. 基本公式

无刷直流电动机采用径向激磁结构,由于永磁体的取向性好,可以方便地获得具有较好方波形状的气隙磁场。对于方波气隙磁场,当定子绕组采用集中整距绕组,即每极每相槽数 $q=1$ 时,方波磁场在定子绕组中感应的电势为梯形波。无刷直流电动机通常由方波电流驱动,即与 120°导通型逆变器相匹配,由逆变器向方波电动机提供三相对称的、宽度为 120°电角度的方波电流。方波电流应与电势同相位或位于梯形波反电势的平顶宽度范围内,如图 3-6 所示。

电动机的电磁转矩、电枢电流和反电势等的计算方程如下[4]:

1）电枢绕组感应电势

单根导体在气隙磁场中的感应电势为

$$e = B_\delta L v \tag{3-1}$$

式中:B_δ 为气隙磁感应强度;L 为导体的有效长度;v 为导体相对于磁场的线速度,即

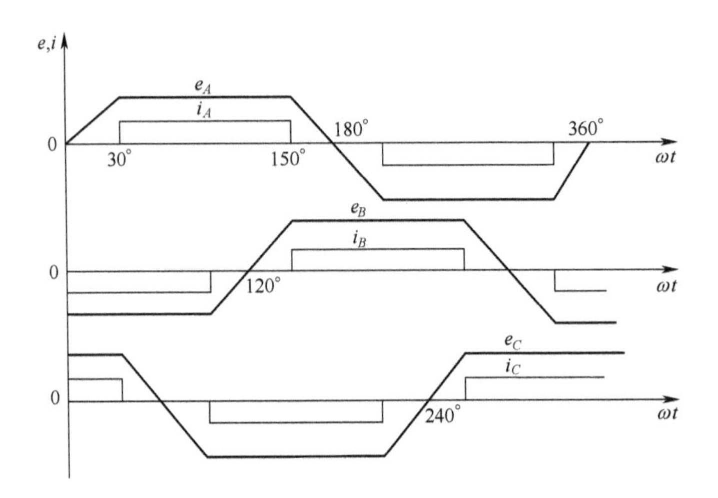

图 3-6　反电势及电流波形

$$v = \frac{\pi D}{60}n = 2p\tau\frac{n}{60} \tag{3-2}$$

式中：n 为电机转速(r/min)；D 为电枢内径；τ 为极距；p 为极对数。

设电枢绕组每相串联匝数为 W_Φ，则每相绕组的感应电势为

$$E_\Phi = 2W_\Phi e \tag{3-3}$$

$$e = B_\Phi L 2p\tau\frac{n}{60} \tag{3-4}$$

方波气隙磁感应强度对应的每极磁通为

$$\Phi_\delta = B_\delta \alpha_i \tau L \tag{3-5}$$

式中：α_i 为计算极弧系数,则有

$$e = 2p\Phi_\delta\frac{n}{60\alpha_i} \tag{3-6}$$

每相绕组感应电势为

$$E_\phi = \frac{P}{15\,\alpha_i}W_\delta\Phi_\delta n \tag{3-7}$$

则电枢感应电势为

$$E = 2E_\phi = \frac{2P}{15\alpha_i}W_\delta\Phi_\delta n = C_e\Phi_\delta n \tag{3-8}$$

式中：C_e 为电势常数，$C_e = \frac{2P}{15\alpha_i}W_\delta\Phi_\delta$。

2）电枢电流

在每个导通时间内有以下电压平衡方程式：

$$U - 2\Delta U = E + 2T_a r_a \tag{3-9}$$

式中：U 为电源电压；ΔU 为开关管的饱和管压降；I_a 为每相绕组电流；r_a 为每相绕组电阻。

电枢电流：

$$I_a = \frac{U - 2\Delta U - E}{2r_a} \tag{3-10}$$

3）电磁转矩

在任一时刻，电机的电磁转矩 T_{em} 由两相绕组的合成磁场与转子永磁场相互作用而产生，则

$$T_{em} = \frac{2E_\phi I_a}{\Omega} = \frac{EI_a}{\Omega} \tag{3-11}$$

式中：$\Omega = \frac{2\pi n}{60}$ 为电机的角速度，则有

$$T_{em} = \frac{\frac{2p}{15\alpha_i} W_\phi \Phi_\delta n I_a}{\frac{2\pi n}{60}} = C_T \Phi_\delta I_a \tag{3-12}$$

式中：$C_T = \frac{4p}{\pi\alpha_i} W_\phi$ 为转矩常数。

4）转速

$$n = \frac{U - 2\Delta U - 2I_a r_a}{C_e \Phi_\delta} \tag{3-13}$$

空载转速为

$$n_0 = \frac{U - 2\Delta U}{C_e \Phi_\delta} = \frac{U - 2\Delta U}{\frac{2p}{15\alpha_i} W_\phi \Phi_{\delta 0}} = 7.5\alpha_i \frac{U - 2\Delta U}{pW_\phi \Phi_{\delta 0}} \tag{3-14}$$

2. 数学模型

假定无刷直流电动机工作在两相导通星形三相六状态方式下，反电势波形为平顶宽度为 120°的梯形波，电动机在工作过程中磁路不饱和，不计涡流和磁滞损耗，三相绕组完全对称，则三相绕组的电压平衡方程可以表示为

$$\begin{bmatrix} u_A \\ u_B \\ u_C \end{bmatrix} = \begin{bmatrix} R_s & 0 & 0 \\ 0 & R_s & 0 \\ 0 & 0 & R_s \end{bmatrix} \begin{bmatrix} i_A \\ i_B \\ i_C \end{bmatrix} + \begin{bmatrix} L-M & 0 & 0 \\ 0 & L-M & 0 \\ 0 & 0 & L-M \end{bmatrix} P \begin{bmatrix} i_A \\ i_B \\ i_C \end{bmatrix} \begin{bmatrix} e_A \\ e_B \\ e_C \end{bmatrix} \tag{3-15}$$

式中：u_A、u_B、u_C 为定子相绕组电压；i_A、i_B、i_C 为定子相绕组电流；e_A、e_B、e_C 为定子绕组电动势；L 为每相绕组的电感；M 为每相绕组的自感；P 为微分算子。

在通电期间，无刷直流电动机的带电导体处于相同的磁场下，各相绕组的感应电动势为

$$E_{\mathrm{m}} = (pN/60)\Phi_m n \tag{3-16}$$

式中：n 为电动机转速；ϕ_{m} 为主磁通；p 为极对数；N 为总导体数。

从变频器的直流端看，星形联结的无刷直流电动机感应电动势 E_d 由两相绕组经逆变器串联组成，所以有

$$E_d = 2E_{\mathrm{m}} = (pN/30)\Phi_{\mathrm{m}} n \tag{3-17}$$

电磁转矩方程为

$$T_e = (e_a i_a + e_b i_b + e_c i_c)/\omega \tag{3-18}$$

机械运动方程为

$$T_e - T = J\frac{d_\omega}{d_t} \tag{3-19}$$

式中：T 为负载转矩；J 为转子惯性矩；ω 为机械角速度。

3.2.3 无刷直流电动机系统建模

1. 电动机电压方程模型

根据电动机电压方程可以得出电动机等效模型，如图 3-7 所示，反电势可以由 PSB 中可控电压源来实现。

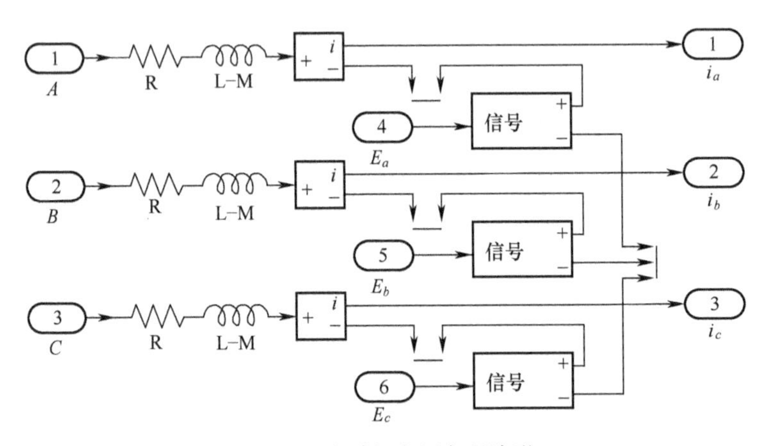

图 3-7　电动机电压方程波形

2. 反电势计算模块

电动机绕组反电势波形形状与电角度有关，而电动机旋转电角度影响反电

势大小,因此电动机反电势可表示成函数。另外从分析电动机换向过程可知,电机绕组反电势在平顶波部分时该绕组处于导通状态,当反电势在正平顶波部分时,与该绕组相连的逆变器上桥臂导通,同样,在负平顶波部分时,下桥臂导通,在确定反电势波形的同时也就得到了逆变器6个开关信号。

本模型用削去顶部的正弦波代替梯形波。如图3-8所示,FCN为电角度的正弦函数。A点为正弦波的正平顶部分,B点为正弦波的负平顶部分,C点为梯形波的两个平顶部分的波形,D点为0°,-30°,150°,-210°,330°,-360°部分的波形,C点和D点波形的合成得到削去顶部的正弦波,在该波形上乘以反电势的大小即可得到反电势波形。另外,由于电动机各相绕组反电势梯形波在平顶波部分该绕组导通,因此图中A点和B点的波形即为与A相绕组相连的桥臂上下开关管的换向信号A_+,A_-。B,C相绕组反电势可由分别相移120°,240°电角度得到,只在FCN正弦函数上加120°,240°的相移即可,同时也就得到了B,C的换向信号B_+,B_-,C_+,C_-。

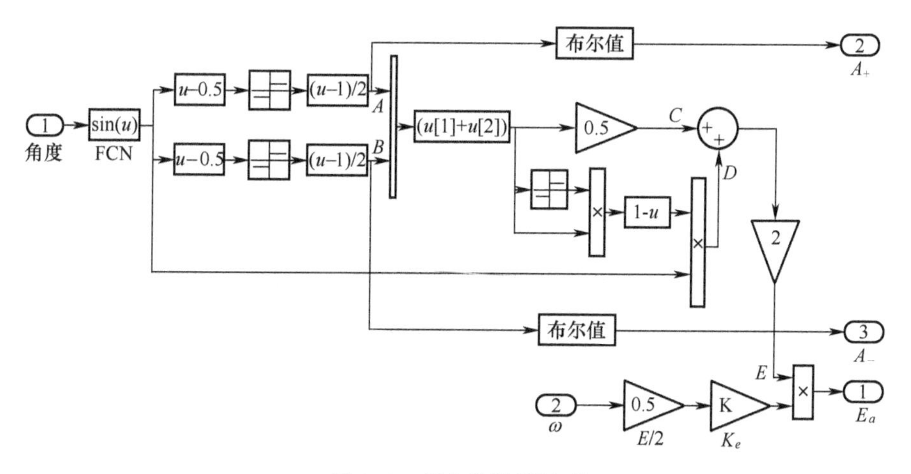

图3-8 反电势计算波形

3. 电磁转矩测量模块

转矩测量模块结构比较简单,可根据式(3-18)直接得到电磁转矩测量模型,如图3-9所示。

4. 机械运动方程模块

由式(3-19)可知,对电磁转矩和负载转矩的差积分可得到电动机旋转机械角速度,对机械角速度积分可得电动机转过角度,乘以极对数就得到电动机转过的电角度,如图3-10所示。

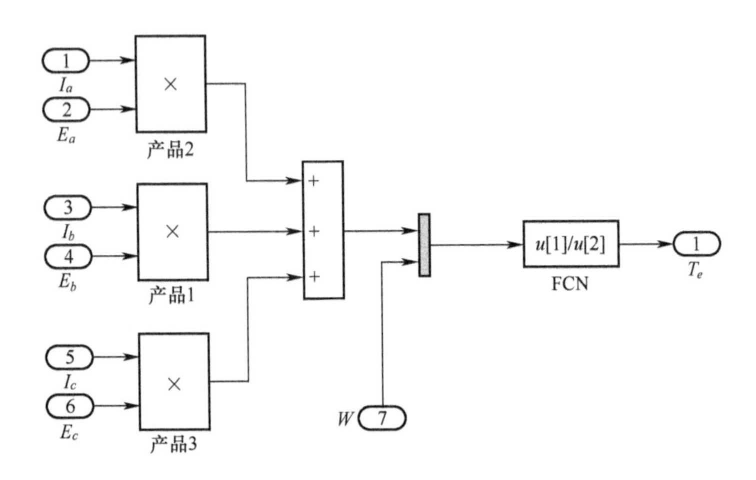

图 3-9　电磁转矩测量模型

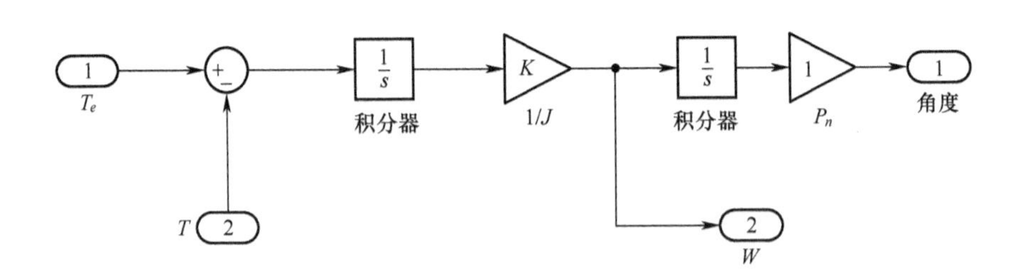

图 3-10　机械运动方程模型

5. 实例仿真

图 3-11 为电动机系统仿真图，主要由 PI 调节模块、PWM 波形产生模块、逆变模块以及电动机本体等组成。电动机本体可以由上述部分合并封装得到。PWM 波形产生模块可由一定频率的三角波与直线相比较得到，输入为占空比，输出为频率不变、占空比可调的 PWM 波，功率逆变模块、PI 调节模块为 MATLAB 自带模块。

本例中仿真电机额定电压为 270V，额定转速为 10000r/min，反电势系数为 0.2522V·s/rad，额定转矩为 10.6687N·m，转子惯量为 76.2414×10^{-3}N·m·s^2，每相电枢绕组电阻为 0.0508Ω。仿真时电机空载起动，0.05s 时加入额定负载。图 3-12~图 3-15 中纵坐标分别为反电势、转速、电流、转矩，横坐标都为时间。

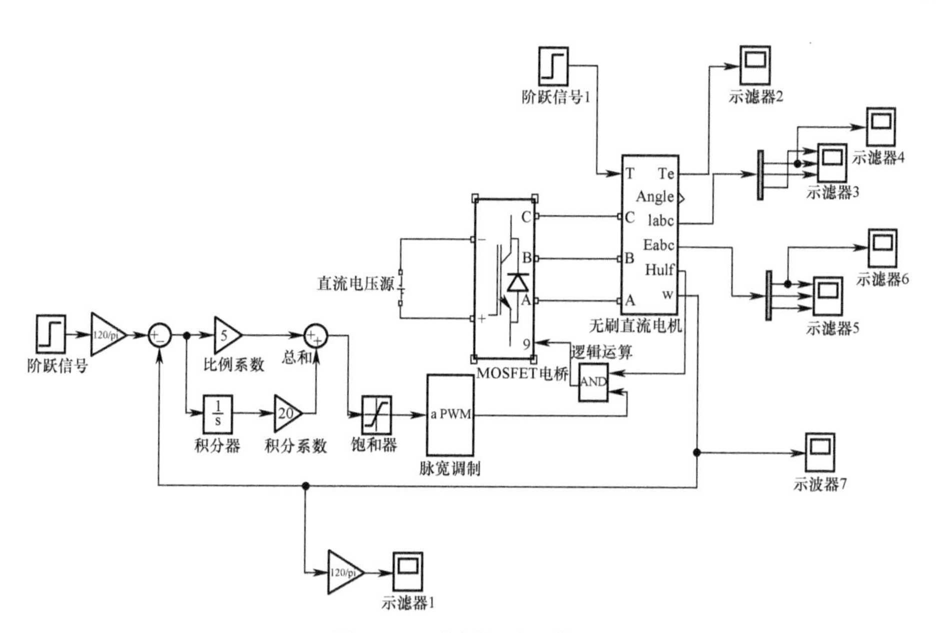

图 3-11 实例电动机模型

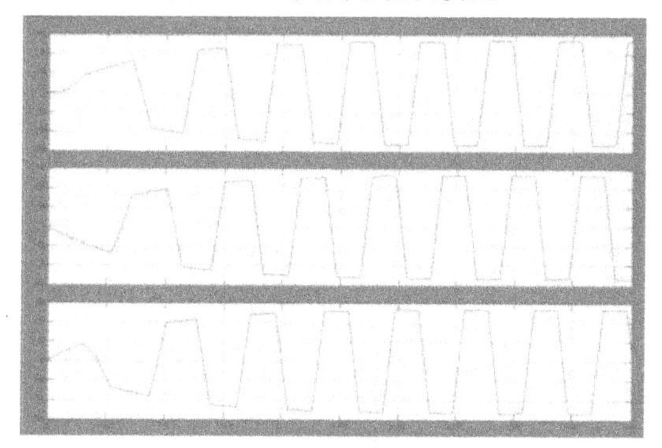

图 3-12 反电势波形

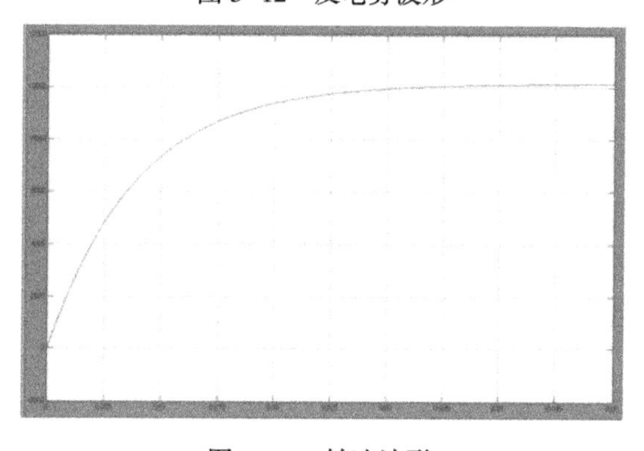

图 3-13 转速波形

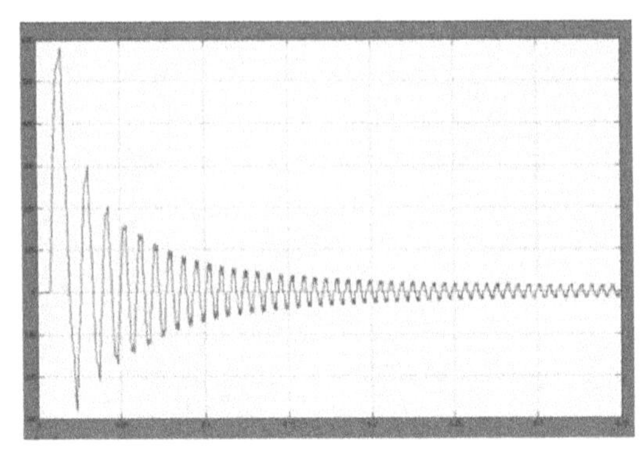

图 3-14　电流波形

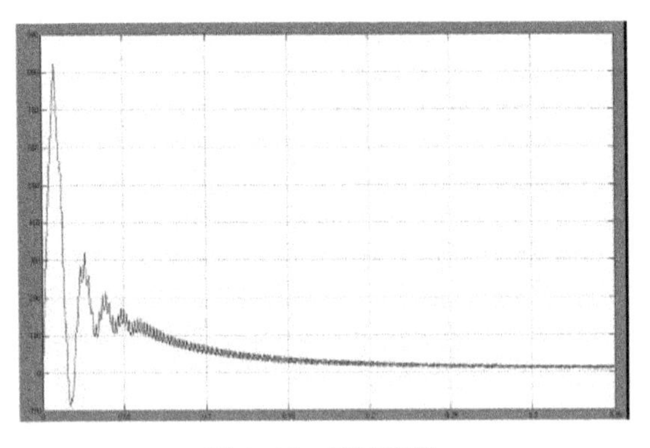

图 3-15　转矩波形

3.3　无刷直流电动机设计特点及方法

3.3.1　设计特点

1. 主要尺寸规格的确定

在电动机设计中,通常称电枢直径和电枢铁芯计算长度为主要尺寸,电动机的其他尺寸、重量和技术经济指标都依赖于它。在无刷直流电动机中,主要尺寸、电动机的计算容量和电磁负荷之间存在着如下关系:

$$D_{i1}^2 l_i = \frac{6.1P_i'}{\alpha_i A B_\delta n_N} \tag{3-20}$$

式中:D_{i1} 为电枢内径;l_i 为电枢铁芯长;A 为电动机电磁负荷;B_δ 为电机气隙磁

密；α_i 为永磁体极弧系数；P_i' 为计算功率；n_N 为电机额定转速（以上参数都为国际制单位）。

由式(3-20)可知：电动机的主要尺寸由其计算功率和转速之比或计算转矩决定，其他条件相同时，计算转矩相近的电动机耗用的材料相似；高的电机电磁负荷可以增加电动机的功率密度。

2. 电磁负荷的选择

1）电磁负荷 A 选择

电动机的尺寸和体积减小，可节省钢铁材料。B_δ 一定时，由于铁芯质量减小，铁耗随之减小；绕组用铜量将增加，这是由于电动机的尺寸小了，在 B_δ 不变的条件下，每极磁通量将变小，为了产生一定的感应电势，绕组匝数必须增加；增大了电枢单位表面上的铜耗，使绕组温升增高；定子绕组的去磁作用的影响比较显著，导致工作特性变差，改变了电气参数与电机特性。

2）气隙磁密 B_δ 选择

电动机的尺寸和体积将减小，可节省钢铁材料。B_δ 的增大使电动机的铁耗增加，效率降低。同时使电动机温升增高；气隙磁位降和磁路的饱和程度将增加，空气隙与电动机定子磁路所需要的磁感应强度增高，要求高性能的磁钢和导磁材料，其成本随之上升，改变了电气参数和电机特性。

因此，在同等功率和同转速下，提高电动机的电磁负荷能够减小电机的体积，节约材料的消耗和减小加工费用，但电磁负荷也不宜都选得太高。电磁负荷太高，电机铜耗、铁耗会相应增加，电动机效率降低。又由于损耗的增加和散热面积的减小，使温升增高，绝缘材料加速老化，影响到电动机的使用寿命。同时，气隙磁密 B_δ 值取决于永磁材料的性能和尺寸，直接关系到电动机的成本，过高的电磁负荷 A、气隙磁密 B_δ 对无刷直流电动机的工作特性和可靠性也有不利的影响。因此，选择合适的电磁负荷 A、气隙磁密 B_δ 必须综合考虑制造和运行的整个技术指标和经济指标。

在 AB_δ 的乘积为一定的情况下，还应该考虑 A 和 B_δ 间的比例关系。无刷直流电动机的电抗电动势正比于电磁负荷 A，所以设计时一般常选用较小的电磁负荷 A 值和较大的气隙磁密 B_δ 值，以改善无刷直流电动机的运行性能；同时，电磁负荷 A 的减小也使定子绕组的用铜量降低。A 与 B_δ 的比例关系与无刷直流电动机中铜耗、铁耗所占的比例也有密切关系，对于低速电动机，铁耗较小，B_δ 可以选用较大值；对于高速电动机，铁耗较大，B_δ 就不应选用较大的值。

此外，电磁负荷还与无刷直流电动机的冷却条件、所用绝缘材料结构等级、功率以及转速（确切地说为电枢直径）有关。

电磁负荷选择时要考虑的因素很多，要分析对比所设计电动机与已有电动机之间在使用材料、结构、技术要求等方面的异同后再进行选取。因此要从实际生产条件出发,综合进行分析和比较,以选择合理的电磁负荷数值。

3. 长径比值的选择

无刷直流电动机的几何形状关系可以用计算长度与定子内径的比值来表示:

$$\lambda=\frac{L}{D_a} \tag{3-21}$$

λ 的大小对电动机的性能指标和经济是有影响的。

若 D_a^2L 不变而 λ 较大时:电动机细长,绕组端部变短,用铜量相应减少,λ 在正常范围内可提高绕组铜的利用率,单位功率的材料消耗减少,成本降低。电动机的体积未变,因而铁的质量不变,在同一磁密下基本铁耗不变,但附加铁耗降低,机械损耗因直径变小而减小。电动机中总损耗下降,效率提高。绕组端部较短,因此端部漏抗减小。一般情况下,这将使总漏抗减小。电动机细长,在采用气体作冷却介质时,风路加长,冷却条件变差,从而导致轴向温度分布不均匀度增大。由于电动机细长,线圈数目较少,线圈制造工时和绝缘材料的消耗减少。但电动机冲片数目增多,冲模磨损加剧;同时机座加工工时增加,并因铁芯直径较小,下线难度稍大。此外,为了保证转子有足够的刚度,必须采用较粗的转轴。由于电动机细长,转子的转动惯量与圆周速度较小,这对于转速较高或要求机电时间常数较小的电动机是有利的,有利于电动机的起动和调速。

因此选择 λ 值时,通常主要考虑的因素有:参数与温升、节约用铜、转子的机械强度和转动惯量等方面的限制要求。为了全面衡量电动机的性能指标和经济指标,根据生产经验,λ 有一定的范围。实际设计时,λ 值的选择往往需要通过若干计算方案的全面比较分析,才能做出正确判断。

4. 槽数和极对数的选择

当电机尺寸固定时,槽数的多少决定绕线匝数的数量、加工制造上的难度、铁芯饱和的程度以及对转矩的影响。槽数越多,可以降低气隙磁阻的不均匀程度,减小由此产生的转矩脉动。由于电动机槽引起的磁路不均匀而产生的转矩称为齿槽转矩。工程上一般采用定子斜槽一个齿距的方法来消除。

选择极数应综合考虑运行性能和经济指标。设计电动机时,有时要选取几种极数进行方案比较,才能确定合适的极数。当增加极数时:

转子外径、长度和气隙磁感应强度确定后,极对数的增加,可减少每极磁通,定子轭及机座的截面积可相应减少,从而减少电动机的用铁量。

定子绕组端接部分随极数增加而缩短,同样的电流密度下,绕组用铜量减少;磁极增多后,定子绕组电感相应减少。

制造工时相应增加；漏磁不能太大，极弧系数减小，原材料的利用率变差。

同样的转速下，定子齿的铁耗随极数的增加而增大，而定子轭的铁耗则增加很少；电流密度不变时，定子绕组中的铜耗随极数的增加而降低。一般说，电动机效率随极数的增加而有所下降。

5. 永磁体及铁芯材料的选择

当前常用的永磁材料主要有钐钴永磁材料和钕铁硼永磁材料。这两种永磁材料又分别有烧结式和黏结式之分，一般烧结式永磁材料在同等条件下可以产生比黏结式永磁材料高的气隙磁感应强度，适合于高磁负荷的电动机，烧结式永磁材料产生的气隙磁感应强度一般可以达到 0.55～0.7T，有的可以达到 0.7～0.9T；黏结式永磁材料性能相比来说较低，一般气隙磁场在 0.35～0.45T 之间。黏结式永磁材料的一个优点就是加工工艺简单，可以根据需要制成各种形状的永磁体，适合于大批量生产。在设计电动机时应根据选定的磁负荷和工艺要求合理选择永磁材料。

电机中使用的铁芯材料通常称为软磁材料，它们具有低的磁滞回路和高的导磁率等特性。目前产业界最常使用的铁磁材料种类有热轧硅钢片、冷轧硅钢片、铸钢、锻铁等。对无刷直流电动机来说，铁损耗主要集中在定子上，定子一般采用硅钢片叠加而成，在设计电机时，使电动机在额定工作点时，硅钢片中磁感应强度值在磁化曲线临界饱和点附近，以达到充分利用材料的目的。一般硅钢材料的饱和点在 1.6～1.7T 之间，特种材料可以达到 2.2T 左右。

6. 定子绕组导线截面的选取

定子绕组导线截面的选取，决定于导线的电流密度 J_a。如果选取的 J_a 较大，导线截面较小，从而缩小槽形，还可以相应地减小定子铁芯尺寸，节省材料，减轻重量和降低成本；但是 J_a 较大时，铜耗增大，效率降低，运行费用提高，电动机温升上升。为了节省电动机的有效材料，电动机设计中总是希望选取较大的 J_a 值，这时需要加强电动机的冷却措施或提高绝缘等级。因此，定子绕组电流密度 J_a 的大小，与电动机的绝缘等级、结构型式、冷却条件和转速等有关。

此外，导线截面不够时可用两根或三根并绕。导线截面较大时宜用扁线，这时应选用矩形槽，导线的高度与宽度应结合矩形槽的形状和槽绝缘确定。

7. 气隙、槽满率及漏磁系数的选择

设计时必须注意气隙、槽满率等问题。气隙、槽满率直接关系到制造难度、制造工艺等。电机气隙的选择应考虑加工工艺，可以取得小一些，以节约永磁体的用量；电机槽满率，不应太大，也不宜太小，太大会造成下线困难，太小槽利用率不高，导致电机材料的浪费。

无刷直流电动机的一个突出优点就是单位体积力能指标高，而这得益于稀土永磁体磁场的定向性极强，所以漏磁系数较小。

3.3.2 设计方法

通常，无刷直流电动机有传统的磁路计算法和电磁场有限元法两种磁场分析方法。基于这两种方法，无刷直流电动机有等效磁路法、电磁场有限元法和场路结合法3种设计方法。

1. 等效磁路法

为了简化分析计算，目前在许多工程问题中仍常采用“场化路”的方法，将空间实际存在的不均匀分布的磁场转化成等效的多段磁路，并近似认为在每段磁路中磁通沿截面和长度均匀分布，将磁场的计算转化为磁路的计算，然后利用各种系数来进行修正，使各段磁路的磁位差等于磁场中对应点之间的磁位差。这样可以大大减少计算所用的时间，在方案估算、初始方案设计和类似结构的方案比较时更为实用。在积累了一定的经验，取得各种实际的修正系数后，其计算精度可以满足工程实际的需要。

在电动机中，尽管不同的电动机有其不同的磁路形式，不同的永磁体放置方法，从形式上看有着不同的磁路结构。但就其实质而言，各类电动机中的磁路构成都是一致的。永磁电动机磁路的构成，一般都包含永磁体、软磁材料、工作气隙3个部分。其中永磁体是磁路中的磁势源，而当磁通流经软磁材料时，造成磁势降落并产生损耗（电动机中的铁损耗）；气隙是构成磁路的一个重要环节，在磁势源的作用下，气隙中的磁通量 Φ_δ（或气隙磁感应强度 B_δ）是决定电机尺寸、影响电动机性能的重要参数之一，电动机的合理设计应该使磁势的主要部分降落在气隙中。

1）永磁体的等效磁路

永磁体的退磁曲线在第二象限，由磁钢剩磁对应的磁通 Φ_r、磁钢矫顽力对应的磁势 F_c 两个参数确定，代表了永磁体的向外磁路提供磁场能量的能力。永磁体的退磁曲线如图3-16所示。

对于退磁曲线上的任意一点：

$$\Phi_m = \Phi_r - \Phi_0 = \Phi_r - \Lambda_0 F_m \tag{3-22}$$

式中：$\Lambda_0 = \Phi_r / F_c$，为永磁体的内磁导，对于给定的磁钢尺寸和性能，它是一个常数。

经过上述处理后，永磁体可以等效为一个恒磁通源 Φ_r 与一个恒定的内磁导 Λ_0 相并联的磁通源，如图3-17(a)所示。电路中的电压源和电流源可以等效互换，磁路中的磁通源也可等效变换成磁动势源。

$$F_m = F_c - \Phi_r / \Lambda_0 \tag{3-23}$$

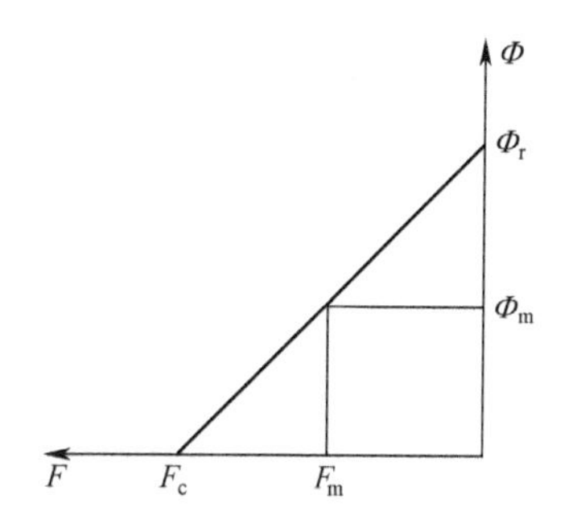

图 3-16 永磁体的退磁曲线

因此，永磁体也可以等效成一个恒磁动势源 F_m 与一个恒定的内磁导 Λ_0 相串联的磁动势源，如图 3-17(b)所示，它与图 3-17(a)所示的磁通源是等效的。

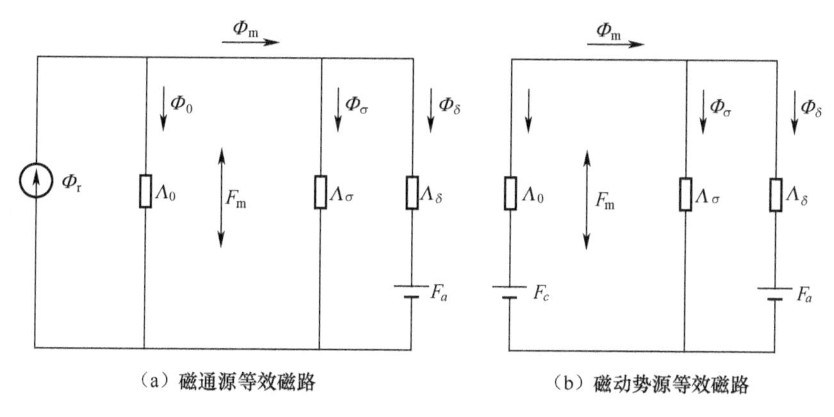

图 3-17 负载时永磁电动机的等效磁路

2）外磁路的等效磁路

永磁体向外磁路提供的总磁通 $\boldsymbol{\Phi}_m$ 可分为两部分：一部分与电枢绕组匝链，称为主磁通（即每极气隙磁通 $\boldsymbol{\Phi}_\delta$）；另一部分不与电枢绕组匝链，称为漏磁通 $\boldsymbol{\Phi}_\sigma$。相应地将永磁体以外的磁路（外磁路）分为主磁路和漏磁路，相对应的磁导分别为主磁导 Λ_δ 和漏磁导 Λ_σ。无刷直流电动机的实际外磁路非常复杂，分析时可根据其磁通分布情况分成许多段，再经串、并联进行组合。主磁导与漏磁导是各段磁路磁导的合成。

在负载运行时，根据电动机原理可知，主磁路中增加了电枢磁动势，设每对极磁路中的电枢磁动势为 F_a，其相应的等效磁路如图 3-17 所示。根据对励磁磁场作用的不同，F_a 起增磁或去磁作用。

3）电动机的等效磁路

令 $F_a=0$，即得到空载时的等效磁路。磁路工作点的求取如图 3-18 所示，永磁体退磁曲线与空载特性曲线和负载特性曲线的交点分别对应空载工作点和负载工作点，其中，空载特性曲线向左平移，“负载去磁磁势”即为负载特性曲线。

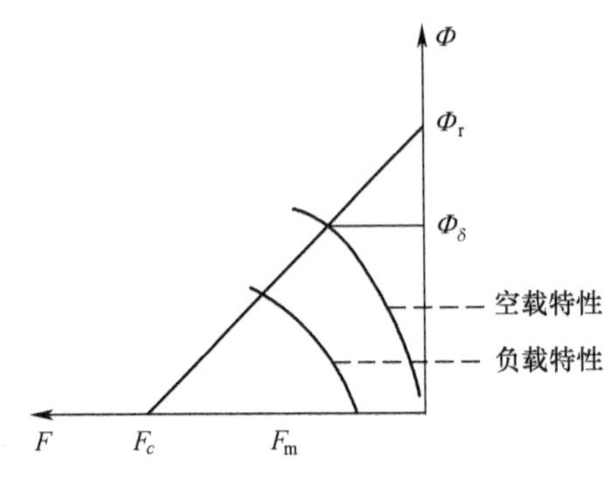

图 3-18　磁路工作点

2. 电磁场有限元法

电动机内物理场的数值计算方法的种类很多，主要包括微分方程法（有限元法和有限差分法）和积分方程法（体积分方程法和边界积分方程法），以及近年来出现的有限元法和边界元方程法相结合的混合法。其中，有限元法占有绝对主要的地位，应用范围最为广泛。

基于伽辽金加权余量法或变分原理的有限元（finite element method，FEM），最早产生于力学计算中，由于其依据的理论具有普遍性，已被推广并成功应用于其他工程领域。自从在加速器磁极和直流电机磁场计算等电磁计算中被采用以来，有限元法已广泛应用于电气工程的各个领域，是求解电磁场边值问题最实用的方法。

有限元法在理论上以变分原理或伽辽金加权余量法为基础，在具体方法上则借鉴了有限差分法离散处理的网格思想（图 3-19）。有限元法的基本步骤包括：确定描述边值问题的偏微分方程；利用变分原理，将描述边值问题的偏微分方程转换为相应的泛函表达式（或利用加权余量法，将偏微分方程与权函数相乘，并在场域内进行积分）；将由偏微分方程表征的连续函数所在的封闭场域划分成为有限数目的子区域——单元，单元完全覆盖所研究的区域且单元之间互不重叠，并且单个单元不能跨越材料边界；利用近似函数来描述单元中的未知量。由于公式中常涉及对这些函数进行微分和积分，一般选择多项式作为近似

函数,多项式的阶数决定了单元的阶数。对泛函求极值,并求解所得的代数方程以获得所需的场问题的近似解。

图3-19 有限元网格划分(见书末彩图)

有限元法对场域的划分比较灵活,对不规则的边界形状的处理也很方便。相对于有限差分法,有限元法的主要优点包括:对复杂边界的适应性,高阶近似的扩散性,自然边界条件和交界条件可自动满足。此外,有限元法可有效处理非线性媒质特性(如铁磁饱和特性)和涡流,它所形成的代数方程一般具有系数矩阵对称、正定和稀疏等特点,解的稳定性和精度都比较高。有限元法在工程应用中的通用性非常好。基于有限元法开发的软件,对于范围广泛的问题,可以有效地建模、求解以及后处理,这使得有限元法成为许多 CAD 软件的基础。有限元法的主要缺点是,对于复杂的三维结构,尤其是对包含开域自由空间的问题进行建模和求解时,会遇到一些困难。

3. 场路结合法

等效磁路的计算方法中许多系数需利用电磁场计算和实验得出。由于无刷直流电动机的磁路结构多种多样,而且继续有所创新,当进行新结构电动机设计计算时,为了提高计算的准确程度,需要直接进行电磁场计算和分析。而且,无刷直流电动机中一些特殊的电磁过程和一些专门问题如磁极结构形式和尺寸的优化、永磁体的局部失磁问题等,也需要运用电磁场计算才能进行定量的分析。

有限元法电磁场数值计算作为电动机 CAD 的一个分析手段,具有建模方便、仿真结果精确以及后处理功能强大等优点,利用有限元软件进行辅助设计,可以弥补路算不准确的缺点。目前,有限元法已经应用在无刷直流电动机的磁场计算中,但是常规无刷直流电动机模型的建立还相对简单,高功率密度无刷直流电动机由于其内部电磁场分布非常复杂,模型的建立相对困难,必须正确建立前处理的几何模型并进行精密剖分，才能正确建立有限元模型。因此，有限元法一般多用于最终设计方案的校核和优化。

场路结合法的基本原理是先参考磁路计算的结果，建立有限元法前处理的几何模型，然后通过电磁场分析，用电磁场有限元软件准确地计算出等效磁路法中所需要的修正系数，如漏磁系数、计算极弧系数和气隙系数等，再将这些参数引入到等效磁路法中去，完善设计方案。而一些特殊的电磁过程和一些专门问题如磁极结构形式和尺寸的优化、永磁体的局部失磁问题等采用等效磁路法不能解决的问题，采用电磁场有限元法进行分析，从而达到准确计算的目的。

3.3.3 无刷直流电动机转子涡流损耗计算

无刷直流电动机转子与定子电枢反应磁场的基波同步旋转，因此转子里的铁耗通常被忽略掉，但是由于电动机开槽引起的齿槽谐波的存在、定子磁动势的非正弦分布以及定子绕组相电流的非正弦等种种因素会导致定子电枢反应磁场在气隙中产生时间和空间的谐波分量，这些谐波与电动机的转子并不是同步旋转，从而在转子内感应出涡流损耗。对于表贴式永磁无刷直流电动机，由于转子轭部采用叠片结构形式，并且远离定子电枢反应磁场，在其中感应的涡流损耗很小，引起电动机转子发热的主要因素是在紧圈和永磁体中产生的涡流损耗。针对本节所研究的表贴式无刷直流电动机，定子绕组采用整距绕组，节距等于极距，绕组中存在谐波磁动势；由于定子开槽，气隙磁导沿气隙表面以槽距做周期性变化，也会有相应的齿谐波产生；电动机由三相六状态的逆变器方波驱动，电流波形里存在显著的时间谐波，因此，会在紧圈和永磁体中产生显著的涡流损耗。尽管相对于定子铜耗和定子铁耗，转子涡流损耗很小，但由于电动机转子散热条件差，将会造成永磁体和紧圈发热严重，甚至会引起永磁体不可逆转地退磁。因此，转子涡流损耗必须要考虑，特别是在外界环境恶劣的应用场合下。

1. 解析计算

利用解析法计算转子涡流损耗相对于有限元法能缩短研究周期，在设计初期能更好地体现设计者的设计思想，因此，已经有很多的解析模型用来预测转子涡流损耗。本节针对一台额定电压 270V 的表贴式无刷直流电动机进行分析，着重研究电动机转子涡流损耗的一种简化解析模型，模型基于二维极坐标系，忽略定子开槽和涡流再分布效应的影响，考虑了曲率、时间和空间谐波，不仅适用于永磁体而且适用于紧圈的涡流损耗计算，并通过两台电动机转子涡流损耗的有限元计算验证解析模型[5-6]。

利用解析法得到电枢反应场的分布，定子绕组电流等效为分布在槽口的无限薄电流条，如图 3-20 所示。电动机主要参数见表 3-2。

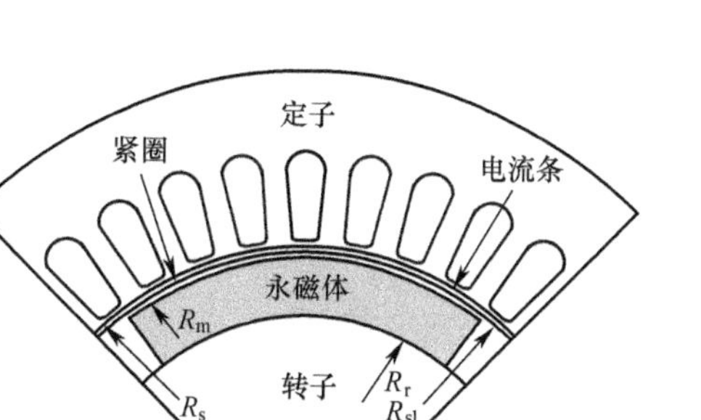

图3-20 电动机结构图

表3-2 无刷直流电动机主要参数

参 数 值	
极对数,p	2
槽数,N_s	36
每极每相槽数,q	3
每相绕组串联匝数,N	24
电枢内径,D_s	98mm
转子外径,D_r	75.6mm
气隙长度,g	1.2mm
永磁体厚,h_m	10mm
紧圈厚度,h_{sl}	0.8mm
槽口宽,b_s	2.8mm

求解过程做如下假设：

(1) 定转子铁芯磁导率假定为无限大；

(2) 忽略端部效应,感应的涡流只沿轴向分布；

(3) 忽略转子轭部的涡流损耗；

(4) 忽略定子开槽引起的气隙磁导率变化的影响。

叠绕绕组等效电流条分布的傅里叶级数展开如下式：

$$\begin{cases} J(\alpha,R_s,t)=\sum_{u=1}^{\infty}\sum_{v=-\infty}^{\infty}J_{uv}\sin(upw_r t\pm v\alpha+\theta_u) \\ J_{uv}=\dfrac{3NI_u}{\pi R_s}K_{sov}K_{dpv}=\dfrac{3NI_u}{\pi R_s}K_{sov}K_{pv}K_{dv} \end{cases} \tag{3-24}$$

式中：u 为电流波形中时间谐波次数；v 为空间谐波次数,两者关系如下：

$$v = p(6c - \{\pm u\})(c = 0, \pm 1, \pm 2) \tag{3-25}$$

电动机采用三相星形连接对称绕组，因此只有非三次整数倍的奇数次时间谐波存在，即 $u = 1,5,7,11,\cdots$。α 是机械角度下的转子位置角（静态坐标系），$\alpha = 0$ 对应 A 相绕组的轴线。A 相绕组电流的初始状态为零。I_u 是相电流 u 次谐波的幅值，θ_u 是对应的相位角，w_r 为转速。

开槽系数为

$$K_{sov} = \frac{\sin v \dfrac{\theta_s}{2}\pi}{v \dfrac{\theta_s}{2}\pi} \quad \left(\theta_s = \frac{b_s}{\pi D_s}\right) \tag{3-26}$$

绕组短距系数为

$$K_{pv} = \sin \frac{\pi Y_1}{2\tau_0} \quad \left(\tau_0 = \frac{N_s}{2p}\right) \tag{3-27}$$

式中：Y_1 为极距。

绕组分布系数为

$$K_{dv} = \frac{\sin\left(v \dfrac{q\alpha_1}{2}\right)}{q\sin\left(v \dfrac{\alpha_1}{2}\right)} \quad \left(\alpha_1 = \frac{2\pi}{N_s}\right) \tag{3-28}$$

极坐标系中，气隙里的时变电磁场分布以矢量磁势 A 表示的拉普拉斯方程如下式。

$$\frac{\partial^2 A}{\partial r^2} + \frac{1}{r}\frac{\partial A}{\partial r} + \frac{1}{r^2}\frac{\partial^2 A}{\partial \alpha^2} = 0 \tag{3-29}$$

针对研究的样机，集肤深度远大于紧圈和永磁体的厚度。例如在8200r/min时基波在紧圈和永磁体中产生涡流的集肤深度分别为39mm和52mm，而紧圈和永磁体的厚度分别为0.8mm和10mm。因此永磁体和紧圈内部产生的涡流损耗受阻抗限制，可以忽略涡流再分布效应的影响。集肤深度的计算公式为

$$\delta = \sqrt{\frac{2}{(uP \pm v) w_r \sigma \mu_0 \mu_m}} \tag{3-30}$$

满足 $uP \pm \nu = 0$ 的第 u 次时间谐波和第 ν 次空间谐波与转子同步旋转，因此只产生转矩并不造成涡流损耗。对于三相六状态的无刷直流电动机，在换向过程中，满足 $uP \pm \nu = 6p;12p;18p;\cdots$，则时间谐波和空间谐波与转子有相对运动，在转子内会产生涡流损耗。

式(3-29)的通解如下式:

$$A(r,\alpha,t)=\sum_{u=1}^{\infty}\sum_{v=-\infty}^{\infty}[C_v r^{v}+D_v r^{-v}]\times\sin(upw_{\mathrm{r}}t\pm v\alpha+\theta_u) \tag{3-31}$$

磁密的径向分量和切向分量可以由矢量磁势 A 得到,如下式:

$$\begin{cases}B_r=\dfrac{1}{r}\dfrac{\partial A}{\partial\alpha}=\pm v\sum\limits_{u=1}^{\infty}\sum\limits_{v=-\infty}^{\infty}[C_v r^{v-1}+D_v r^{-v-1}]\times\cos(upw_{\mathrm{r}}t\pm v\alpha+\theta_u)\\ B_a=\dfrac{\partial A}{\partial\alpha}=-v\sum\limits_{u=1}^{\infty}\sum\limits_{v=-\infty}^{\infty}[C_v r^{v-1}-D_v r^{-v-1}]\times\sin(upw_{\mathrm{r}}t\pm v\alpha+\theta_u)\end{cases} \tag{3-32}$$

在转子外径 R_{r} 和定子内径 R_{s} 处的边界条件见下式:

$$B_{\alpha|r=R_{\mathrm{r}}}=0\text{ 和 }H_{\alpha|r=R_{\mathrm{s}}}=J_{\mathrm{s}} \tag{3-33}$$

C_v 和 D_v 可以求解为

$$\begin{cases}C_v=\dfrac{u_0 J_{uv}R_{\mathrm{s}}^{1-v}}{v\left[\left(\dfrac{R_{\mathrm{r}}}{R_{\mathrm{s}}}\right)^{2v}-1\right]}\\ D_v=\dfrac{u_0 J_{uv}R_{\mathrm{s}}^{1-v}R_{\mathrm{r}}^{2v}}{v\left[\left(\dfrac{R_{\mathrm{r}}}{R_{\mathrm{s}}}\right)^{2v}-1\right]}\end{cases} \tag{3-34}$$

因此,可以推导出矢量磁势:

$$A(r,\alpha,t)=u_0\sum_{u=1}^{\infty}\sum_{v=-\infty}^{\infty}\frac{J_{uv}R_{\mathrm{s}}^{1-v}}{v\left[\left(\dfrac{R_{\mathrm{r}}}{R_{\mathrm{s}}}\right)^{2v}-1\right]}[r^{v}+R_{\mathrm{r}}^{2v}r^{-v}]\sin(uPw_{\mathrm{r}}t\pm v\alpha+\theta_u) \tag{3-35}$$

磁密的径向分量和切向分量分别为

$$\begin{cases}B_r(r,\alpha,t)=\pm u_0\sum\limits_{u=1}^{\infty}\sum\limits_{v=-\infty}^{\infty}\dfrac{J_{uv}R_{\mathrm{s}}^{1-v}}{v\left[\left(\dfrac{R_{\mathrm{r}}}{R_{\mathrm{s}}}\right)^{2v}-1\right]}[r^{v-1}+R_{\mathrm{r}}^{2v}r^{-v-1}]\cos(uPw_{\mathrm{r}}t\pm v\alpha+\theta_u)\\ B_\alpha(r,\alpha,t)=u_0\sum\limits_{u=1}^{\infty}\sum\limits_{v=-\infty}^{\infty}\dfrac{J_{uv}R_{\mathrm{s}}^{1-v}}{v\left[\left(\dfrac{R_{\mathrm{r}}}{R_{\mathrm{s}}}\right)^{2v}-1\right]}[r^{v-1}-R_{\mathrm{r}}^{2v}r^{-v-1}]\sin(uPw_{\mathrm{r}}t\pm v\alpha+\theta_u)\end{cases} \tag{3-36}$$

为了得到转子内部的涡流和对应的损耗,需要将解析模型从静态坐标系转变到旋转坐标系，如下式：

$$\alpha = \theta_{\mathrm{r}} + w_{\mathrm{r}} t \tag{3-37}$$

$\alpha = 0$ 对应 A 相绕组的轴线。由此可以推导出旋转坐标系下矢量磁位和磁密的径向分量和切向分量。

$$\begin{cases} A(r,\theta_r,t) = \mu_0 \sum\limits_{u=1}^{\infty} \sum\limits_{v=-\infty}^{\infty} \dfrac{J_{uv} R_{\mathrm{s}}^{1-v}}{v\left[\left(\dfrac{R_{\mathrm{r}}}{R_{\mathrm{s}}}\right)^{2v} - 1\right]} [r^{v-1} + R_{\mathrm{r}}^{2v} r^{-v}] \sin(uPw_{\mathrm{r}}t \pm v\theta_{\mathrm{r}} \pm vw_{\mathrm{r}}t + \theta_u) \\ B_r(r,\theta_r,t) = \pm\mu_0 \sum\limits_{u=1}^{\infty} \sum\limits_{v=-\infty}^{\infty} \dfrac{J_{uv} R_{\mathrm{s}}^{1-v}}{\left[\left(\dfrac{R_{\mathrm{r}}}{R_{\mathrm{s}}}\right)^{2v} - 1\right]} [r^{v-1} + R_{\mathrm{r}}^{2v} r^{-v-1}] \cos(uPw_{\mathrm{r}}t \pm v\theta_{\mathrm{r}} \pm vw_{\mathrm{r}}t + \theta_u) \\ B_\alpha(r,\theta_r,t) = \mu_0 \sum\limits_{u=1}^{\infty} \sum\limits_{v=-\infty}^{\infty} \dfrac{J_{uv} R_{\mathrm{s}}^{1-v}}{\left[1 - \left(\dfrac{R_{\mathrm{r}}}{R_{\mathrm{s}}}\right)^{2v}\right]} [r^{v-1} - R_{\mathrm{r}}^{2v} r^{-v-1}] \sin(uPw_{\mathrm{r}}t \pm v\theta_{\mathrm{r}} \pm vw_{\mathrm{r}}t + \theta_u) \end{cases} \tag{3-38}$$

转子里产生的涡流可以用径向气隙磁密表示为

$$J_{\mathrm{m}} = -\sigma \int \frac{\partial B_{\mathrm{r}}(r,\theta_{\mathrm{r}},t)}{\partial t} r \mathrm{d}\theta_{\mathrm{r}} \tag{3-39}$$

式中：σ 为材料的电导率。

永磁体里的涡流损耗可以通过下式推导出。

$$P_{\text{loss-magnte}} = 2p \frac{w_{\mathrm{r}}}{2\pi} \int_0^{\frac{2\pi}{w_{\mathrm{r}}}} \int_0^{L} \int_{-\frac{\alpha_p}{2}}^{\frac{\alpha_p}{2}} \int_{R_{\mathrm{r}}}^{R_{\mathrm{m}}} \frac{J_{\mathrm{m}}^2}{\sigma_{\mathrm{m}}} r \mathrm{d}r \mathrm{d}\theta_{\mathrm{r}} \mathrm{d}z \mathrm{d}t \tag{3-40}$$

式中：L 为转子轴向长度。

$$P_{\mathrm{loss}} = 4P\sigma u_0^2 L \alpha_p w_{\mathrm{r}}^2 \sum_{u=1}^{\infty} \sum_{v=-\infty}^{\infty} \frac{J_{uv}^2 R_{\mathrm{s}}^{2-2v}}{\left[1 - \left(\dfrac{R_{\mathrm{r}}}{R_{\mathrm{s}}}\right)^{2v}\right]^2} \frac{(up \pm v)^2}{v^2} \sin^2\left(\frac{v\alpha_{\mathrm{p}}}{2}\right) \times$$
$$(E_v + R_{\mathrm{r}}^{2v}(R_{\mathrm{m}}^2 - R_{\mathrm{r}}^2) + R_{\mathrm{r}}^{4v} F_v)\left[1 + \frac{\sin(2\theta_u)}{4\pi(up \pm v)}\right] \tag{3-41}$$

$$E_v = \begin{cases} \dfrac{1}{2v+2}(R_{\mathrm{m}}^{2v+2} - R_{\mathrm{r}}^{2v+2}) & (v \neq -1) \\ \ln\left(\dfrac{R_{\mathrm{m}}}{R_{\mathrm{r}}}\right) & (v = -1) \end{cases} \tag{3-42}$$

$$F_v=\begin{cases}\dfrac{1}{-2v+2}(R_m^{-2v+2}-R_r^{-2v+2}) & (v\neq 1)\\ \ln\left(\dfrac{R_m}{R_r}\right) & (v=1)\end{cases} \tag{3-43}$$

紧圈里的涡流损耗可以分为两部分进行计算,如图 3-21 所示。

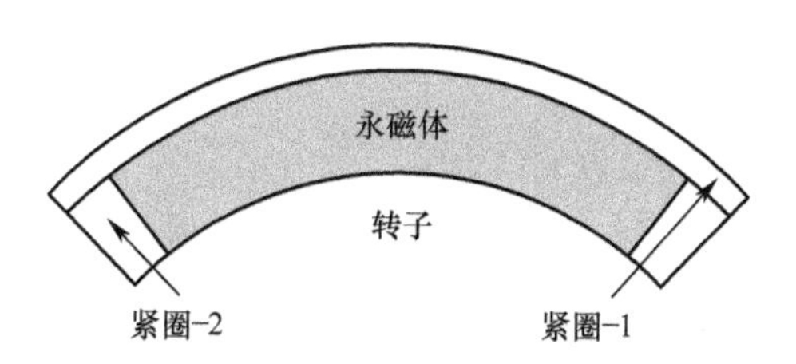

图 3-21 紧圈结构划分

$$P_{loss-sleve}=P_{loss1}+P_{loss2}=\frac{w_r}{2\pi}\int_0^{\frac{2\pi}{w_r}}\int_0^{L}\int_{-\pi}^{\pi}\int_{R_m}^{R_{sl}}\frac{J_m^2}{\sigma_{sl}}r\mathrm{d}r\mathrm{d}\theta_r\mathrm{d}z\mathrm{d}t+2p\frac{w_r}{2\pi}\int_0^{\frac{2\pi}{w_r}}\int_0^{L}\int_{-\frac{\frac{\pi}{P}-\alpha_p}{2}}^{\frac{\frac{\pi}{P}-\alpha_p}{2}}\int_{R_r}^{R_m}\frac{J_m^2}{\sigma_{sl}}r\mathrm{d}r\mathrm{d}\theta_r\mathrm{d}z\mathrm{d}t \tag{3-44}$$

通过推导可以得出

$$P_{loss1}=4\sigma u_0^2L\pi w_r^2\sum_{u=1}^{\infty}\sum_{v=-\infty}^{\infty}\frac{J_{uv}^2R_s^{2-2v}}{\left[1-\left(\dfrac{R_r}{R_s}\right)^{2v}\right]^2}\frac{(up\pm v)^2}{v^2}\times$$

$$(E_v+R_m^{2v}(R_{sl}^2-R_m^2)+R_m^{4v}F_v)\left[1+\frac{\sin2\theta_u}{4\pi(up\pm v)}\right] \tag{3-45}$$

$$E_{v1}=\begin{cases}\dfrac{1}{2v+2}(R_{sl}^{2v+2}-R_m^{2v+2}) & (v\neq -1)\\ \ln\left(\dfrac{R_{sl}}{R_m}\right) & (v=-1)\end{cases} \tag{3-46}$$

$$F_{v1}=\begin{cases}\dfrac{1}{-2v+2}(R_{sl}^{-2v+2}-R_m^{-2v+2}) & (v\neq 1)\\ \ln\left(\dfrac{R_{sl}}{R_m}\right) & (v=1)\end{cases} \tag{3-47}$$

$$P_{\text{loss2}} = 4P\sigma u_0^2 L\left(\frac{\pi}{P} - \alpha_p\right) w_{\text{r}}^2 \sum_{u=1}^{\infty}\sum_{v=-\infty}^{\infty} \frac{J_{uv}^2 R_{\text{s}}^{2-2v}}{\left[1 - \left(\frac{R_{\text{r}}}{R_{\text{s}}}\right)^{2v}\right]^2} \frac{(up \pm v)^2}{v^2} \times$$

$$\sin^2\left[\frac{v}{2}\left(\frac{\pi}{P} - \alpha_P\right)\right](E_v + R_{\text{r}}^{2v}(R_{\text{m}}^2 - R_{\text{r}}^2) + R_{\text{r}}^{4v}F_v)\left[1 + \frac{\sin 2\theta_u}{4\pi(up \pm v)}\right] \tag{3-48}$$

$$E_{v2} = \begin{cases} \dfrac{1}{2v+2}(R_{\text{m}}^{2v+2} - R_{\text{r}}^{2v+2}) & (v \neq -1) \\ \ln\left(\dfrac{R_{\text{m}}}{R_{\text{r}}}\right) & (v = -1) \end{cases} \tag{3-49}$$

$$F_{v2} = \begin{cases} \dfrac{1}{-2v+2}(R_{\text{m}}^{-2v+2} - R_{\text{r}}^{-2v+2}) & (v \neq 1) \\ \ln\left(\dfrac{R_{\text{m}}}{R_{\text{r}}}\right) & (v = 1) \end{cases} \tag{3-50}$$

2. 转子涡流损耗有限元计算

本节利用有限元法进行几何模型的创建、设定物理属性、剖分划分网格、求解、后处理,构建有限元模型。有限元模型如图 3-22 所示。

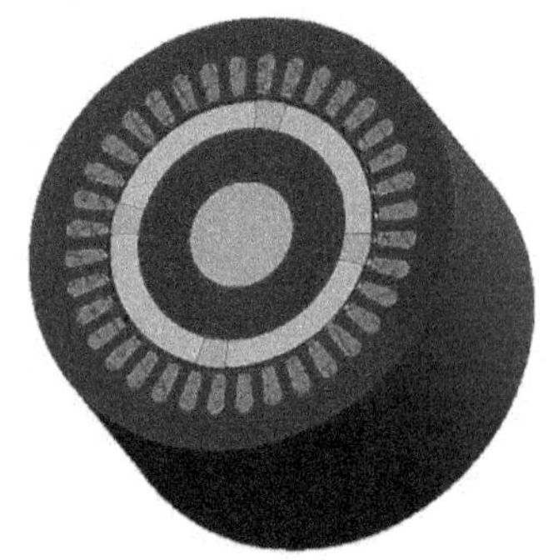

图 3-22　有限元模型(见书末彩图)

针对电动机在母线电压 270V,输入相电流进行仿真,计算了 360°电角度下一系列的非线性静态场,得到了电机在每个电角度下每一个剖分单元的磁密并将其导出以用于损耗的计算。图 3-23 所示为电动机在转速 8200r/min 状态下一个电周期里紧圈和永磁体的涡流损耗分布波形。表 3-3 对比了此状态下一个电周期里电动机紧圈和永磁体的平均涡流损耗。通过结果可以发现,针对所研究的表贴式无刷直流电动机,电动机紧圈里的涡流损耗要大于永磁体的涡流损耗。分析原因为:涡流由于集肤效应主要聚集在紧圈里,引起紧圈里的涡流损耗要大于永磁体的。

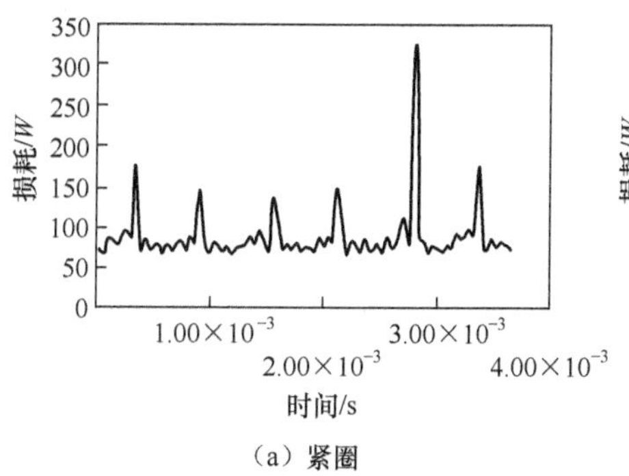

(a) 紧圈

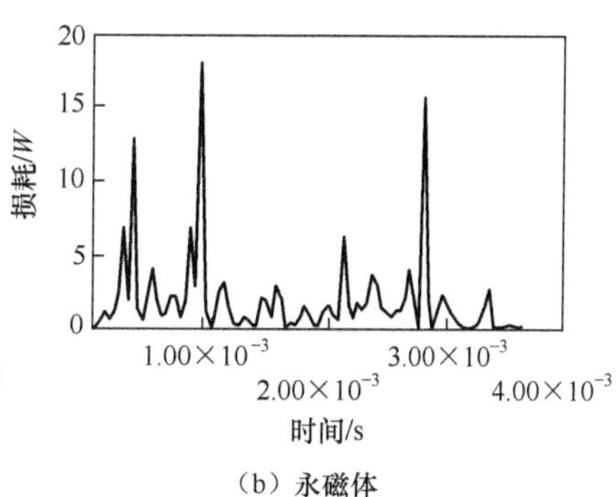

(b) 永磁体

图 3-23　电动机涡流损耗分布波形

表 3-3　电动机涡流损耗对比

	电动机
紧圈损耗	85.6 W
永磁体损耗	11.2 W

3. 有限元法与解析法结果对比

电枢反应场气隙磁密的径向分量和切向分量可以通过以上推导的解析模型进行编程得到,也可以利用有限元仿真得到。图 3-24 所示为在母线电压 270V, PWM 占空比 100%,电动机转速 8200r/min,输入相电流利用有限元法和解析法得到的气隙磁密随转子位置角 α (机械角度)变化的对比情况。通过对比发现,采用两种方法得到的气隙磁密波形基本吻合。

图 3-25 为母线电压 270V,电动机永磁体和紧圈里的涡流损耗随速度的变化。由图 3-25 可以看出,有限元法和解析法得到的结果非常接近,只是在转速增大时有少许差别。

3.3.4　无刷直流电动机温度场分析

相对于电磁场分析,温度场分析不仅需要设计者具有电气工程背景,而且还要具备机械和温度场的相关知识。无刷直流电动机内部电磁场分布非常复杂,各部分发热情况不均匀,散热条件也相差悬殊,热源之间又存在一定的热交换,所以该类电动机内部的温度场分析存在一定困难。目前,场路结合的电动机设计方法被国内外普遍采用,采用这种方法可以精确地对电动机内部电磁场进行设计和分析,优化电机设计方案,但是这种方法的缺点在于没有考虑到电动机的发热。目前国内外研究电动机温度场的方法有很多,但是这些方法都没有考虑

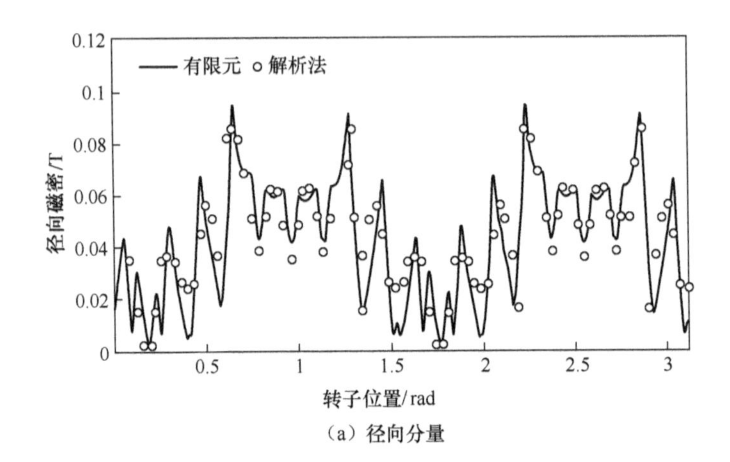

（a）径向分量

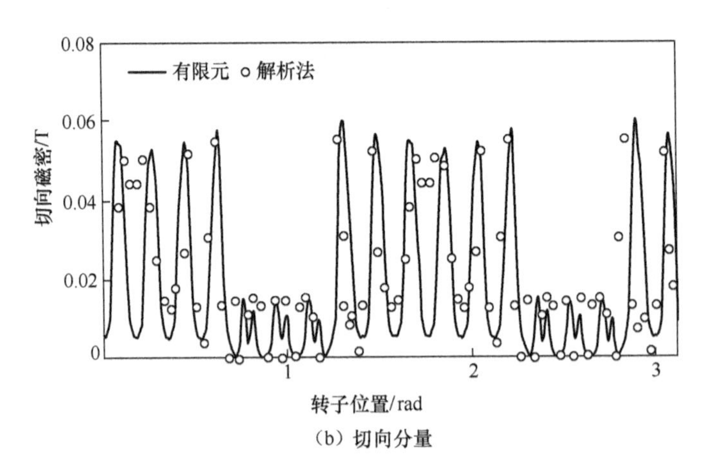

（b）切向分量

图 3-24　电动机电枢反应场下的气隙磁密(见书末彩图)

电动机发热时内部电场、磁场和温度场的相互影响,不能精确反映电机的发热。但是温度场和电磁场是相互作用的,电磁感应产生的各种损耗是电动机发热的热源,而电机温度的升高也会引起电磁场分布和各种损耗的变化,比如温度的升高引起永磁体的退磁和电动机阻抗的变化,进而影响电磁场分布、铁耗和铜耗的变化等。随着对电动机的尺寸、效率和可靠性的要求越来越高,特别是在外界环境条件恶劣的应用场合,电动机的温度场分析尤其重要,目前已经有很多文献涉及电动机的温度场分析。有限元法和解析集总参数热网络法(热网络法)是目前温度场分析常用的两种方法。热网络法相对于有限元法研究周期短,更有利于理解整个温度场分析过程。目前随着计算能力的提高,可以使用足够多的热阻来体现电机内部各个部位的热流通路,细化热路网络。求解过程也采用了更

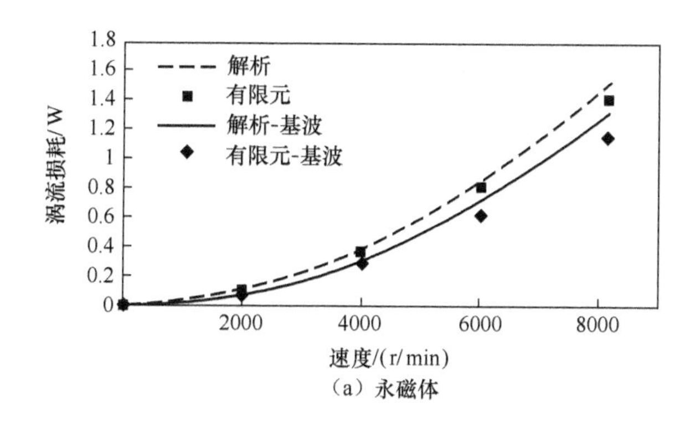

(a) 永磁体

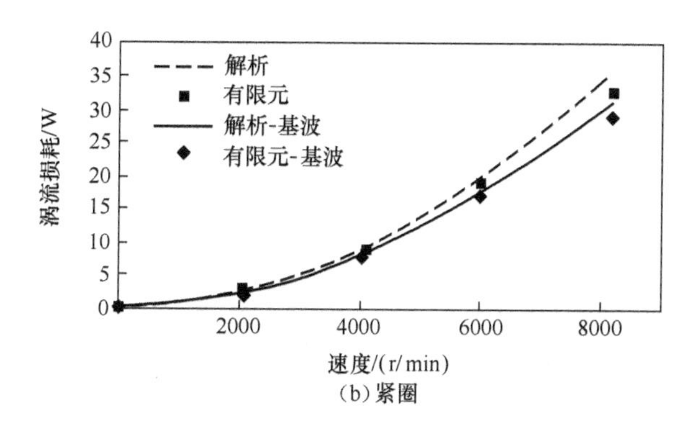

(b)紧圈

图 3-25 电动机永磁体和紧圈里的涡流损耗随速度的变化(见书末彩图)

有效、鲁棒性更好的数学方法,因此,采用热网络法也能得到很好的精确性。

1. *无刷直流电动机发热情况研究*

无刷直流电动机是一种机电能量转换机构,在机电能量转换过程中不可避免地要产生损耗,这些损耗最终绝大部分变成热量,使电机各部分温度升高。电动机的损耗从产生的部位划分可以分为铁芯损耗、绕组损耗、机械损耗。由于电动机内部能量转换过程的复杂性,还存在一些难以确定的杂散损耗,只能以估算的方式确定。

无刷直流电动机的定转子铁芯及绕组既是发热体又是传热部件,而电动机中的其他部件也是传热部件或通路。由此可知,在电动机内进行着复杂的热交换过程。电动机内的热交换方式分为热传导、热对流以及热辐射,其中热传导和热对流是主要形式。电动机材料的热属性包括热导率、热容率和密度。

根据等温固体发热理论,假设电动机是一个质地均匀的等温固体:电动机运行时单位时间内产生的热量为 Q, 电动机的重量为 G, 电动机的比热容为 c, 总

散热面积为 S，表面散热系数为 λ 。若在 $\mathrm{d}t$ 时间内，电动机对周围介质的温升为 $\mathrm{d}\tau$，根据热平衡原理可得

$$Q\mathrm{d}t = \lambda S\tau\mathrm{d}t + cG\mathrm{d}\tau \tag{3-51}$$

式中：$Q\mathrm{d}t$ 为电动机产生的热量；$\lambda S\tau\mathrm{d}t$ 为从电动机表面散发到空气中的热量；$cG\mathrm{d}\tau$ 为电动机温度上升所吸收的热量。解这个一阶微分方程可得

$$\tau = (\tau_0 - \tau_\infty)\,\mathrm{e}^{-\frac{t}{T}} + \tau_\infty \tag{3-52}$$

式中：$\tau_\infty = \dfrac{Q}{\lambda S}$；$\tau_0$ 为电动机的初始温度。

式(2-52)表明，在假设的条件下，电动机运行时的温升按照指数曲线规律上升，如图 3-26 所示。随着电动机温度的升高，电动机与周围介质之间的温度差逐渐增大，散失到周围介质中去的热量相应地也逐渐增多，电机本身温度升高的速度则逐渐变慢。最后，电动机与周围介质的热交换达到平衡状态。通常每小时温度变化小于 1℃时，即认为达到热平衡状态。实际影响电机温升的因素很多，它不仅与电机的电磁负荷和热负荷的选值有关，还与选用的材料与制造工艺以及冷却系统的设计密切相关，因而温升是很难精确计算的。特别是局部过热点的温升，如超出限度同样会影响电机的寿命。因而问题不仅涉及平均温升，还要涉及电机温度场(二维或三维的)的计算。

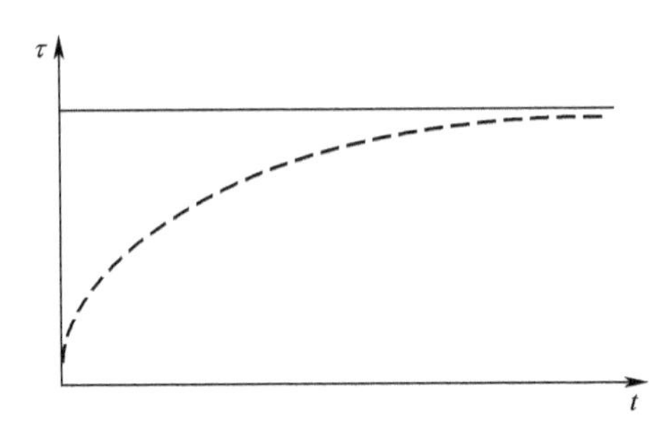

图 3-26　电动机的温升曲线

2. 电磁场—温度场耦合的有限元法

采用电磁场—温度场耦合的温度场分析方法，首先通过电磁场分析得到电动机的平均损耗，并以此作为热源对电机进行温度场分析；然后在此温升的基础上进行电磁场计算，温度的升高引起永磁体退磁和电阻等电动机参数的变化：永磁体退磁引起电动机内部磁场重新分布，进而影响电动机铁损；而电阻的变化引起电流的变化，进而影响电动机的铜损。通过电磁场分析对电动机损耗的重新计算，再转而进行温度场分析，以此循环直至电机达到热平衡。采用这种方法不

仅可以精确计算电动机内部电磁场的分布,而且可以得到电动机内部电磁场与温度场之间的能量交互过程,研究电动机的发热问题,因此可以更有效地对电动机进行优化,使电动机满足高效率、损耗匹配、发热合理等指标。

MagNet 和 ThermNet 分别是加拿大 Infolytica 公司的电磁场有限元分析软件和温度场有限元分析软件。ThermNet 和 MagNet 的结合使用可以进行精确的电磁场动—温度场耦合仿真计算。本节利用 MagNet 和 ThermNet 对无刷直流电动机对拖系统的电动机进行电磁场—动温度场耦合分析。ThermNet 的模型是按照几何模型的创建、设定物理属性、剖分网格、求解、后处理的步骤构建的。也可以在 MagNet 中建好导入到 ThermNet 中,并进行相应的热属性设定。设置中可以选择在温度场分析和磁场分析中是否使用同样的或者不同的网格,由于 ThermNet 的网格自适应和 MagNet 的自适应有各自不同的要求,因此各自独立地工作。收敛度根据作为全局变量的能量的变化而定义。设定瞬态-瞬态时间步长时,要求当进行瞬态-瞬态仿真时 MagNet 和 ThermNet 的时间步长至少需要一个数量级的差别。无刷直流电动机各部分材料的热属性见表 3-4。

表 3-4 无刷直流电动机各部分材料的热属性

属性	材料			
	定转子轭部 DW465-50	磁钢 NSC27G	紧圈 1Cr18Ni9Ti	导线 Cu
热导率 /(W/(m·℃))	50	10	16.3	386
热容/(J/(kg·℃))	450	460	502	383.1

电动机模型的外缘设定了环境条件,用来定义外部环境和电动机之间的热交换方式,指定了对流传热系数和辐射传热系数。考虑电动机中转子和定子之间的热量对流转换,在定子内表面和转子磁钢外表面建立对流连接,设置了定子和转子在旋转时的温度传导系数。温度传导系数采用基于电动机实验的经验公式计算所得,主要由转子速度和气隙长度决定。它假设连接的一边上某一点观测整个另外一边的平均温度。这种假设对带有转子的 2D 模型是合理的,从转子的一点上看,旋转使定子上的温度进行传递,反之亦然。特别地,对流连接某一边上的某一点的热流速度是与连接两边的温差成比例关系的。

采用 MagNet2D 瞬态运动求解器与 ThermNet2D 瞬态温度场求解器相耦合的方法仿真电机的发热情况。仿真过程中在选定时间点的温度云图,如图 3-27 所示。可以看出利用电磁场—温度场耦合分析方法可以清楚地看到电动机各部

分温升的不同,针对所研究的无刷直流电动机对拖系统的电动机转子发热比定子更为明显,由于电流中存在显著的时间谐波,引起永磁体和紧圈里产生的涡流损耗更大,发热最严重。

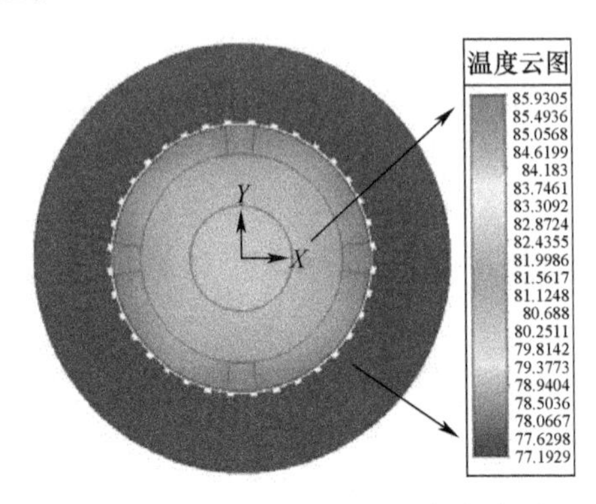

图 3-27　3000s 温度云图(见书末彩图)

3. 集总参数热网络法

热路类似于电路,在热路中,具有相接近温度的部位集总为一个节点,在产生损耗的节点处添加热流。节点与节点之间由热阻连接,代表电动机中热量传播的路径。例如,图 3-28 所示为绕组、定子轭部和外界环境之间热量传播路径。

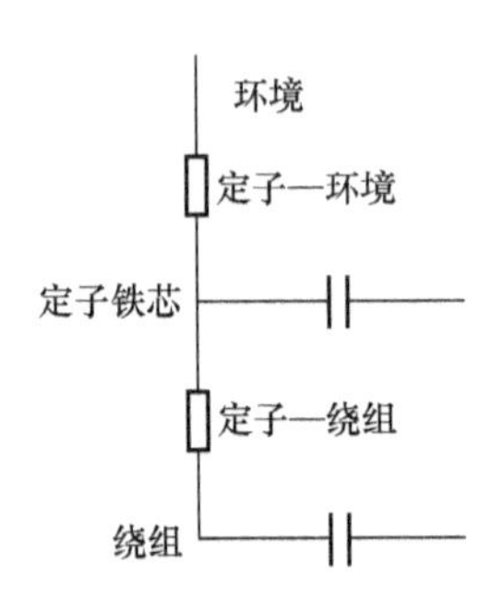

图 3-28　热传播路径

稳态过程中,每一点的温度通过求解一系列的非线性方程求得

$$\Delta T = P \times R \tag{3-53}$$

式中:ΔT 为温升,对应电路的电压;P 为热流,对应电路的电流;R 为热阻,对应电路的电阻。

瞬态求解需要增加热容来考虑电动机内部的能量随时间的变化,如下式:

$$C\frac{\mathrm{d}T}{\mathrm{d}t}+\frac{T}{R}=P \tag{3-54}$$

热容 C 可以由下式定义为

$$C=\rho \times V \times C_p \tag{3-55}$$

式中：ρ 为材料密度；V 为发热部分的体积；C_p 为材料的热容系数。

求解的精确性取决于电动机内部各个部件之间热阻的计算。热传导状态的热阻可以由下式求解。

$$R_{\text{conduction}}=L/kA \tag{3-56}$$

式中：A 为传热面积；L 为热流通路的长度；k 为热导率。

同理，热辐射的热阻可以由下式求解：

$$\begin{cases} R=1/h\,A_{\text{cool}} \\ h=\sigma\varepsilon_1 F_{1-2}\dfrac{T_1^4-T_2^4}{T_1-T_2} \end{cases} \tag{3-57}$$

式中：A_{cool} 为两个部件之间的散热界面面积；h 为热传递系数；σ 为斯蒂芬—玻尔兹曼常量；ε_1 为热辐射系数；F_{1-2} 为散热面之间的形状参照系数；T_1 和 T_2 为两个热交换界面的温度。

热对流的热阻计算公式类似于热辐射的热阻，其中热传递系数由经验无量纲化分析求得。

1）集总参数热网络法稳态仿真算例

Motor-CAD 软件是目前采用集总参数热网络法最专业的 3D 温度场分析软件。其具有计算快速、分析精确、可视化界面输入，以及图表化功能输出界面等优点。软件解析过程包括了电动机内部各个部件以及电机与外界环境之间的热传导、对流和辐射，同时考虑了电动机的各种冷却效果，绕线之间的绝缘和电动机各个部件之间接缝的影响。温度场瞬态分析时还可以对复杂的加载周期进行建模，以模拟电动机实际运行和测量时的工作状态。在建模过程中，设计者只需输入电动机的结构尺寸、绕组形式、损耗、材料属性、机座和端盖形式和冷却方式，一些复杂的温度场参数，如热对流系数、热传导系数将由软件自动生成。这些温度场参数是由软件开发者在长期电动机实验中总结的经验公式计算而得。冷却方式包括自然冷却、强迫风冷、通风孔、开放式后端罩、水冷（外部、内部）等。目前，Motor-CAD 已经广泛应用在各种形式电动机的温度场分析上，以对电动机的结构尺寸、效率和成本进行优化。

本节利用软件对样机进行稳态分析，通过算例说明集总参数热网络法在电动机温度场分析中的应用和对电动机优化上的便利。

算例一：外壳形式对电动机散热的影响

针对表 3-5 所列参数的样机，研究不同的外壳形式对电机散热的影响。软件包含了常用的各种电动机外壳形式，本节针对其中的圆形、方形和径向分布叶片型外壳进行稳态分析，主要关注永磁体、绕组、定子轭部和外壳的温升。

表 3-5　样机主要参数

参数值(表贴式径向励磁永磁无刷直流电动机)	
极对数	4
槽数	36
每槽导体数	30
电枢内径	90 mm
电枢外径	140 mm
电枢铁芯长	90 mm
气隙长度	2 mm
永磁体厚	3 mm
槽口宽	2 mm

具有圆形、方形和径向分布叶片型外壳的电动机结构图，如图 3-29～图 3-31 所示。表 3-6 为 3 台电动机温升的稳态分析结果，可以看出采用径向分布叶片型外壳电机的温升最低，说明电动机采用这种外壳形式更有利于散热。

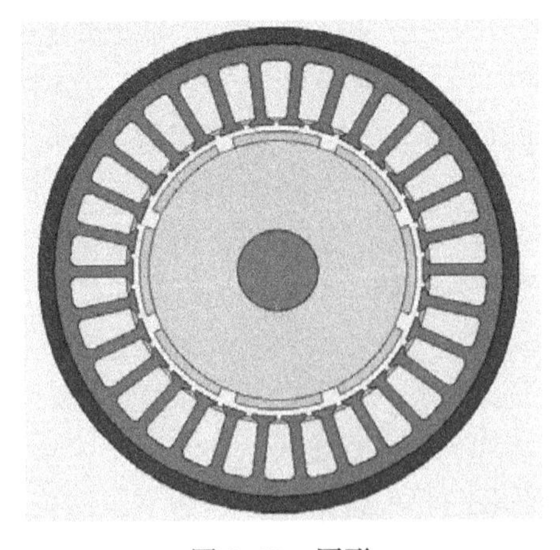

图 3-29　圆形

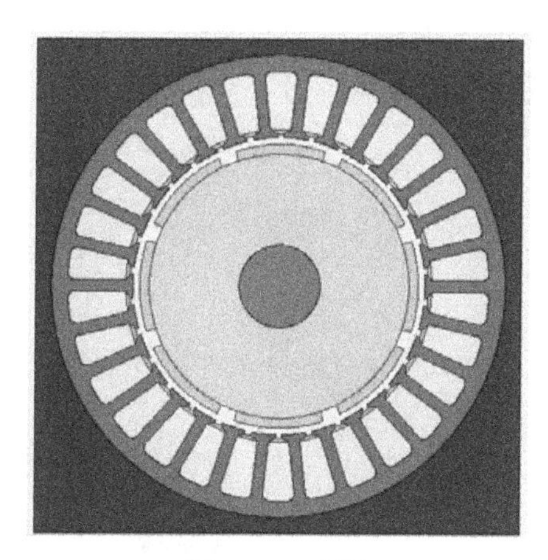

图 3-30 方形

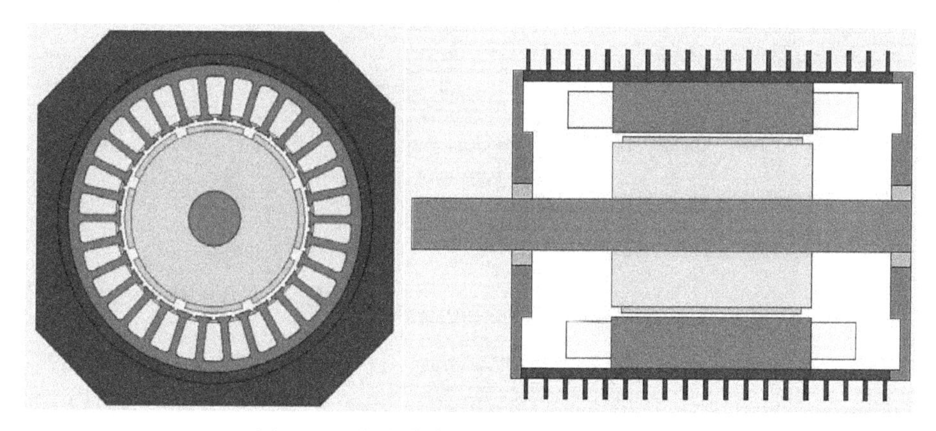

图 3-31 径向分布叶片型径向和轴向截面

表 3-6 3 台电动机温升的稳态分析结果

外壳类型	永磁体/℃	绕组/℃	定子轭/℃	外壳/℃
圆形	154.5	158.3	150.7	146.3
方形	141.1	144.2	136.4	132.0
径向分布叶片型	108.3	111.3	103.5	99.0

算例二:通风孔对电动机散热的影响

转子带有通风孔的电动机结构图,如图 3-32 所示。利用集总参数热网络法的稳态分析,研究电动机转子的通风孔对电动机散热的影响。电动机的热传递网络如图 3-33 所示,表 3-7 对比了普通转子结构形式和带有通风孔转子结构形式的两种电动机在通风状态下稳态温升结果。对比发现带有通风孔的转子结构形式明显有利于电动机的散热。

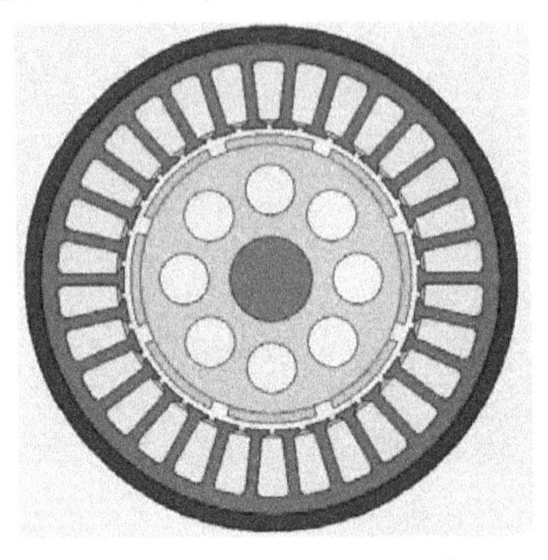

图 3-32 转子通风孔电动机模型

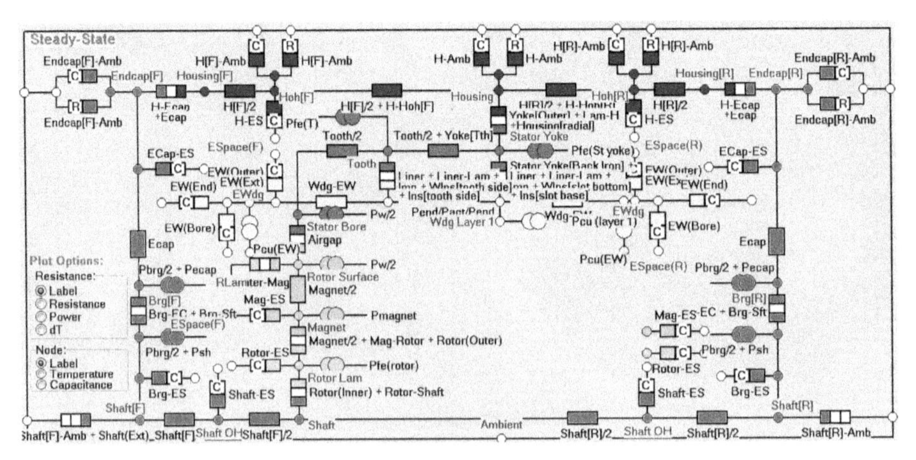

图 3-33 热传递网络

表 3-7 稳态温升结果

	永磁体/℃	绕组/℃	定子轭/℃	外壳/℃
普通转子结构	154.5	158.3	150.7	146.3
通风孔转子结构	113.4	117.6	110.1	105.7

2）集总参数热网络法瞬态仿真

以无刷直流电动机为研究对象，动态仿真了母线电压 270V，PWM 占空比 100%，母线电流 26.1A，转速 8200r/min 时电动机的发热情况。电动机一些关键部位间计算所得的热阻，见表 3-8。

表 3-8　电动机一些关键部位间计算所得的热阻

热阻/(C/W)			
外壳—环境(辐射)	4.3	外壳—环境(对流)	3.3
定子轭—外壳	0.0188	永磁体—转子轭	0.011
气隙(对流)	0.5545	紧圈—永磁体	0.0073
气隙(辐射)	20.15	转子轭—转轴	0.0184

电动机的热传递网络如图 3-34 所示。图 3-35 为所研究电动机的横向截面和切向截面。

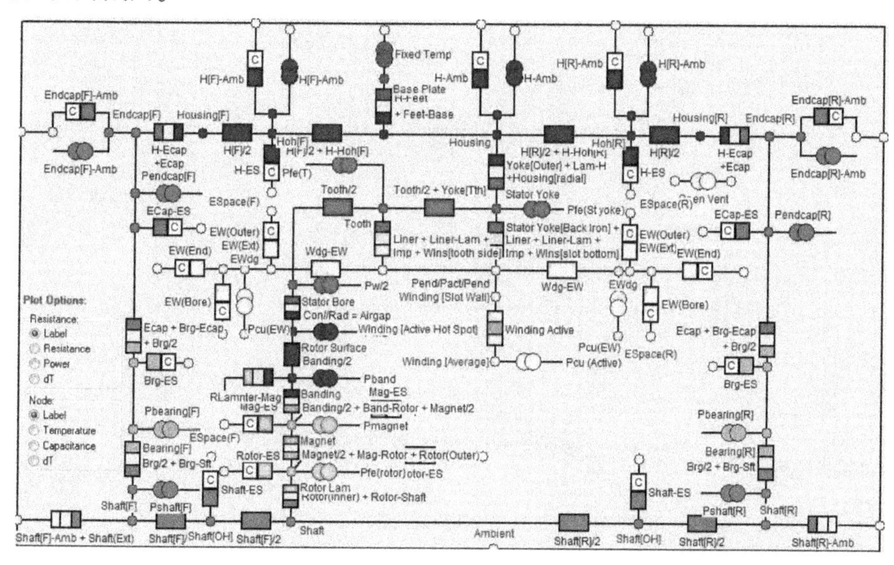

图 3-34　热传递网络

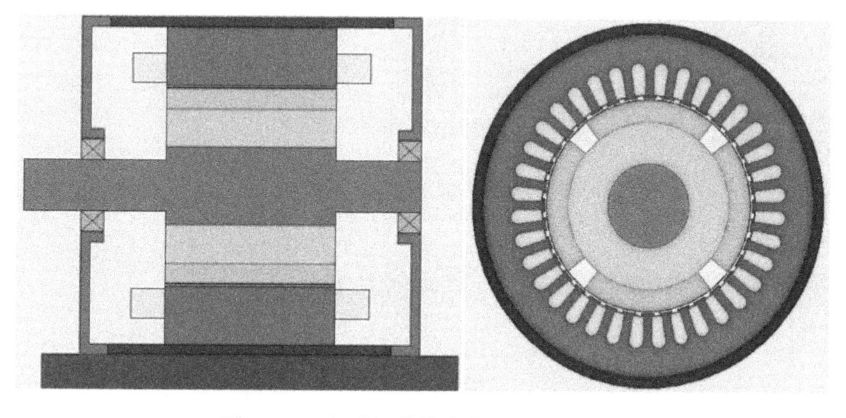

图 3-35　电动机的横向截面和切向截面

由于温升实验是在电动机停转以后再进行测量,因此在热网络法中也仿真了相同加载情况下电动机的发热情况,以模拟实际测量时的工作状态。图 3-36 所示为仿真时负载和损耗随时间变化的加载周期。电动机发热的动态仿真结果如图 3-37 所示。解析结果显示相对于定子,永磁体和紧圈里的涡流损耗引起电动机的转子发热更为明显[7-9]。

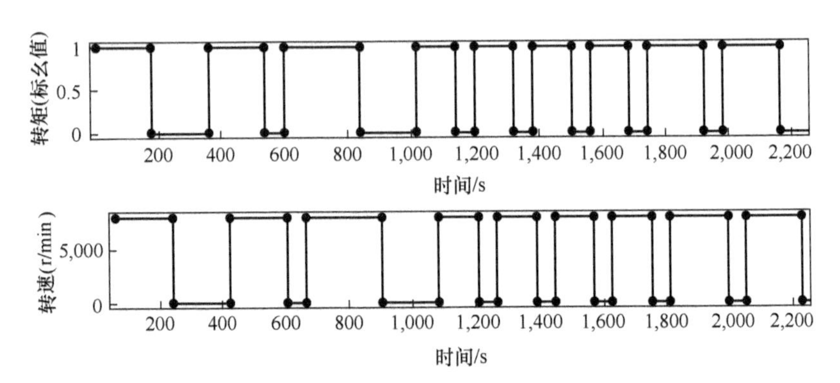

图 3-36　仿真时负载和损耗时间变化的加载周期

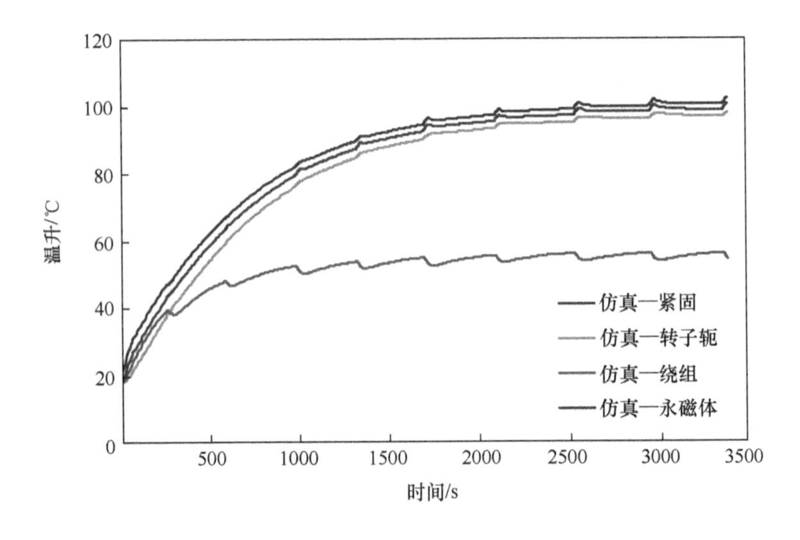

图 3-37　电动机温升曲线(见书末彩图)

3.3.5 无刷直流电动机的控制器设计

1. 控制器总体结构

控制器是无刷直流电动机三大组成部分之一,无刷直流电动机系统硬件结构如图3-38所示。主要由逆变器、主控制单元DSP、逻辑处理单元CPLD、信号采样以及保护隔离单元[10-11]四部分组成。

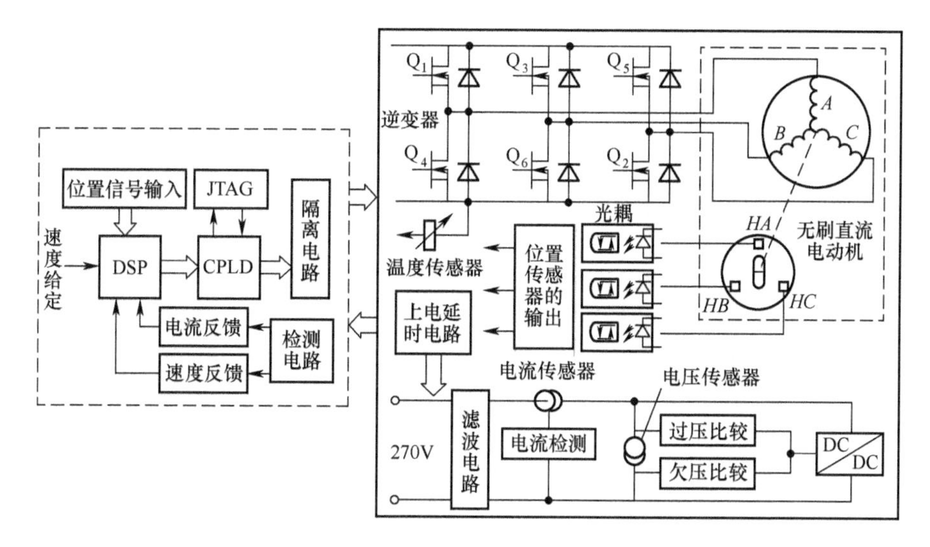

图3-38 无刷直流电动机系统硬件结构

2. 逆变器设计

提高逆变器的可靠性是无刷直流电动机控制系统设计的关键。通常,功率器件一般因3种原因而损坏:承受尖峰电压、流过大电流和管子结温过热,因此大功率逆变器的设计主要是针对尖峰电压的吸收、大电流的保护以及功率管的散热来展开。

目前,较常用的功率管有MOSFET、IGBT和IPM三种。IGBT具有耐压高、流过电流大的优点,但驱动复杂,需要与功率管生产厂家相匹配的驱动芯片,且导通压降较大,大电流工作时会产生较大的损耗,给逆变器散热带来较大的压力;IPM即智能功率模块,它集功率、驱动和保护于一体,具有体积小、使用简单、方便等优点,但成本较高且应用有限。MOSFET耐压较高,电流一般较小,但控制简单,导通压降小,损耗低,开关频率高,并随着新半导体集成技术的发展,功率越来越大。经均衡考虑,功率器件选择MOSFET。功率驱动电路采用IXYS公司的专有MOSFET驱动芯片IX6R11,该芯片的供电电压为15V,可同时驱动同一个桥臂,上桥臂采用自举工作方式,其耐压达650V,输入逻辑信号和TLL电平或CMOS电平兼容,输出端所能够承受的电压变化率达±50V/ns。具有供电欠压保护、双路输出延迟一致、驱动电流大(6A)等特点。

3. 主控制单元

DSP数字信号处理器速度快、控制精度高,可实现多任务操作,为无刷直流电动机的快速控制提供了一个理想的解决方案,该控制系统中的电流、速度双闭环控制器采用美国 TI 公司最新推出的 C2000 平台上的定点 DSP 芯片 TMS320F2812 作为主控制单元,该芯片具有低成本、低功耗和高性能的处理能力,特别适用于有大量数据处理的场合[12]。TMS320F2812 器件由内核、存储器与外部 I/O 接口、片内外设 3 个主要的功能单元组成。

4. 逻辑处理单元

系统中的逻辑综合电路由复杂可编程逻辑器件(CPLD)完成,它是在可编程阵列逻辑(PAL)、通用阵列逻辑(GAL)等逻辑器件的基础之上发展起来的。同 PAL、GAL 相比具有更大的规模,可以代替几十甚至几千块通用 IC 芯片。因此,CPLD 实际上就是一个子系统部件[13-14]。

CPLD 是阵列型高密度 PLD 器件,大多采用了 CMOS EPROM/E2PROM 和快闪存储器等编程技术,具有高密度、高速度和低功耗等特点。

5. 信号采样及保护隔离

在小功率情况下,电流信号的采样是通过在逆变器上串联一个阻值很小的电阻,通过检测电阻两端的电压差,便可计算出电枢绕组电流大小。大功率情况下,不能直接测量,必须采用电流传感器。

电流检测采用 LEM 公司生产的 LT208-S7,该传感器额定电流为 200A,峰值电流可以达到 300A,工作电压采用±12V~±15V 供电,内部带有反馈闭环控制,输出端为电流型输出,对应额定电流输出 100mA,因此在设计时应注意选择合适的精密电阻,将电流型输出转换成电压型输出。

主电路电压检测同样采用 LEM 公司生产的霍耳效应型传感器 LV25-P,该电压传感器的测量范围为 10~500V,原边输入额定电流值为 $I_{IN} = 10\text{mA}$,峰值可达 $I_P = 14\text{mA}$,供电电压同样需要采用±12V~±15V 电源供电,副边输出电流为 $I_{OUT} = 25\text{mA}$。

强电与弱电之间需要光电隔离,本设计采用惠普公司的光耦 HCPL4504,该光耦速度快,延迟时间短,与低速光耦相比,大大地增加了系统的线性度,提高了系统的性能。

参考文献

[1] 唐任远,等. 现代永磁电机理论与设计[M]. 北京:机械工业出版社,2002.

[2] 王秀和. 永磁电机[M]. 北京:中国电力出版社,2007.

[3] 张琛,直流无刷电动机原理及应用[M]. 北京:机械工业出版社,1996.
[4] 李钟明,刘卫国,刘景林,等. 稀土永磁电机[M]. 北京:国防工业出版社,1997.
[5] 赵南南,刘卫国,ZHU Z Q. 紧圈对无刷直流电动机转子损耗及温升的影响分析[J]. 微特电机,2012,40(8),1-3.
[6] NANNAN ZHAO,ZHU Z Q,WEIGUO LIU. Comparison of Rotor Eddy Current Losses in Permanent Magnet Motor and Generator[J]. Electrical Machines and Systems(ICEMS),2011.
[7] 魏永田,孟大伟. 电机内热交换[M]. 北京:机械工业出版社,1998.
[8] NANNAN ZHAO,ZHU Z Q,WEIGUO LIU. Rotor Eddy Current Loss Calculation and Thermal Analysis of Permanent Magnet Motor and Generator[J]. IEEE TRANSACTIONS ON MAGNETICS,2011,47(10):4199-4202.
[9] 赵南南,刘卫国,ZHU Z. Q. 不同驱动方式下永磁无刷电动机损耗及热场研究[J]. 电机与控制学报,2013,17(9):92-98.
[10] 赵南南,刘卫国. 两种转子结构形式无刷直流电动机磁场及热场分析[J]. 西北工业大学学报,2010,28(5):679-683.
[11] 皇甫宜耿. 基于DSP的大功率高压直流无刷电机伺服控制系统研究[D]. 西安:西北工业大学,2006.
[12] 简瑶. 基于TMS320F2812的无刷直流电动机控制系统设计[D]. 西安:西北工业大学,2007.
[13] 邹彦,庄严,等. EDA技术与数字系统设计[M]. 北京:电子工业出版社,2007.
[14] 潘松,黄继业. EDA技术与VHDL[M]. 北京:清华大学出版社,2005.

第4章

开关磁阻电机

4.1 开关磁阻电机简介

开关磁阻电机(switched reluctance machine,SRM)包含两层含义:①磁阻性。SRM 采用双凸极结构,每相定子绕组的磁阻(或定子电感)是随转子位置而改变的,属于变磁阻电机;②开关性。SRM 是通过控制定子各相绕组依次工作的开关状态运行的,各相绕组由电力电子开关变流器提供激磁能量。

开关磁阻电机是一种新型调速电机,调速系统具有直流、交流两类调速系统的优点,是继变频调速系统、无刷直流电动机调速系统的新一代无极调速系统。它具有比变频调速系统更高的电能—机械能转换效率,特别是在中、低速运行时,这一优势更加明显。它的结构简单坚固,调速范围宽,调速性能优异,且在整个调速范围内均具有较高效率,系统可靠性高,已成为交流电机调速系统、直流电机调速系统和无刷直流电机调速系统的强有力竞争者。系统主要由开关磁阻电机、功率变换器、控制器与位置检测器四部分组成。转子位置检测器安装在电机的一端。

开关磁阻电机是在 20 世纪 80 年代伴随着交流调速技术的蓬勃发展而发展起来的一种新型交流调速电机,源于英国的 Leeds 大学和 Nottingham 大学。1980 年,Leeds 大学的 Lawrenson 教授和他的同事,总结了他们的研究成果,发表了著名论文"开关磁阻调速电机",标志着 SRM 正式得到国际的认可。我国对开关磁阻电机调速系统的研究与试制起步于 20 世纪 80 年代末 90 年代初,取得了从基础理论到设计制造技术多方面的成果与进展,但产业化及应用性研究工作相对滞后。

美国、加拿大、埃及等国家都开展了 SRM 系统的研制工作。在国外的应用中,SRM 一般用于牵引机,例如电瓶车和电动汽车,同时高速性能是 SRM 的一个特长。据报道,美国为空间技术研制了一个 25000r/min、90kW 的高速 SRM 样机。SRM 系统的研究已被列入我国中、小型电机"八五"、"九五"和"十五"科研

规划项目。华中科技大学开关磁阻电机课题组在“九五”项目中研制出使用SRM的纯电动轿车,在“十五”项目中将SRM应用于混合动力城市公交车,均取得了较好的运行效果。纺织机械研究所将SRM应用于毛巾印花机、卷布机,煤矿牵引及电动车辆等,取得了显著的经济效益。

现如今,伴随功率电子技术、数字信号处理技术和控制技术的快速发展,智能技术的不断成熟及高速高效低价格的数字信号处理芯片(DSP)的出现,利用高性能DSP开发各种复杂算法的间接位置检测技术,无需附加外部硬件电路,大大提高了开关磁阻电机检测的可靠性和适用性,必将更大限度地凸显SRM的优越性。随着开关磁阻电机的理论研究和实际应用取得的明显进步,应用领域已从最初的侧重于牵引运输发展领域扩展到了电动车驱动、通用工业、家用电器和纺织机械等各个领域,功率范围从10W~5MW,最大速度高达100000r/min,规格已从多相发展到了单相、两相[1-7]。

4.2 无刷磁阻电机工作原理

4.2.1 数学模型

1. SRM的基本方程式

按机电能量转换原理,与任何电磁式机电装置一样,SRM亦可视为一对电端口和一对机械端口的两端口装置,且电端口和机械端口之间存在耦合磁场。m相SRM,当不计铁耗及相绕组间的互感时,其机电能量转换示意图如图4-1所示。

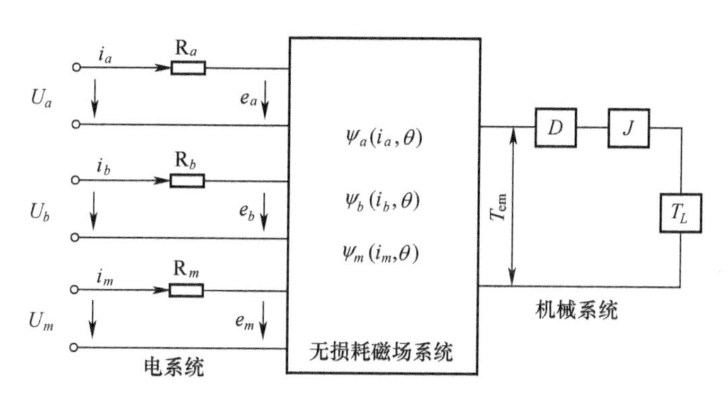

图4-1 m相SRM机电能量转换示意图

图4-1中,机械系统的物理量T_{em}、T_L、D、J分别为电磁转矩、负载转矩、黏性摩擦系数、SRM转子及负载的转动惯量;电系统的物理量U_k、R_k、i_k、e_k分别为k相绕组的外加电压、电阻、电流、感应电动势,$k=a,b,\cdots,m$;耦合磁场系统中

的物理量 $\psi_k(i_k,\theta)$ 为 k 相绕组的磁链，$k=a,b,\cdots,m$；θ 为转子位置角。根据电磁感应定律，有

$$e_k = \frac{\mathrm{d}\psi_k}{\mathrm{d}t} \tag{4-1}$$

描述图 4-1 所示这种机电能量转换系统动态过程的微分方程由电路方程、机械方程、机电联系方程三部分组成。

2. 电路方程

由电路基本定律列写各相电气主回路的电压平衡方程式，第 k 相绕组的电压平衡方程式为

$$U_k = R_k i_k - e_k = R_k i_k + \frac{\mathrm{d}\psi_k}{\mathrm{d}t} \tag{4-2}$$

式中：相绕组的磁链 ψ_k 为相电流 i_k 和转子位置角 θ 的函数，且可用其电感 $L_k(\theta, i_k)$ 与电流 i_k 的乘积表示。

$$\psi_k(\theta,i_k) = L_k(\theta,i_k)\, i_k \tag{4-3}$$

相电感 $L_k(\theta,i_k)$ 是相电流 i_k 和转子位置角 θ 的函数。相电感之所以与相电流有关是因为 SRM 磁路饱和非线性的缘故，而相电感随转子位置角变化正是 SRM 的特点，是产生电磁转矩的先决条件。将式(4-3)代入式(4-2)，得

$$\begin{aligned} U_k &= R_k i_k + \frac{\partial\psi_k}{\partial i_k}\frac{\mathrm{d}i_k}{\mathrm{d}t} + \frac{\partial\psi_k}{\partial\theta}\frac{\mathrm{d}\theta}{\mathrm{d}t} \\ &= R_k i_k + \left(L_k + i_k\frac{\partial L_k}{\partial i_k}\right)\frac{\mathrm{d}i_k}{\mathrm{d}t} + \frac{\partial L_k}{\partial\theta}\frac{\mathrm{d}\theta}{\mathrm{d}t} \end{aligned} \tag{4-4}$$

式(4-4)表明，相绕组外加电压与其电路中三部分电压相平衡。式(4-4)中，等式右端第一项为第 k 相回路中的电阻压降；第二项是由电流变化引起磁链变化而感应的电动势，即变压器电动势：第三项是由转子位置改变引起绕组中磁链变化而感应的电动势，即运动电动势，其与机电能量转换直接相关。基于上述分析，SMR 的任一相等效电路如图 4-2 所示。图中，$i_k\, e_{kf}$ 是由相电感变化引起的组中磁场能量的变化率，$i_k\, e_{km}$ 则为输出的机械功率。

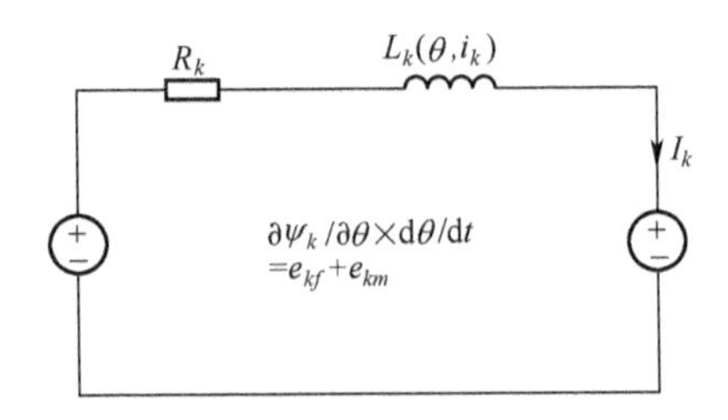

图 4-2　SRM 任一相等效电路

图4-2虽然为SMR的准确电路模型,但实用价值并不大,因为动态电感$L_k(\theta,i_k)=\partial\psi_k/\partial i_k$随$\theta,i_k$变化,$e_{kf}$与$e_{km}$的比值亦在改变,因此由该电路模型计算不出电磁转矩。

3. 机电联系方程

按机电能量转换原理,SRM同样通过耦合磁场的作用产生两个机电耦合项,即电端口的感应电动势和机械端口的电磁转矩。SRD(switched reluctance motor drive)是一种调速系统,按电机统一理论,调速的关键是转矩控制。因此,电磁转矩计算是SRD动态性能分析及SRM、功率变换器、控制器设计的必要基础。

按照力学定律,可列出SRM电磁转矩T_{em}和负载转矩T_L作用下的转子机械运动方程式:

$$T_{em}=J\frac{d^2\theta}{dt}+D\frac{d\theta}{dt}+T_L \tag{4-5}$$

SRD一相绕组在一个工作周期(即转子角周期)中的机电能量转换过程可通过其在磁链—电流($\psi-i$)标平面的轨迹加以完整描述。磁路适当饱和对于高性能的SRD十分重要,而$\psi-i$特性对理解系统在非线性磁化区的工作特性特别有用。实际上,SRM的静态性能可用随转子位置和相电流周期性变化的磁链$\psi(\theta,i)$曲线来表征。某3.73kW的SRM采用角度位置控制方式的相电流和对应相绕组在$\psi-i$平面上运行点的轨迹分别如图4-3、图4-4所示。该轨迹一般介于两条特殊角度位置处的磁化曲线内,这两条特殊磁化曲线分别对应于定转子凸极中心线重合的最小磁阻位置θ_a和定子凸极中心与转子凹槽中心线重合的最大磁阻位置θ_u。

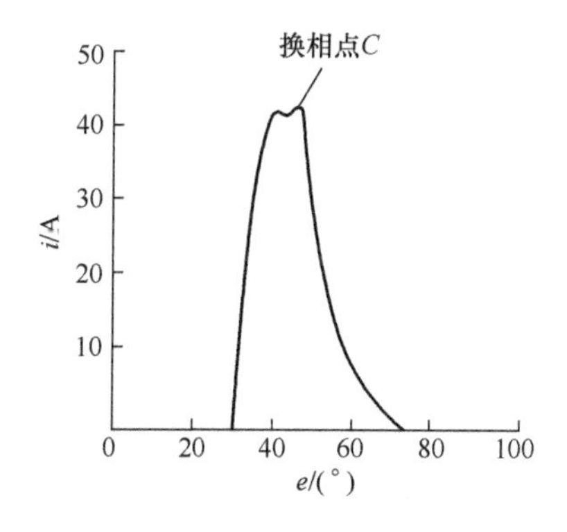

图4-3 SRM角度

因忽略相绕组间互感,故可从一相入手考察SRM的电磁转矩。如图4-4

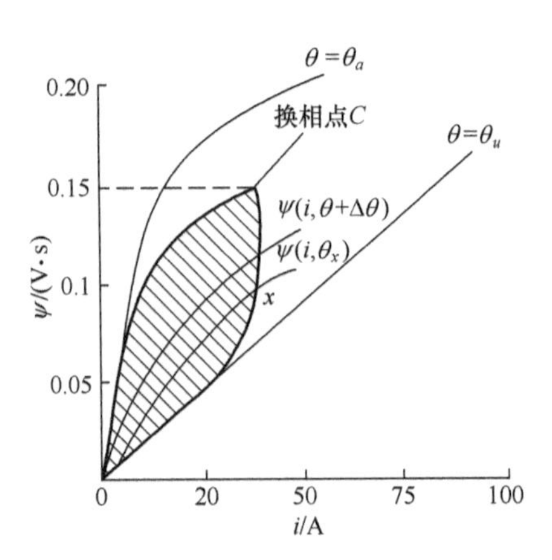

图 4-4　$\psi-i$ 轨迹位置控制方式相电流

所示,每相在一个工作周期内输出的机械能为 $W_m=\oint i\mathrm{d}\psi$,即为运行轨迹所包围的面积(图中有斜线的区域)。在任一运行点 x 处的瞬时电磁转矩根据虚位移原理,得

$$T_x=\left.\frac{\partial W'}{\partial\theta}\right|_{i=\text{const}}=\left.\frac{\partial W}{\partial\theta}\right|_{\psi=\text{const}}\tag{4-6}$$

式中:W' 为绕组的磁共能,$W'=\int_0^i\psi\mathrm{d}i=\int_0^i l(\theta,i)i\mathrm{d}i$;$\partial W'$ 即为耦合磁场在转子位移增量 $\Delta\theta$ 内的磁共能增量;W 为绕组的储能,$W=\int_0^\psi i(\psi,\theta)\mathrm{d}\psi$ 。在 $\psi-i$ 平面上,任一运行点储能大小即为该点所对应转子位置处的磁化曲线以左的区域面积。图 4-4 中有点的区域面积即为运行点 C 处绕组的磁能。C 点为换相点,其相绕组的主开关器件关断,绕组电流开始下降。

图 4-4 表明,在磁路饱和状态下运行的 SRM 是一种强非线性的机电装置,表示储能 W 和磁共能 W' 的积分难以解析计算,且储能 W 和磁共能 W' 不可能相等。因电机及负载均有一定的转动惯量,决定电动机出力及动态特性的往往是平均转矩,因此平均转矩计算是 SRD 分析、设计的重要依据。对式(4-6)在一个工作周期内积分并取平均,且基于各相绕组对称的假设得 SRM 平均电磁转矩为

$$T=\frac{mN_r}{2\pi}\int_0^{2\pi/N_r}\int_0^{i(\theta)}\frac{\partial l(\theta,\xi)}{\partial\xi}\xi\mathrm{d}\xi\mathrm{d}\theta\tag{4-7}$$

式中：m 为 SRM 相数；N_r 为转子凸极数。式(4-4)和式(4-7)一并构成 SRM 的数学模型，尽管该模型从理论上完整、准确地描述了 SRM 中的电磁及力学关系，但由 $L(\theta,i)$ 及 $i(\theta)$ 难以解析，故很难实际应用，应根据研究的目的和所要求的准确程度进行合理的简化。一般根据对非线性相电感（或磁链）近似处理方法不同，分为线性模型、准线性模型、非线性模型。线性模型突出了 SRM 的基本物理特性，可避免烦琐的数学推导，适用于初步设计和定性分析；准线性模型考虑饱和影响，对线性模型进行适当修正，提高了建模精度，又不失物理概念清晰的优点，可用于功率变换器及控制策略的分析与设计；非线性模型精度最高，多用于 SRM 电机设计与性能分析、SRD 整体非线性动态仿真建模及优化设计。

4.2.2 运行原理

通过控制加到 SRM 绕组中的电流脉冲的幅值、宽度及其与转子的相对位置（即导通角、关断角），即可控制 SRM 转矩的大小与方向，这正是 SRD 调速控制的基本原理。SRM 运行原理遵循“磁阻最小原理”，磁通总要沿着磁阻最小的路径闭合，而具有一定形状的铁芯在移动到最小磁阻位置时，使自己的主轴线与磁场的轴线重合。即利用转子位置传感器的信息和电力电子变流器依次控制各相定子绕组的电流，使其转到与凸极沿激磁相的定子绕组轴线对齐，从而产生单方向的电磁转矩，驱动转子连续旋转。

开关磁阻电机调速系统主要由开关磁阻电机、功率变换器、控制器、转子位置检测器四大部分组成，系统框图如图 4-5 所示。转子位置检测器则安装在电机的一端。

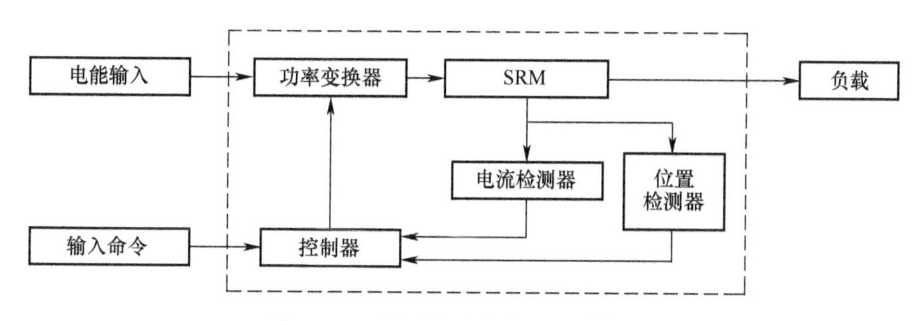

图 4-5　开关磁阻电机调速系统框图

开关磁阻电机调速系统所用的开关磁阻电机（SRM）是 SRD 中实现机电能量转换的部件，也是 SRD 有别于其他电机驱动系统的主要标志。

以图 4-6 所示的 6/4 齿配合的 SRM 为例说明其基本运行原理。

对于图 4-6 所示的 SRM，当转子齿与定子 A 相齿沿逆时针方向开始重叠时,若通过变流器给 A 相绕组(即 $A-A'$ 的绕组)通电,则磁力线发生扭曲。由于转子总是趋向于向激磁绕组磁阻最小(或电感最大)的位置运动由此产生电磁转矩。在该电磁转矩作用下,转子将沿逆时针方向转过一定角度(该角度又称为行程角(travelangle)或步距角。显然,行程角 $\theta_{step}=360°/m Z_r$。对于本例,$\theta_{step}=360°/3\times4=30°$ 至对齐位置(图 4-6(b))。一旦定、转子齿对齐,A 相绕组断电,考虑到 B 相绕组又开始与定子 B 相齿重叠,若此时再通过变流器给 B 相绕组(即 $B-B'$ 上的绕组)通电,则磁力线又发生扭曲,必将产生新的"对齐"趋势的电磁转矩,使转子又沿逆时针方向继续前进一行程角。紧接着,给 C 相绕组通电……以此类推。沿顺时针方向依次根据转子位置给所有定子三相绕组通电、断电,保持定子三相绕组的通电频率与转子位置同步,则转子将获得沿逆时针方向旋转的电磁转矩,转子得以连续运行。

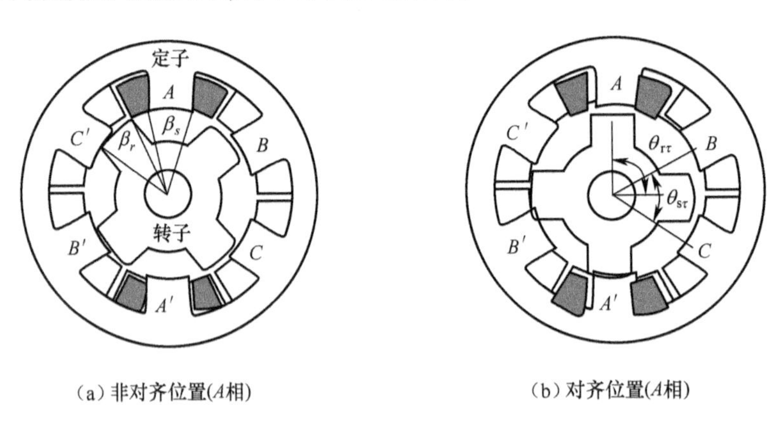

(a) 非对齐位置(A相)　　(b) 对齐位置(A相)

图 4-6　三相 6/4 级 SRM 电动机典型结构

由上述过程可以获得 SRM 定子绕组中的电流通断规律,即转子每转过一个行程角,定子各相绕组之间的电流换流一次;转子每转过一个齿距角,定子每相绕组中的电流循环通断一次。换句话说,在一个齿距角内,每相绕组中的电流通断一次(导通间隔为一个行程角)。因此,定子相绕组的通电频率为

$$f_1=Z_r\frac{n}{60} \tag{4-8}$$

式中:n 为转子转速(r/min)。

式(4-8)表明,对于 SRM 而言,转子齿数 Z_r 越多,则定子绕组的激磁频率越高,定子铁芯中的铁耗以及供电变流器的开关损耗将进一步增大。SRM 相当于转子极数为转子齿数 Z_r 的同步电机,其定子绕组的通电频率与转子转速同步。因此,在选择定、转子齿配合时,为了降低电机的铁耗和供电变流器的开关损耗,

通常,要求转子齿数 Z_r 小于定子齿数 Z_s 。

此时,定子各相绕组的激磁相序与转子的旋转方向相反。若希望 SRM 转子反向(即沿顺时针方向旋转),则定子绕组的激磁相序需由 $A \rightarrow B \rightarrow C$ 变为 $A \rightarrow C \rightarrow B$,即定子绕组沿逆时针方向激磁。对于转子齿数 Z_r 大于定子齿数 Z_s 的特殊 SRM,定子各相绕组的激磁相序与转子的旋转方向相同。

就定子各相绕组的激磁方式而言,SRM 类似于步进电机,它相当于大步距角的步进电机。但与步进电机不同的是,SRM 转子的转速是连续的。

SRM 的基本运行原理也可以借助定子每相绕组的电感与转子位置之间的关系曲线(图 4-7)进一步说明。由于电磁转矩的正、负和定子相绕组中的电流方向无关,而仅取决于 $\partial L_s = \partial\theta$ 的符号。因此,要想产生正的(或驱动性的)电磁转矩,就必须在电感随转角 θ 增加时(即 a 区)给定子相绕组提供电流,亦即沿旋转方向在转子齿逐渐与定子齿重叠过程中给所在定子相绕组提供励磁。同理,若希望产生负的(或制动性的)电磁转矩,则需要在电感随转角 θ 减小时(即 c 区)给定子相绕组提供电流,亦即沿旋转方向在转子齿逐渐离开定子齿过程中给所在定子相绕组提供激磁。在如 d 区和 b 区由于定子绕组电感不随转子位置改变,即使给定子绕组提供励磁电流,SRM 也不会产生电磁转矩,图 4-7 给出了单相定子绕组的电感与对应于各个区域内的定子电流以及所产生的电磁转矩之间的关系。

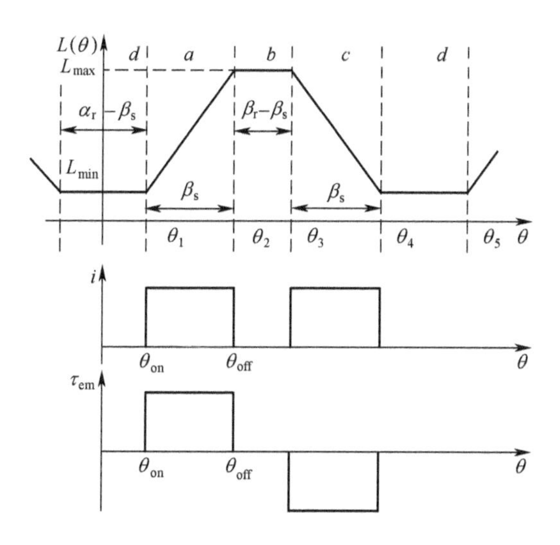

图 4-7 单相定子绕组的电感与对应各个区域内的定子电流以及所产生的电磁转矩之间的关系

图 4-7 表明，通过控制定子绕组电流的通、断时刻 θ_{on} 和 θ_{off}（θ_{on} 又称为开通角，θ_{off} 又称为关断角）以及电流的形状（或幅值），便可控制每相绕组所产生电磁转矩的大小和正负。从能量角度看，当定子相绕组在电感增加过程中通电，电源输入给 SRM 定子绕组中的电能将部分转换为磁场储能、部分转换为机械能，产生驱动性的电磁转矩。定子绕组若在电感减小过程中仍维持通电状态，则 SRM 将产生制动性的电磁转矩。此时，磁场储能和负载的机械能将转换为电能回馈至电源或消耗在定子绕组的电阻上。

图 4-8 给出了理想情况下三相定子绕组共同作用下所产生的总的电磁转矩与各相定子绕组电感之间的关系。SRM 所产生的电磁转矩过程为：刚开始若 A 相导通，则在 A 相电磁转矩的作用下，转子转过一个行程（$\theta_{step}=360°/mZ_r=30°$），紧接着，$B$ 相导通，同样，在 B 相电磁转矩的作用下，转子又转过一个行程角 30°；然后，C 相导通，在 C 相电磁转矩的作用下，转子又转过一个行程角 30°。至此，转子共转过一个极距角 $\theta_{rr}=360°/Z_r=90°$。重复上述过程，转子连续旋转。

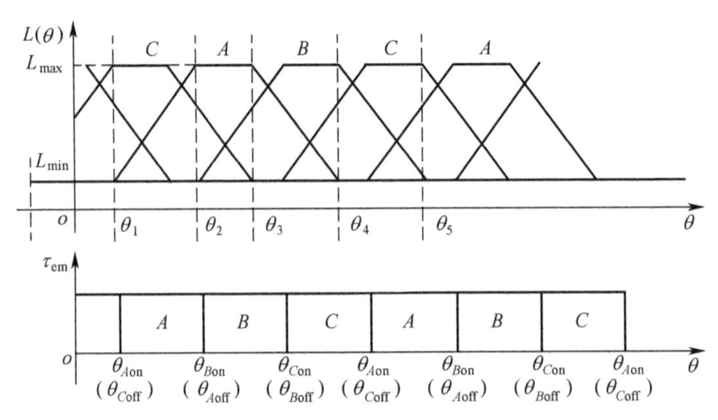

图 4-8 三相定子绕组共同作用下所产生的总的电磁转矩与各相定子绕组电感之间的关系

4.2.3 磁阻式电动机结构

磁阻式电动机，是由笼型异步电动机演变来的，其转子设有笼型铸铝绕组，但没有与定子极数相对应的反应槽（仅有凸极部分的作用，无励磁绕组和永久磁铁），用来产生磁阻同步转矩。但 SRM 与传统电机（包括直流电机、感应电机以及同步电机等）的运行原理大相径庭。作为单边激磁的电机，SRM 是根据定子绕组的磁阻随转子位置的变化，并利用转子位置趋向于与激磁相的定子绕组

轴线“对齐”(或磁阻最小的原则)产生电磁转矩。传统的电机则主要是依据定、转子磁势(或磁场)之间相互作用产生电磁转矩,因而一般是双边励磁。

磁阻式电动机分为单相电容运转式、单相电容起动式、单相双值电容式等多种类型。

SRM 系双凸极可变磁阻电动机,其定、转子的凸极均由普通硅钢片叠压而成。转子既无绕组也无永磁体,定子极上绕有集中绕组,径向相对的两个绕组连接起来,称为“一相”,SRM 可以设计成多种不同相数结构,且定、转子的极数有多种不同的搭配。相数多、步距角小,有利于减少转矩脉动,但结构复杂,且主开关器件多,成本高,现今应用较多的是四相(8/6)结构、三相(6/4)结构和三相(12/8)结构。

考虑到双凸极结构的电机可能存在死点(即电磁转矩为零的转子位置),为了确保 SRM 在任意转子位置下均能起动,要求定、转子齿数有所不同。对于常规的 SRM,其定、转子齿数多按下式关系选择:

$$Z_r = Z_s + 2p \tag{4-9}$$

式中:Z_r、Z_s 分别为定、转子的齿数;$2p$ 为磁路的极数。若设定子绕组的相数为 m,则定子齿数 Z_s,与定子绕组的相数 m 以及磁路的极数 $2p$ 之间满足下列关系式:

$$Z_s = 2pm \tag{4-10}$$

分析表明,为了降低铁芯损耗和供电变流器的开关损耗,提高整个传动系统的效率,通常选择转子的齿数 Z_r 低于定子齿数 Z_s,表 4-1 列出了典型的 SRM 齿配合以及相应的相数、磁路极数的关系[8-15]。

表 4-1 典型的 SRM 齿配合以及相应的相数、磁路极数的关系

m	2		3			4			5		6	
Z_s	4	8	6	12	18	8	16	24	10	20	12	24
Z_r	2	4	4	8	12	6	12	18	8	16	10	20
$2p$	2	4	2	4	6	2	4	6	2	4	2	4

4.2.4 常用功率变换器拓扑

SRM 的电磁转矩与每相绕组中的电流方向无关。为了获得有效的电磁转矩,要求定子相电流脉冲应与转子位置同步(若 SRM 作电动机运行,要求每相定子电流与该相电感随转子位置增加而增加的区域同步;若 SRM 作发电机运行,则要求每相定子电流与该相电感随转子位置增加而减少的区域同步),为此,需要专门的变流器供电。理想的变流器须满足如下条件:

(1) 每相所采用的电力电子器件少;

(2) 能够独立地控制各相绕组中的电流;

(3) 额定输出功率下的伏安数低,效率高;

(4) 能够四象限运行;

(5) 噪声和转矩脉动小。

常用的变流器类型为不对称桥式结构,其电路拓扑如图 4-9 所示。图中,每相变流器是由两个主开关器件和两个二极管组成。视场合的不同,主开关器件可采用 IGBT 或功率 MOSFET 。

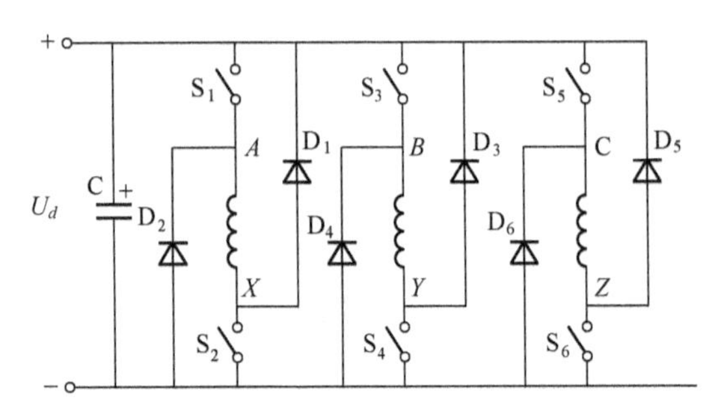

图 4-9 三相 SRM 的不对称桥式结构电路拓扑

以 A 相变流器为例说明不对称半桥型变流器的工作原理。A 相变流器共有 3 种开关状态:①当两个主开关S_1、S_2同时导通时,A 相绕组的端部电压为电源电压 U;此时,A 相绕组将输入的电能转变为机械能和磁场储能。②当主开关S_1关断、S_2继续导通时,A 相绕组中的电流通过S_2与二极管D_2续流;此时,A 相绕组的端部电压为零,输入电源与 SRM 隔离。这一开关状态也可以由主开关S_1继续导通、S_2关断,S_1与二极管D_1续流实现。③当主开关S_1、S_2同时关断时,A 相绕组中的电流通过极管D_1、D_2续流,将磁场储能回馈至电源和负载。此时,A 相绕组的端部电压为负电源电压 $-U_d$,表 4-2 给出了不对称半桥型变流器的所有开关状态和相应的输出电压。不对称半桥型变流器具有各相独立控制磁场能量回馈、四象限运行功能以及易于模块化设计等优点,因而在 SRM 的驱动器中得到广泛应用。除此之外,SRM 也可以采用其他类型的变流器供电。

表 4-2 不对称半桥型变流器的所有开关状态和相应的输出电压

(其中:1 表示导通,0 表示关断)

状态	开关				μ_{AX}
	S_1	S_2	S_3	S_4	
a	1	1	0	0	U_d

续表

状态	开　关				μ_{AX}
	S_1	S_2	S_3	S_4	
b	0	1	0	1	0
c	1	0	1	0	0
d	0	0	1	1	$-U_d$

1. 不对称半桥电路

以 A 相为例，每相有两个主开关器件V_1、V_2及续流二极管VD_1、VD_2。当V_1、V_2导通时，VD_1、VD_2截止，外加电源 U_S 加至 A 相绕组两端，产生相电流 i_a；当V_1、V_2关断时，A 相绕组产生的变压器电动势极性，如图 4-10 所示。则VD_1、VD_2正向导通，i_a 通过VD_1、VD_2及储能电容C_S续流，C_S吸收 A 相绕组的部分磁能。

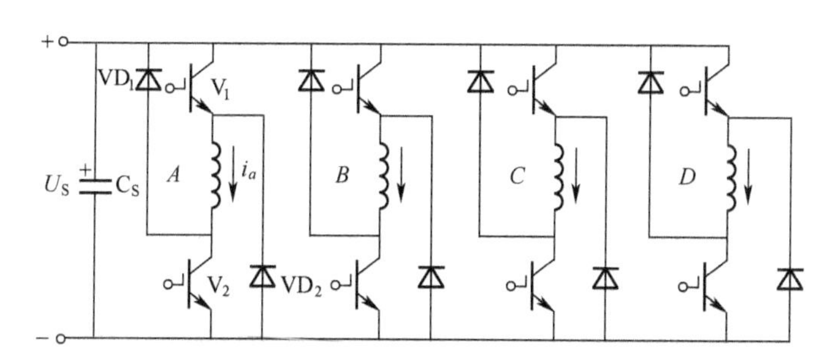

图 4-10　不对称半桥拓扑的四相 SRM 功率变换器主电路

不对称半桥主电路具有如下特点：

（1）各主开关器件的电压定额为 U。

（2）由于主开关器件的电压额定值与电动机绕组的电压额定值近似相等，所以这种电路用足了主开关器件的额定电压，全部有效的电源电压可用来控制相绕组电流。

（3）由于每相绕组接至各自的不对称半桥电路上，相与相之间的电流控制是完全独立的，对绕组相数没有任何限制。

（4）给相绕组提供 3 种电压回路，即上、下主开关器件同时导通时的正电压回路；一个主开关器件保持导通，另一个主开关器件关断时的零电压回路；上、下主开关器件均关断时的负电压回路。这样，电压 PWM 控制时可采用非能量回馈式斩波方式，即在斩波续流期间，相电流在“零电压回路”中续流，避免了 SRM 与电源间的无功能量交换，这对增加转矩、提高功率变换器容量的利用率、减少斩波次数、抑制电源电压波动、降低转矩脉动都是有利的。

(5) 每相需要两个主开关器件,未能充分体现单极性 SRM 功率变换器较其他交流调速系统变换器的优势。

综上所述,不对称半桥拓扑在性能上具有显著优势,尤其便于实现灵活的控制策略,其唯一不足是所用开关器件数量多,故适宜在高压、大功率及 SRM 相数较少的场合下使用。

2. 每相只有一个主开关器件的功率变换器

SRM 的转矩方向与相电流方向无关,功率变换器是单极性的,故可构建每相只有一个主开关器件的功率变换器拓扑,以减少器件数量、简化驱动电路、降低成本、提高可靠性。目前,已出现多种每相只有一个主开关器件的功率变换器主电路拓扑方案。

1) 双绕组功率变换器

如图 4-11 所示,双绕组功率变换器要求 SRM 每相有一个完全耦合的一次绕组和二次绕组(一般采用双股并绕,匝数比通常为 1 : 1)。如图 4-11(a)所示,当主开关器件 S 导通时, U_S 供给一次绕组电流,二次绕组感应电压极性为①端“+”,②端“-”,若匝数比为 1 : 1,VD 承受的反向电压为 $2U_S$,二极管 VD 截止;当 S 关断时,二次绕组感应电压极性为①端“-”,②端“+”, VD 正向导通,一次绕组电流换相到二次侧,形成续流电流给电容 C_S 充电,释放主开关器件 S 导通期间一次绕组所储存的部分磁能,若不计一次、二次绕组间的不完全耦合,主开关器件 S 承受的电压为 $2U_S$ 。事实上,由于存在漏电感和开关延时,在主开关器件 S 关断瞬时会有电压尖脉冲,所以主开关器件的额定电压应为 $2U_S + \Delta U$ (ΔU 为考虑不完全耦合加上的电压裕量)。

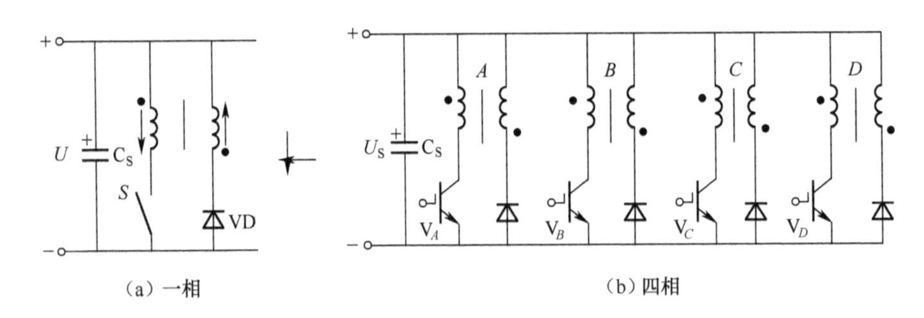

(a) 一相　　(b) 四相

图 4-11　双绕组功率变换器主电路

上述分析表明,采用双绕组功率变换器,其主开关器件的电压额定值至少为 SRM 绕组电压额定值的两倍,因此未能充分利用主开关器件的额定电压;另一

个不足之处是绕组利用率低，因每相的一对双绕组在工作期间的任一瞬时，只有一侧绕组流过电流。但若选用GTR、IGBT或功率MOSFET做主开关器件，因各相主开关器件的发射极或源极是共电位的，故其驱动电路的电源可共用。就功率变换器成本而言，该方案具有优势。在电动机额定电压及外加电源电压U_S较低、$2U_S+\Delta U$（ΔU不太高）的应用场合，如蓄电池供电的电动车中，双绕组结构具有竞争力。

2）采用直流电源的功率变换器

如图4-12所示，外电源U被两个电容C_1、C_2分为双极性直流电源，两相绕组的一端共同接至双极性直流电源的中点，各相主开关器件和续流二极管依次上下交替排布。当上臂S_1导通时，绕组1从上臂电容C_1吸收电能；S_1关断时，则VD_1导通，绕组1的部分储能回馈下臂电容C_2。而下臂S_2导通时，绕组2则从下臂电容C_2吸收电能，S_2关断时，绕组2的部分储能回馈上臂电容C_1。因此，为了保证双极性直流电源两侧的负载相等以使上、下臂的各相工作电压对称，这种采用分裂式直流电源供电的功率变换器只适用于偶数相的SRM。

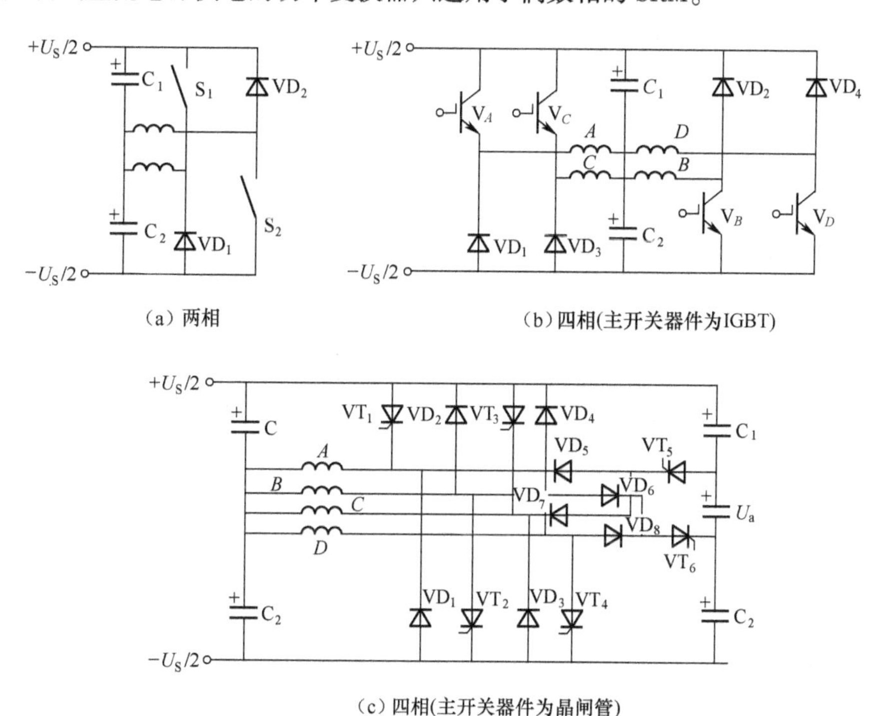

（a）两相

（b）四相(主开关器件为IGBT)

（c）四相(主开关器件为晶闸管)

图4-12 双极性直流电源功率变换器

由图 4-12 可见，主开关器件和续流二极管的电压定额为 $U_S+\Delta U$（ΔU 系因换相引起的任一瞬变电压），而加给通电相绕组的电压仅为 $U_S/2$，故未能充分利用开关器件的额定电压和电源的容量。但若采用晶闸管作主开关器件，由于各相绕组及其对应的主晶闸管在 $+U_S/2$ 和 $-U_S/2$ 之间交替，所以除斩波工作方式外，不必再设附加的换相电路（见图 4-12(c)，其中 U_a 为辅助电源，以提供所需的反向电压），传动装置中曾广泛采用该主电路。

双极性直流电源功率变换器在 SRM 低速运行时，电容器 C_1、C_2 的两端电压 U_{C_1}、U_{C_2} 会有较大波动，将限制系统整体性能的提高。

3）电容储能（C-Dump）型功率变换器

这类电路的共同特点是各相的续流电路共用一个电容储能（C-Dump），相绕组储存的部分磁能先临时储存在储能电容中，然后再通过谐振电路或斩波器回馈给外电源。图 4-13 所示为电容储能型并用斩波器回收能量的四相 SRM 功率变换器，其中 C_S 为储能电容，V_0、VD、L 构成降压斩波器。

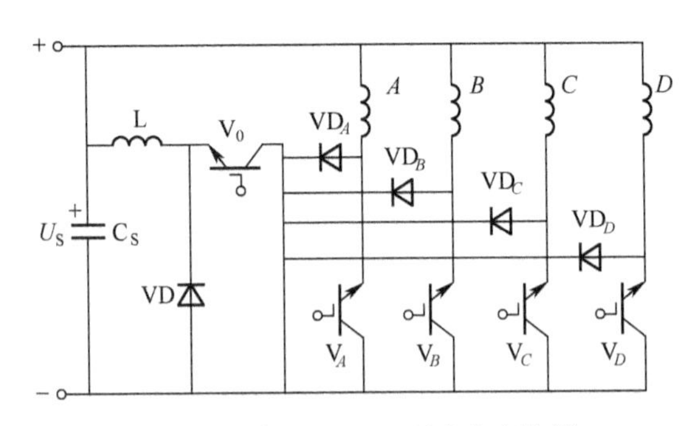

图 4-13　四相 C-Dump 型功率变换器

如图 4-13 所示，以 A 相绕组退磁过程为例，当 A 相主开关器件 V 关断时，A 相电流经续流二极管 VD 续流，并给储能电容充电，逐渐升高的电容电压 U_{C_1} 将加快 A 相电流衰减，直至 A 相电流为零，这一退磁工作过程使 A 相绕组部分磁能转储到电容 C_S 中。当斩波器开关器件 V_0 导通时，储能电容 C_S 开始放电，而当 V_0 关断后，二极管 VD 导通，在 V_0 导通期间由储能电容 C_S 转移至 L 中的能量则回馈给电源。显然，通过调节斩波器的占空比，可调节储能电容的电压，控制主开关器件关断后的相电流，从而达到改善电流波形的目的。例如，若要求励磁电压和退磁电压相等，则应使 $U_{C1}\approx 2U_S$。图 4-13 所示的拓扑，虽然每相仅用一个主开关器件，但增加了用于能量回收的斩波器。不过，经斩波器处理的功率一般约为电动机功率的 20% ~ 30%。

以米勒（Miller）功率变换器为例。米勒功率变换器拓扑如图 4-14 所示，其

各相均只有一个用于换相的主开关器件，但却具备图 4-10 所示的不对称半桥拓扑的大多数优点，关键在于各相共用了一个与其均呈串联关系的公共主开关器件 V_m 。类似于不对称半桥主电路，该功率变换器亦有 3 种工作状态（以 A 相为例）：其一，V_A 、V_m 同时导通，A 相励磁；其二，V_A 保持导通，V_m 关断，VD 导通，A 相电流在 V_A 、VD 构成的“零电压回路”中续流；其三，V_A 、V_m 均关断，VD、VD_1 导通，A 相绕组在 $-U_S$ 作用下强迫快速释放磁能，部分储能回馈给电容 C_S 。在斩波控制方式下，V_A 、V_D 可不斩波而仅用作换相控制主开关器件，V_m 用作各相电流斩波控制的公共斩波主开关器件。公共斩波主开关器件 V_m 的引入，使主开关器件数由不对称半桥的 $2m$ 个降低为 $m+1$ 个（m 为 SRM 相数），但亦丧失了不对称半桥各相主电路相互独立、容错能力强的优点，其主要局限在于当 V_m 导通时，任何相均形成不了快速释放磁能的通路，因此当导通角 $\theta_{off}-\theta_{on}$ 较大，相邻相导通发生重叠时，不能保证关断相绕组磁能回馈正常进行；此外，为了能够顺利换相，避免相电流在电感下降区流动而形成制动转矩，斩波控制方式下，V_m 的占空比应限制在较小值，以保证关断的相绕组能够获得足够的退磁负电压[8-15]。

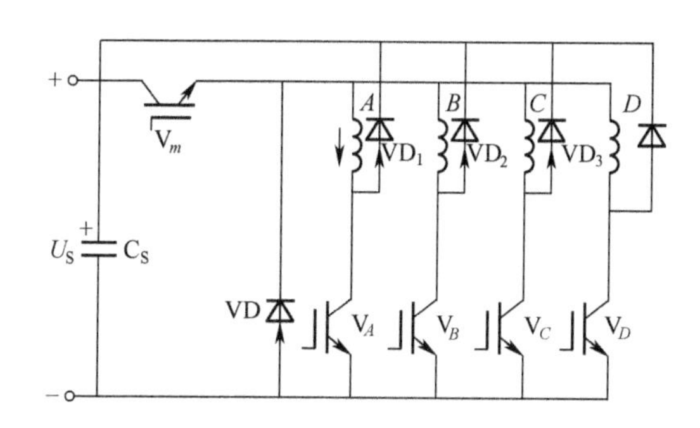

图 4-14　四相米勒功率变换器拓扑

3. 对不对称半桥进行改进的少开关器件功率变换器

这是在不对称半桥拓扑基础上开发的一类少开关器件功率变换器主电路，它不仅保留了不对称半桥功率变换器的优点，而且每相所用主开关器件少于两个，克服了不对称半桥电路中每相需要两个主开关器件的缺点。如图 4-15 所示，改进电路通过将每个主开关器件接至一个以上的相绕组来实现开关器件总数的减少。例如，主开关器件 S 接至两个相绕组，而不是像不对称半桥电路那样只接至一个相绕组，但各相绕组仍应接在一个上主开关器件和一个下主开关器件之间。按此接法，若有 n_U 个上主开关器件和 n_L 个下主开关器件，则可接到功率变换器的绕组最多相数为

$$m_{\max} = n_L n_U \tag{4-11}$$

只要每个上主开关器件和每个下主开关器件之间接有一相绕组,则所能接的最大相数便可由式(4-11)给出。例如,采用3个上、下主开关器件时,接至功率变换器的绕组相数可达到9,这时每相分摊的平均主开关器件数小于1。无疑,这种结构使得增加SRM相数、减小转矩脉动,又不增加功率变换器成本成为可能。但是,此类功率变换器中任一个主开关器件的工作状态必须根据与其连接的所有相绕组的电流要求确定,故需要设计保持对所有相电流进行独立控制的主开关器件通断控制策略,同时需合理安排各相绕组,使其接至功率变换器的接线位置。

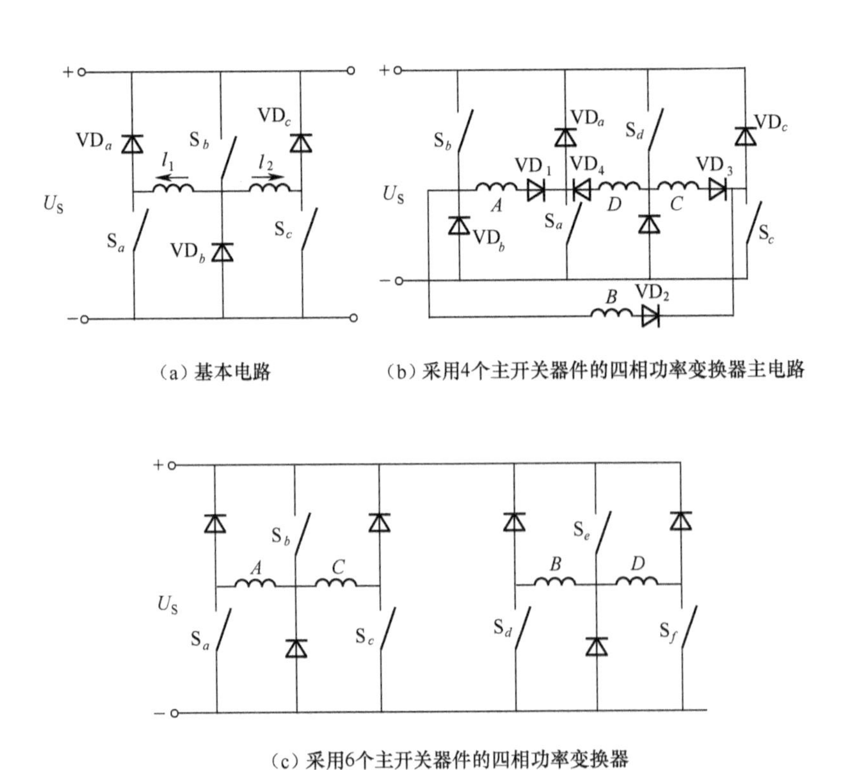

(a) 基本电路

(b) 采用4个主开关器件的四相功率变换器主电路

(c) 采用6个主开关器件的四相功率变换器

图4-15　少主开关器件的功率变换器电路

图4-15(b)所示为采用4个主开关器件的四相功率变换器主电路,其中每个主开关器件均与电动机的两相绕组相接,而该两相绕组的电流则同时受这一主开关器件的运行状态制约。注意,图中将有重叠电流区间的相邻相绕组(如A

相与 B 相、C 相与 A 相等)接至同一个主开关器件,由于电感重叠系数不超过0.5,故在前相绕组需退磁释放磁能时,与之相邻的后相电流已到达其斩波阈值,采用图中接法可实现两相电流独立控制。另外,图4-15(b)所示的电路中,有4个整流二极管 $VD_1 \sim VD_4$ 分别与各相绕组串联,以保证电路中其他主开关器件导通时,反向电流不能流过该绕组。

图4-15(b)所示的主电路的各相绕组分别接至相应的上、下主开关器件,每相平均只用一个主开关器件,其与图4-12(b)所示的双极性电源四相功率变换器相比,所用主开关器件数相同,但其电源不仅是单极性的,而且可利用全部电源电压 U 对相绕组进行励磁和退磁控制,此外还可提供零电压续流回路。但是图4-15(b)所示的电路中的每个主开关器件均为两相绕组共用,这导致相电流下降时间增加,退磁不够迅速。图4-15(c)所示的电路通过增加两个主开关器件来克服这一局限。对四相(8/6)SRM而言,在其电感重叠系数小于0.5的条件下,A 相和 C 相、B 相和 D 相的电流一般不会重叠,因此可保证任一时刻流过图4-15(c)中各主开关器件的电流仅是一相绕组的电流,通过主开关器件的电流峰值即为相电流峰值,各主开关器件的热损耗不再相等。与单独接至各相绕组的主开关器件 S_a、S_b、S_c 和 S_d 相比,接至两相绕组的主开关器件 S_b、S_c 的热损耗较大,但显著增加了控制的灵活性。

4.2.5 控制方式

同其他类型的电机一样,电磁转矩的控制是通过电流的调节实现,SRM也不例外。SRM定子每相绕组所产生的速度电势正比于转子转速。当SRM运行于低速时,定子每相绕组所产生的速度电势低于直流侧的外加电源电压。因此,在每个行程角内,定子电流的形状和大小可以借助于变流器的PWM方案,通过改变加至绕组端部的电压进行控制。一旦进入高速区,速度电势将高于或等于直流侧的外加电源电压,通过PWM方案将无法改变定子电流的幅值。此时,直流侧的电源电压将全部加至定子绕组,定子电流的形状只能通过调整开通角 θ_{on} 和关断角 θ_{off} 加以控制,这种控制方式通常又称为单脉冲控制方式。由于单脉冲控制方式仅取决于电流脉冲的开通区间长短,而导通区间的长短可以通过改变开通角 θ_{on} 和关断角 θ_{off} 来调整,故又称为角度位置控制(angular position control mode,APC)。下面以SRM做电动机运行状态为例对上述两类控制方案分别加以介绍。

1. 低速运行时的控制方案

SRM的电磁转矩与电流的平方成正比,因此,每相定子绕组可以通过单方向的电流脉冲供电。为了产生理想的电磁转矩,在电感增加的区间内,变流器应为每相定子绕组提供理想的方波电流脉冲，通过控制脉冲电流的幅值并保持脉冲电流的开通区间不变，便可以实现对 SRM 所产生的电磁转矩进行控制。对于实际的 SRM，由于定子绕组电阻、电感以及速度电势的作用，脉冲电流的上升和下降不是瞬间完成的，而是存在一定的时间延迟。因此，理想的方波脉冲电流一般很难实现，为了控制转子低速运行时 SRM 的定子电流幅值，对每相绕组供电变流器的控制最好满足下列要求：

行程角开始时，定子相绕组以最大正向电压激磁，旨在缩短开通时间；

在电感变化区域内采用恒流控制，电流的幅值取决于转矩的期望值；

行程角结束时，定子相绕组以最大负向电压去磁，旨在缩短关断时间。

对于 SRM 的供电变流器，低速运行的控制方案主要有两种：电流滞环控制又称为电流斩波控制（current-chopped control，CCC）与电压 PWM 控制，现以常用的不对称桥式变流器中的 A 相为例分别对这两种控制方案介绍如下。

1）电流滞环控制方案

电流滞环控制系统方案以及相应的输出波形，分别如图 4-16 和图 4-17 所示。

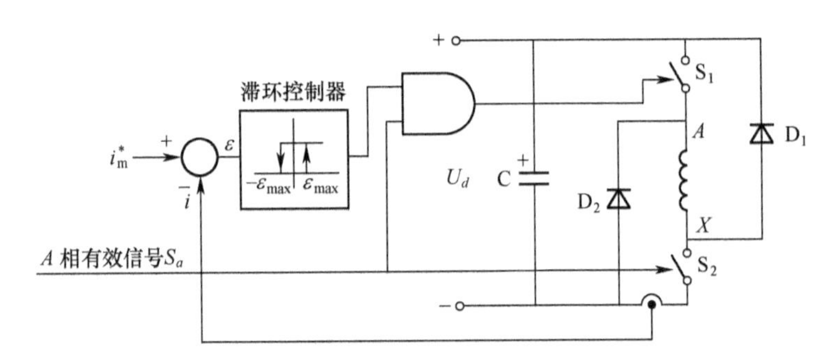

图 4-16　不对称桥式变流器的一相电路拓扑

图 4-16 中，根据电流期望值 i_m^* 与相绕组实际电流 i 的偏差 ε，滞环控制器输出主开关S_1的驱动信号，借助于S_1通断确保相电流 i 的实际值在电流期望值 i_m^* 的附近（容差范围内）变化。主开关S_1的驱动信号来自 A 相的换流信号（即 A 相作用的控制信号），它是根据转子位置传感器的信息确定。结合图 4-17 对图 4-16 的工作过程介绍如下。在行程角开始即 $\theta_m = \theta_{on}$ 时，控制主开关S_1、S_2导通，则定子绕组的相电压为 U_d。考虑到此时定子电感最小（转子处于非对齐位置），相电流迅速增加。当实际电流升至该区间内电流的最大值 i_{max} 时，控制S_1关断，而S_2的状态保持不变，则定子绕组电流将通过S_2、D_2续流，此时，定子绕组的相电压为 0，相电流将有所减小，一旦实际电流减小至最小值 i_{min}，主开关S_1又

恢复导通，外加相电压变为 U_d 。重复上述过程，直至转子转至 $\theta_m=\theta_{off}$ 时，控制主开关S_1、S_2全部关断。此时，定子绕组电流将通过D_1和D_2续流，定子绕组的相电压为 $-U_d$ ，对应于 A 相导通全过程的电压波形如图4-17(d)所示。由图4-17(c)可以看出由于电流滞环控制的作用，定子相电流的幅值在整个行程角范围内不会超过期望值 i_m^* 的容差带（该容差带是由滞环控制器决定的，其大小为 $2\varepsilon_{max}=i_{max}-i_{min}$ ），确保了在行程角内 A 相变流器输出电流的平均值与期望值 i_m^* 相等。

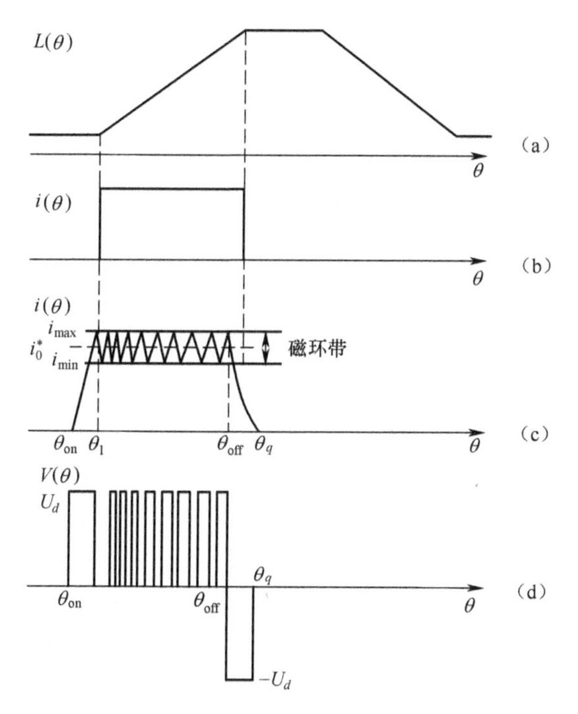

图4-17 电流滞环控制模式下 A 相绕组的电流与电压波形
(a)线性电感波形；(b)理想电流波形；(c)斩波模式下的相电流波形；(d)斩波模式下的相电压波形。

一般情况下，定义开通区间角为 $\Delta\theta_d=\theta_{off}-\theta_{on}$ 。开通区间通常选在产生正向电磁转矩的电感增加区间内。在斩波控制模式下，开通区间角保持不变。通常，脉冲电流的开通角 θ_{on} 选在电感增加区域之前的位置（图4-17(c)），以确保在电感增加之前的最小电感区域内电流迅速上升至所要求的数值 i_{max} ，即

$$i_{max}=\frac{U_d}{L_{min}}t_{on}=\frac{U_d}{L_{min}\omega_m}(\theta_1-\theta_{off}) \tag{4-12}$$

同理，关断角 θ_{off} 应选在最大电感区结束之前的位置，以确保电流在达到负

电磁转矩或电感下降区之前尽可能衰减为零(图 4-17(c))。设电流完全衰减到零角度时为 θ_q ,则关断过程各物理量之间的关系可表示为

$$-i_{\max}=\frac{U_d}{L_{\max}}t_{\text{off}}=\frac{-U_d}{L_{\max}\omega_m}(\theta_q-\theta_{\text{off}}) \tag{4-13}$$

需要指出的是,关断角 θ_{off} (或断流角 θ_q)应加以限制,以确保相绕组的电流在负电感区内尽可能为零,旨在避免负电感区内的电流造成的制动性电磁转矩和总电磁转矩的降低。仔细观察图 4-17 可以看出,主开关S_1导通的时间间隔是不尽相等的。由于相绕组电感的变化,导致器件的开关频率也随之发生变化。当在低电感区时,电流变化快,斩波频率较高;而在高电感区时,电流变化缓慢,斩波频率降低。除此之外,器件的开关频率还取决于滞环控制器的滞环宽度 $2\varepsilon_{\max}$,滞环控制器的滞环宽度越窄即控制精度越高,则开关频率越高。器件开关频率的提高势必导致器件的开关损耗增加和整个系统的效率降低。而且,开关频率的不固定也会带来控制的复杂性。借助于电压 PWM 控制便可以克服这一缺陷。

2) 电压 PWM 控制方案

电压 PWM 控制方案所采用的变流器主回路与滞环电流控制方案完全相同,与滞环电流控制方案不同的是电压 PWM 控制方案采用固定的开关频率。以下以图 4-18 为例对电压 PWM 控制方案的工作过程加以说明。

在电压 PWM 控制方案中,主开关S_1的开关频率固定,主开关S_2的通断仍来自 A 相的换流信号。A 相绕组的输出电压是通过主开关S_1的 PWM 控制来实现的,通过控制S_1在开关周期内的占空比 $\delta=t_{\text{on}}/T_s$,使 A 相绕组在作用区间内的端部平均电压为 δU_d。一旦 A 相换流结束,主开关S_1、S_2全部关断。此时,若 A 相绕组电流大于零,则 A 相绕组的电流将通过D_1和D_2续流,此时,A 相绕组的端部电压变为 $-U_d$ 。对应于 A 相绕组导通过程中的电压、电流波形如图 4-18 所示。

与电流滞环控制相比,电压 PWM 控制的开关频率基本固定,而电流滞环控制的开关频率不固定。因而两者所产生的噪声明显不同。电压 PWM 控制方案的噪声以及电磁干扰易于处理,而电流滞环控制方案则难以控制。此外,开关频率的固定与否也会引起变流器开关损耗的不同,最终导致系统效率的变化。因此,从这个意义上看,电压 PWM 控制方案具有明显的优势;但其在系统的动态性能方面却明显逊于电流滞环控制方案。在实际方案确定中,应在两者之间折中选择。

需要指出的是,在电压 PWM 控制方案中,相电流波形按相电压的调制情况“自然”变化(图 4-18),而电流滞环控制方案则采用的是瞬时电流闭环控制

(图 4-17)。由于未采用电流闭环控制,电压 PWM 控制方案中的瞬时相电流有可能超过器件的允许值。为了安全起见,实际系统必须采取限流保护措施,确保瞬时相电流不超过最大值,一旦相电流瞬时值超过最大值,则令主开关 S_1 、S_2 至少有一个关断。

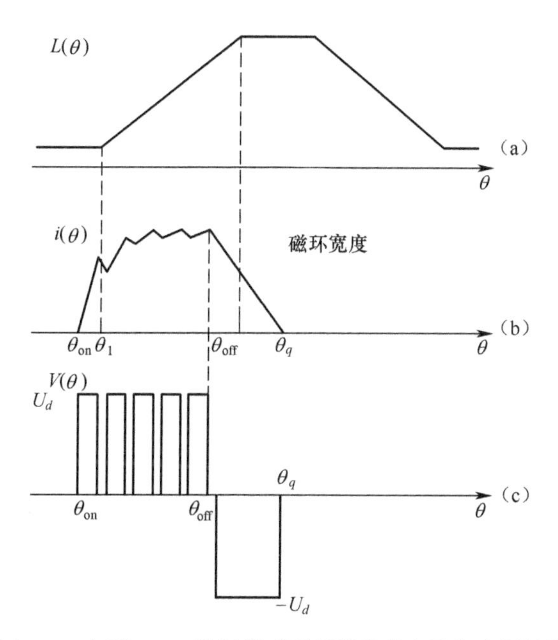

图 4-18 电压 PWM 控制模式下相绕组的电流与电压波形

2. 高速运行时的控制方案

SRM 在基速至第二临界转速的高速区域运行时,常采用 APC 方式,通过开通角 θ_{on} 和关断角 θ_{off} 的调节,控制电磁转矩实现调速。APC 方式在 θ_{on} 至 θ_{off} 的区间内,相绕组一直通电,直到 $\theta = 0$ 处主开关器件关断,相绕组释放磁能,到 $\theta = \theta_z$ 处电流降为零,每个转子角周期主开关器件仅通断一次,随着主开关器件的通断,磁链上升和下降的时间近似相等,如图 4-19(a)所示,即 $\theta_{off} - \theta_{on} = \theta_z - \theta$ 。而对于电流滞环控制 CCC 或电压 PWM 方式,由于 θ 至 θ_m 区间是斩波工作段,其磁链并非线性上升,故 $\theta_{off} - \theta_{on} > \theta_z - \theta$。对硬斩波而言,在斩波续流过程中,磁链随转子位置增加而下降,如图 4-19(b)所示;对于软斩波而言,磁链在斩波续流过程中保持不变,如图 4-19(c)所示。

为了简化分析,忽略了相绕组间的互感。但 SRM 相绕组间实际存在互感,尤其当相电流较大(相绕组导通区间较宽)时,互感电动势对相电流影响较大,导致 θ_{on} 、θ_{off} 最优调节复杂。互感与绕组联结方式、相邻相的极性、相电流的相

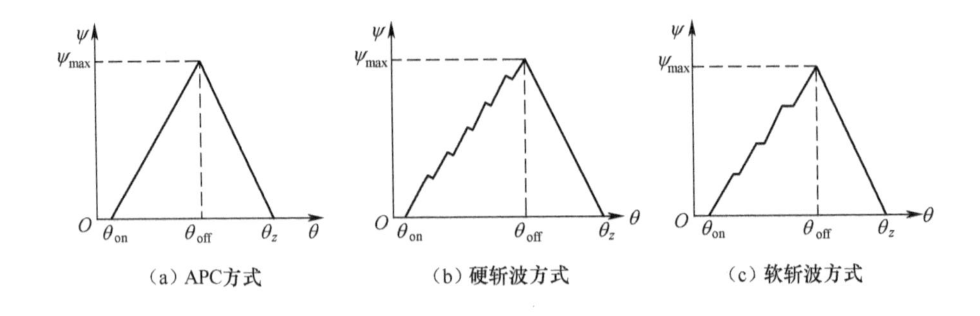

图 4-19　不同控制方式磁链波形对比

互重叠程度有关,其可从各相单独控制的角度看,应尽量减小相间互感。研究表明,如图 4-20 所示,当相绕组的两个线圈正向串联(即同一相线圈的磁动势在串联磁路中作用方向一致),在定子内圆上磁极极性分布为 NNNNSSSS 的两极型磁场时,相绕组互感远小于线圈反向串联联结(反向串联绕组形成 NSNSNSNS 四极型磁场)的相绕组互感。而且,正向串联联结的相绕组最大与最小自感之比较大,有利于提高电磁转矩。因此,在实际应用中,相绕组线圈一般采用正向串联联结。

由图 4-20 可见,AB、BC、CD 相邻相均为长磁路链接,其互感均为负值,而 DA 两邻相则为短磁路链接,其互感为正值,B、C 两相的磁状态完全相同,它们受相邻互感电动势的影响相同,而 A、D 相则会受到不同的影响;某相前后相邻相电流在该相产生的互感电动势将分别影响该相电流的前沿和后沿。因此在图 4-20 中,四相电流在同样的 θ_{on} 和 θ_{off} 下因受互感电动势的影响将出现 3 种不同形状的电流波形,如图 4-21 所示。

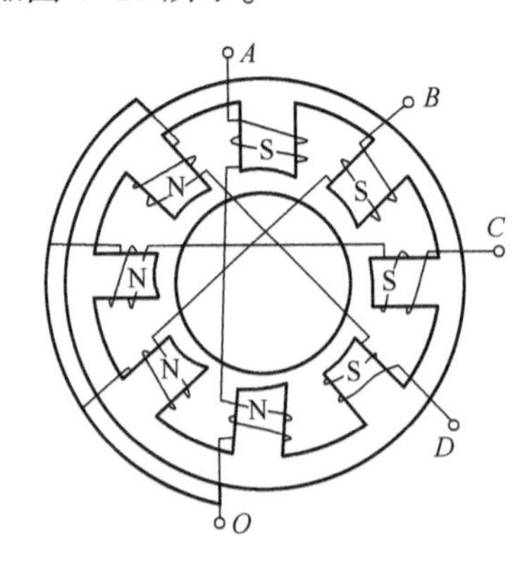

图 4-20　相绕组线圈正向串接形成两级型磁场

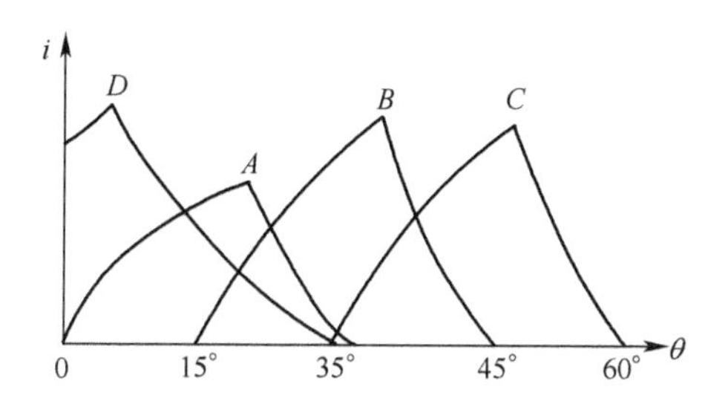

图 4-21 互感对电流波形的影响

图 4-21 中,B、C 两相电流波形具有相同的前、后沿;A 相的电感因与其相邻的前相(D 相)电流的互感效应而增大,故 A 相电流的前沿较 B、C 相平坦;而 D 相的电感也因与其相邻的后相(A 相)电流的互感效应而增大,故 D 相电流的后沿较 B、C 相平坦。显然,某相的 θ_{on} 和 θ_{off} 值将决定该相电流在邻相中互感电动势的大小。因此,调节某一相的 θ_{on} 和 θ_{off} 不仅影响该相电流波形,而且影响其邻相的电流波形,针对某相设计的 θ_{on} 和 θ_{off} 优化组合,对其他相未必合适。在互感耦合作用不容忽略时,要实现 SRM 电动机 APC 方式的真正最优运行,必须对每一相的 θ_{on} 和 θ_{off} 分别进行优化调节[16-21]。

4.2.6 调速系统的组成

对于他励直流电机,由于电磁转矩与电枢电流成正比,转矩的期望值可以直接通过电流闭环控制实现。对于交流电机(无论是感应电机还是永磁同步电机),借助于坐标变换可将静止 ABC 坐标系的定子三相电流转换为同步旋转 dqo 坐标系下的电流的磁链分量 i_d 和转矩分量 i_q。若保持定子电流的磁链分量 i_d 一定,则电磁转矩则正比于定子电流的转矩分量 i_q 。于是,可采用类似于他励直流电机的控制方案,将转矩控制转换为电流转矩分量 i_q 的闭环控制来实现控制。对于 SRM ,情况迥然不同,考虑到电磁转矩与定子励磁电流成非线性关系,且电磁转矩还与导通角、关断角密切相关,电磁转矩的给定难以通过上述电流闭环的控制方案加以实现,使得由 SRM 组成传动系统的控制方案复杂化,根据转矩控制的不同,由 SRM 组成的传动控制系统可分为两大类:一类是间接转矩控制;另一类是直接转矩控制。图 4-22(a)、(b)分别给出了目前两类常用的典型调速系统框图。

图 4-22(a)所示调速系统是由转速外环、转矩前馈以及电流内环组成的。由于内环为电流环而不是转矩环,换句话说,转矩的控制是通过电流控制来实现的,因而又称为间接转矩控制。在间接转矩控制方案中,转子位置信息和速度反

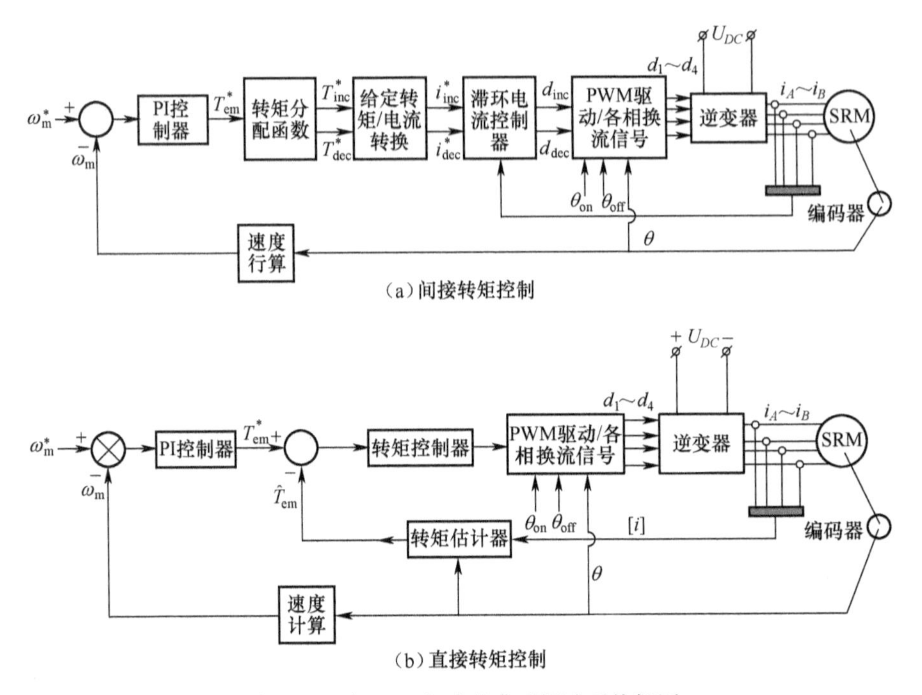

(a)间接转矩控制

(b)直接转矩控制

图 4-22 由 SRM 组成的典型调速系统框图

馈信息是通过编码器和计算获取的。转速给定与转速反馈的偏差信号经 PI 控制器处理得到 SRM 总的转矩给定信号。然后,由转矩分配函数将转矩给定分配到导通相和关断相,从而得到这两相所需的转矩指令(这里假定正常工作时 SRM 采用单相导通方式;换流过程中两相同时导通)。给定转矩/电流转换单元将两相转矩指令转换为两相定子绕组电流的给定,并由滞环电流控制器确保两相定子绕组的实际电流与两相定子绕组电流的指令相等。滞环电流控制器的输出、转子位置信息以及开通角和关断角一同决定逆变器各开关器件所需要的 PWM 驱动信号。由其驱动逆变器并输出定子绕组的激磁电流,产生所需要的电磁转矩和传动系统的转速。

与图 4-22(a)不同,图 4-22(b)所示调速系统是由转速外环和转矩内环组成,故又称为直接转矩控制。在 SRM 的直接转矩控制方案中,转子位置信息和速度反馈信息同样是通过编码器和计算获取的。转速给定与转速反馈的偏差信号经 PI 控制器处理得到转矩给定信号。电磁转矩的反馈信息(或电磁转矩的估计值) $\hat{T}_{em}$ 是通过定子激磁电流和转子位置信息计算或查表得到。电磁转矩的给定与电磁转矩的估计值的偏差信号经转矩控制器处理后,与转子位置信息以及开通角和关断角一同决定逆变器各开关器件的驱动信号,获得所需要的输出

电流,从而产生期望的电磁转矩和转速。与间接转矩控制方案相比,直接转矩控制方案所组成的传动系统可大大改善系统的动、静态性能。

4.2.7 运行特性和参数

1. SRM 的定子磁链与电磁转矩

深入了解定子绕组的磁链和电磁转矩是分析 SRM 性能的基础。对于实际 SRM 而言,定子相绕组的磁链和电磁转矩均是转子位置和定子激磁电流的函数,即 $\psi_s(\theta_m,i)$,$\tau_{em}(\theta_m,i)$。

下面针对磁路线性和磁路饱和两种情况下每相定子绕组的磁链和该相定子绕组所产生的电磁转矩情况分别加以说明。

1) 线性磁路时的定子磁链和电磁转矩

忽略磁路饱和,定子每相绕组的磁链 ψ_s,可表示为

$$\psi_s = L_s(\theta_m)i \tag{4-14}$$

式(4-14)表示当转子处于不同位置时定子每相绕组的磁链 ψ_s,与定子激磁电流之间的线性关系。该关系可用图 4-23 所示曲线族表示。

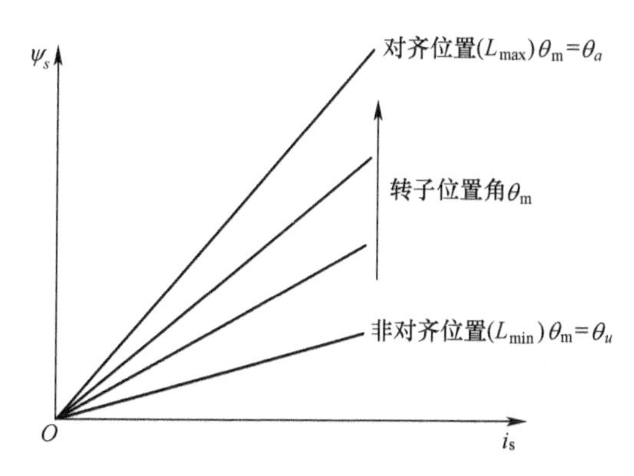

图 4-23 线性磁路时不同转子位置下定子磁链与定子激磁电流之间的关系

图 4-23 中,$\theta_m=\theta_u$ 对应于非对齐位置(即图 4-7 的 d 区)。此时,磁路的磁阻最大,电感最小,直线的斜率即代表相应的最小电感值 L_{min};$\theta_m=\theta_a$,对应于对齐位置(即图 4-7 的 b 区)。此时,磁路的磁阻最小,电感最大,直线的斜率即代表相应的最大电感值 L_{max}。对于其他转子位置(即图 4-7 的 a 区和 c 区),也可得到相应的直线,它们介于上述两种极限情况之间。

在以上分析过程中,转子位置皆是采用机械角 θ_m 表示。转子每转过一周对应一个周期,相应的机械角度为 360°。考虑到 SRM 内部结构的对称性以及各相的相似性,为简化分析,通常采用电角度取代机械角度来描述转子位置。电角度

对应于电周期,定子绕组中的电流每循环导通一次即对应一个电周期,相应的电角度为 360°。因此,电角度 θ_e 与机械角度 θ_m 之间的关系为

$$\theta_e = Z_r\theta_m \tag{4-15}$$

对于线性磁路, SRM 每相定子绕组的电磁转矩用电角度表示,则电磁转矩的表达式变为

$$T_{em} = \frac{1}{2}Zr\frac{\partial L_s(\theta_e)}{\partial \theta_e}i^2 \tag{4-16}$$

2) 饱和磁路时的定子磁链

当考虑磁路饱和时,定子每相绕组的磁链是转子位置和定子激磁电流的函数,即 $\psi_s(\theta_m,i)$。此时,当转子处于非对齐位置时,由于气隙较大,此时的磁路仍可被认为是处于线性状态,随着转子齿与定子齿重合、气隙减小,磁路的铁芯处于饱和状态,定子磁链与定子电流之间是非线性关系。一旦转子齿与定子齿完全重合、转子处于对齐位置时,磁路的饱和程度最高。图 4-24 清晰地反映了磁路饱和时不同转子位置下定子磁链与定子电流之间的关系。

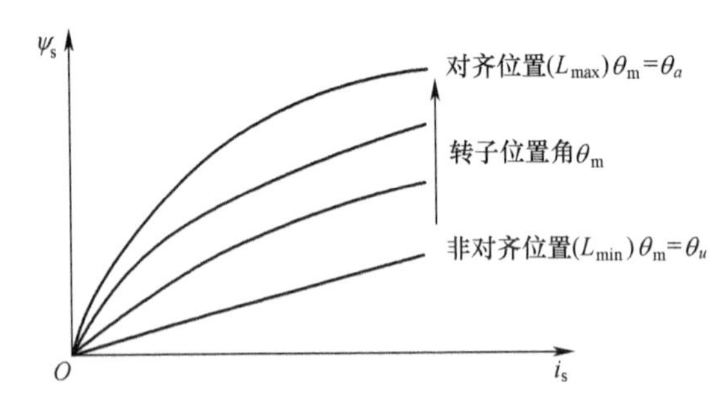

图 4-24 饱和磁路时不同转子位置下定子磁链与定子激磁电流之间的关系

显然,磁路饱和后,定子磁链与定子电流、转子位置之间的关系复杂,难以用具体的解析表达式表示。

2. SRM 的能量转换与定子磁链—电流图

本节将结合 SRM 的控制方式与定子磁链—电流图,从能量角度对一个行程角内每相绕组所产生的平均电磁转矩以及电机内部的能量转换过程进行讨论。

1) 线性磁路时的定子磁链—电流图与能量转换

当磁路为线性时,SRM 在不同转子位置下的磁化曲线已在前面做了介绍(图 4-23)。利用磁场储能、磁共能的概念,结合该磁化曲线便可讨论一个行程角内 SRM 每相绕组各部分能量之间的转换关系。

若定子每相绕组在一个行程角内采用理想的矩形电流脉冲激磁,并假设电

流脉冲作用的起点和终点分别对应着电感增加开始时刻和电感增加结束时刻(图4-17(b)),则相应的磁链电流图可用图4-25表示。

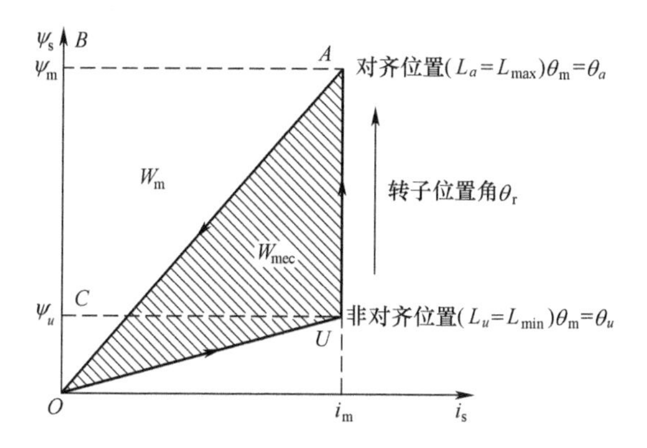

图4-25 线性磁路时的定子磁链电流图

图4-25中,非对齐位置所对应的磁化曲线可用斜率为非对齐位置电感$L_u(=L_{min})$的直线OU表示,对齐位置所对应的磁化曲线用斜率为对齐位置的电感$L_s(=L_{max})$的直线OA表示。处于两者之间位置所对应的磁化曲线的斜率介于L_u与L_s之间。当转子齿与定子齿开始重叠(对应于U点)时,忽略边缘效应,并假定此时刻定子电流迅速由零上升至最大值i_m(假定转子在此阶段位于非对齐位置且移动的角度可忽略不计),则外加电源通过变流器为定子A相绕组所提供的磁场储能可表示为$S_{OUC}=\frac{1}{2}L_u i_m^2$。当保持定子相绕组瞬时电流$i_s=i_m$不变且转子由非对齐位置移至对齐位置(对应于图4-25中的轨迹UA)时,SRM由电能所转换的机械能为

$$\begin{aligned}W_{mec}&=P_{in}\Delta\theta=\frac{1}{2}\frac{L_a-L_u}{\Delta\theta}i_m^2\Delta\theta\\&=\frac{1}{2}L_a i_m^2-\frac{1}{2}L_u i_m^2=S_{OUA}\end{aligned}\tag{4-17}$$

忽略定子绕组电阻,当转子沿轨迹UA由U点至A点时,定子A相绕组所吸收的电能为

$$\begin{aligned}W_{in}\ P_{in}\Delta t&=e_1 i_s\Delta t=\frac{\Delta\psi_s}{\Delta\theta_m}\omega_m i_m\Delta t=(\psi_m-\psi_u)i_m\\&=S_{ABCU}=(L_a-L_u)i_m^2\end{aligned}\tag{4-18}$$

式中:$\Delta\theta_m=\omega_m\Delta t$。

根据初始阶段A相绕组的磁场储能和式(4-18),外加电源通过变流器在一

个行程内输入至定子绕组的总电能为

$$S_{OUAB} = S_{ABCU} + S_{OUC} = (L_a - L_u) i_m^2 + \frac{1}{2} L_u i_m^2 \tag{4-19}$$

对于 SRM,为了表征类似于交流电机功率因数的概念,即输出负载的机械能(或机械输出功率)与变流器所提供的总能量(或 SRM 的视在容量)之间的关系,引入了能量转换系数(energy conversion factor)的概念。能量转换系数是 SRM 输出给负数的机械能(或功率)占变流器所提供的总能量(或功率)的百分比,即

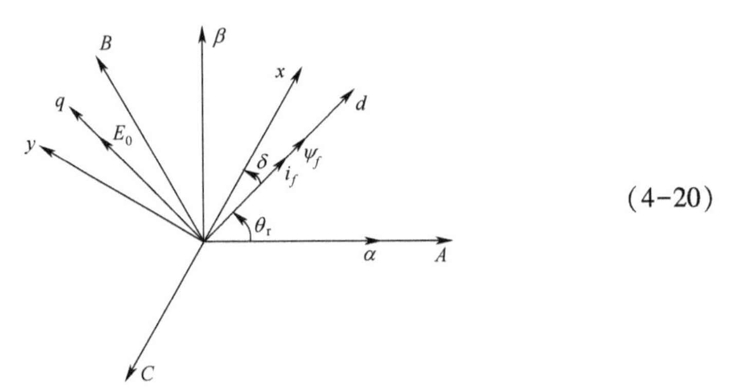

(4-20)

式(4-20)也可以用输出给负载的机械功率与变流器所提供的总功率之比来表示。当电机不饱和(或磁化曲线为线性)时,根据式(4-17)和式(4-19),能量转换系数可表示为

$$K_E = \frac{(L_a - L_u)}{2(L_a - L_u) + L_u} = \frac{(\lambda - 1)}{(2\lambda - 1)} \times 100\% \tag{4-21}$$

式中,$\lambda = L_a / L_u$。由式(4-21)可以看出,能量转换系数 $K_E < 0.5$。

实际上,整个行程角范围内,在转子由 U 到 A 对外做功过程中,输出的机械能与此阶段的磁场储能是相等的由式(4-17)、式(4-18)或 S_{OUC}/ S_{ABCU} 可以看出,此阶段的能量转换系数为 0.5。但考虑到对外做功之前,A 相绕组预先建立磁场需要消耗一定的能量,因此,整个行程角内的能量转换系数小于 0.5。这个结论意味着:当磁路为线性时,即使忽略电阻损耗,传动系统输入给 SRM 的能量仅有不到一半被转化为机械能输出。换句话说,当磁路为线性时,为了输出一定的机械功率,供电变流器需要提供两倍以上的电功率(或伏安数)。显然,变流器的利用率不高[19-26]。

2) 饱和磁路时的定子磁链—电流图与能量转换

通过上述分析我们已经看到,线性磁路的 SRM 电机的能量转换系数较低,变流器的利用率较差。因此,实际的 SRM 远非工作在线性磁路状态。下面采用

与上一节类似的方法,对磁路饱和状态时每相绕组所产生的机械能(或电磁转矩)以及各部分能量之间的关系进行讨论。

与线性磁路时的假设相同,假定定子每相绕组在一个行程角内采用理想的矩形电流脉冲激磁,电流脉冲的起、止点分别对应着电感增加起始与终止时刻(图4-17(b)),则相应的定子磁链电流如图4-26所示。

图4-26中,若忽略边缘效应,考虑到非对齐位置所对应的磁化曲线仍可用直线OU表示,直线OU的斜率为非对齐位置的电感$L_u(=L_{\min})$。当转子处于对齐位置时,由于定、转子之间的气隙较小,磁路处于深度饱和状态。处于两者之间的其他位置时,所对应的磁化曲线介于两者之间。

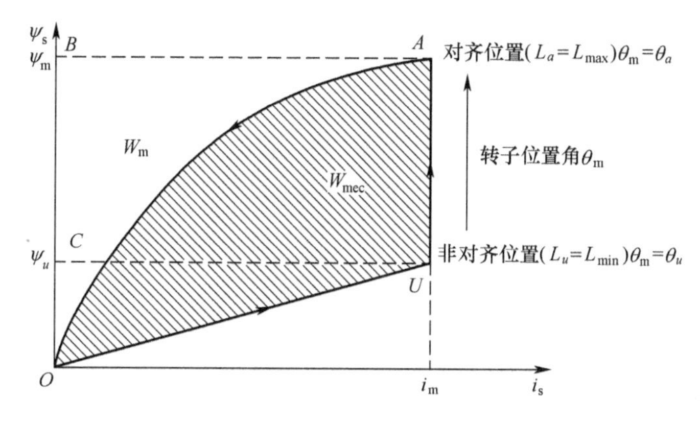

图4-26 线性磁路时的定子磁链电流图

当转子齿与定子齿开始重叠(对应于U点)时,忽略边缘效应,并假定此时刻定子电流迅速上升至最大值i_m,则A相定子绕组的磁场储能为$S_{OUC}=\dfrac{1}{2}L_u i_m^2$。根据SRM电压平衡方程,当保持定子相绕组电流$i_s=i_m$不变且转子由非对齐位置移至对齐位置(对应于图4-26中的轨迹UA)时,SRM由电能所转换的机械能为

$$W_{mec}=T_{em}\Delta\theta=\frac{\Delta W_{mc}}{\Delta\theta}\Delta\theta=S_{OUA} \tag{4-22}$$

忽略定子绕组电阻,当转子沿轨迹UA由U至A时,定子A相绕组所吸收的电能为

$$\begin{aligned}W_{in}&=P_{in}\Delta t=e_1 i_s\Delta t=\frac{\Delta\psi_s}{\Delta\theta_m}\omega_m i_m\Delta t\\&=(\psi_m-\psi_u)i_m=S_{ABCU}\end{aligned} \tag{4-23}$$

根据初始阶段 A 相绕组的磁场储能和式(4-23),电源在一个行程内输入至定子绕组的总电能为

$$S_{OUAB} = S_{ABCU} + S_{OUC} = (\psi_{m} - \psi_{u})i_{m} + \frac{1}{2}L_{u}i_{m}^{2} \tag{4-24}$$

根据式(4-22)、式(4-23)以及式(4-24),电机饱和时的能量转换系数可表示为

$$K_{E} = \frac{S_{OUA}}{S_{OUA} + S_{OAB}} = \frac{S_{OUA}}{S_{OUAB}} \tag{4-25}$$

根据式(4-25)并结合图 4-26 可以看出,当电机饱和时,能量转换系数 $K_{E} > 0.5$。而且饱和度越深,能量转换系数越大。这就意味着,在输出功率一定的情况下,磁路的饱和程度越高,所需变流器的视在容量(或伏安数)越小,变流器的利用率越高。因此,为了降低变流器的伏安数,通常要求 SRM 工作在深饱和状态。当然,磁路的饱和会限制磁通密度的进一步提高,直接影响电机的输出转矩(或功率)。为了确保相同的输出功率,必须加大 SRM 电机本体的尺寸。对于实际的 SRM 系统,应根据 SRM 的尺寸、变流器的成本以及运行效率综合确定 SRM 的额定运行点。

以上分析的是理想情况下,定子相绕组在电感增加的起、止点通以最大激磁电流时的能量转换过程。它表示 SRM 在一个行程角内所能输出的最大机械能(或最大电磁转矩)。实际情况下,定子相绕组通电的起、止点(或开通角与关断角)将根据需要发生变化,定子相绕组的激磁电流也会按照 PWM 控制方式进行斩控或单脉冲方式加以控制。此时,定子磁链—电流图也需做出相应的调整。

图 4-27(a)表示主开关导通阶段的定子磁链—电流图。其中的 D 点为主开关的换流点,定子绕组从该点开始端部电压反向,激磁电流经二极管续流。至此,电源输入至定子绕组的总能量为 $S_{ODB} = W_{B\text{mec}} + W_{B\text{m}}$,其中磁场储能为 $W_{B\text{m}}$,主开关导通阶段所转换的机械能为 $W_{B\text{mec}}$。显然,两者大致相等,意味着有近似一半的输入电能转变为机械能。图 4-27(b)表示主开关关断后,进入二极管续流阶段,电源电压反向时的定子磁链—电流图。在此阶段,W_{d} 的能量回馈至电源,有 $W_{\text{md}} = W_{B\text{m}} + W_{d}$ 的能量被转换为机械能。很明显,W_{md} 小于 $W_{B\text{m}}$ 的一半。结合图 4-27(a)、(b)可以看出,在一个行程角范围内,由于饱和因素,输出的机械能超过输入电能的 50%,相应的定子磁链—电流图,如图 4-27(c)所示。

由图 4-27(c)可见,在这一行程角内,输入的电能所转变的总机械能为 W_{mec},回馈至电压的磁场储能为 W_{m},变流器需提供的总能量为 $S_{ODB} = W_{\text{m}} + W_{\text{mec}}$,显然,能量转换系数大于 50%。

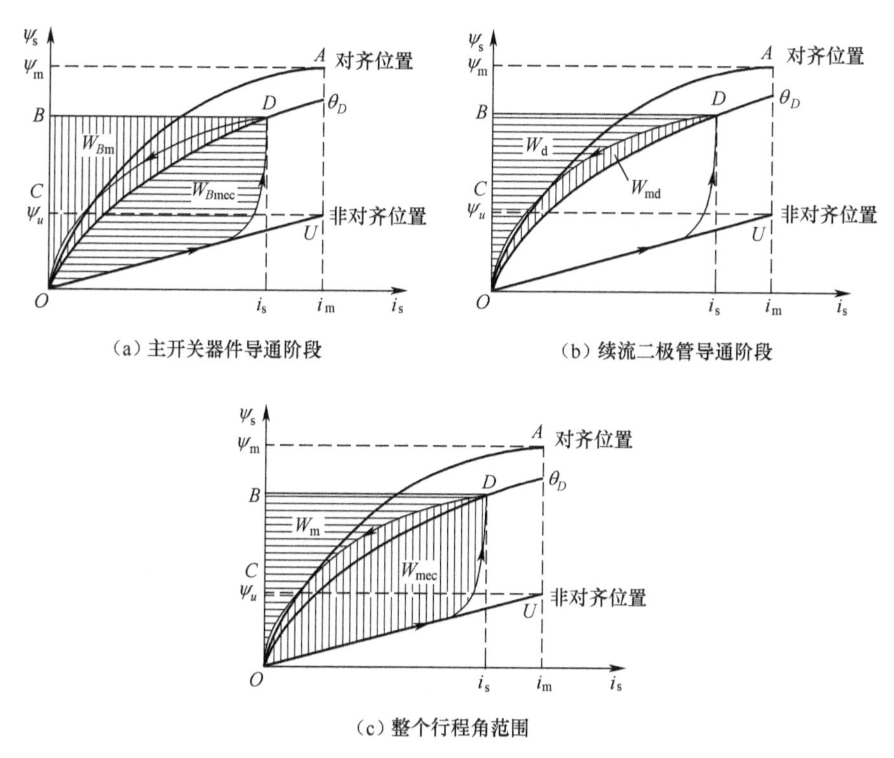

（a）主开关器件导通阶段

（b）续流二极管导通阶段

（c）整个行程角范围

图 4-27 关断角提前情况下的定子磁链—电流图

图 4-28(a)、(b)进一步给出了在一个行程角内采用电流滞环控制和单脉冲控制方式下的定子磁链—电流图。

由图 4-28(b)可以看出,高速运行时,由于电流难以维持幅值不变,输出的机械能(或电磁转矩)明显减少。这种情况类似于直流电机或交流电机的弱磁控制。随着转速的提高,定子磁链—电流图中所对应的机械能部分的面积将进一步缩小。图 4-29 给出了两种高速场合下定子磁链—电流图的对比结果。

根据定子磁链—电流图便可以求出在一个行程角内的平均电磁转矩

$$T_{em(av)} = \frac{W_{mec}}{\theta_{step}} \tag{4-26}$$

由此求出一周内的平均电磁转矩为

$$T_{em(av)} = \frac{mZ_r W_{mec}}{\theta_{step}} \tag{4-27}$$

3. SRM 的机械特性与各种运行区

同传统电机一样,SRM 的主要性能也是通过描述电磁转矩(或电磁功率)与

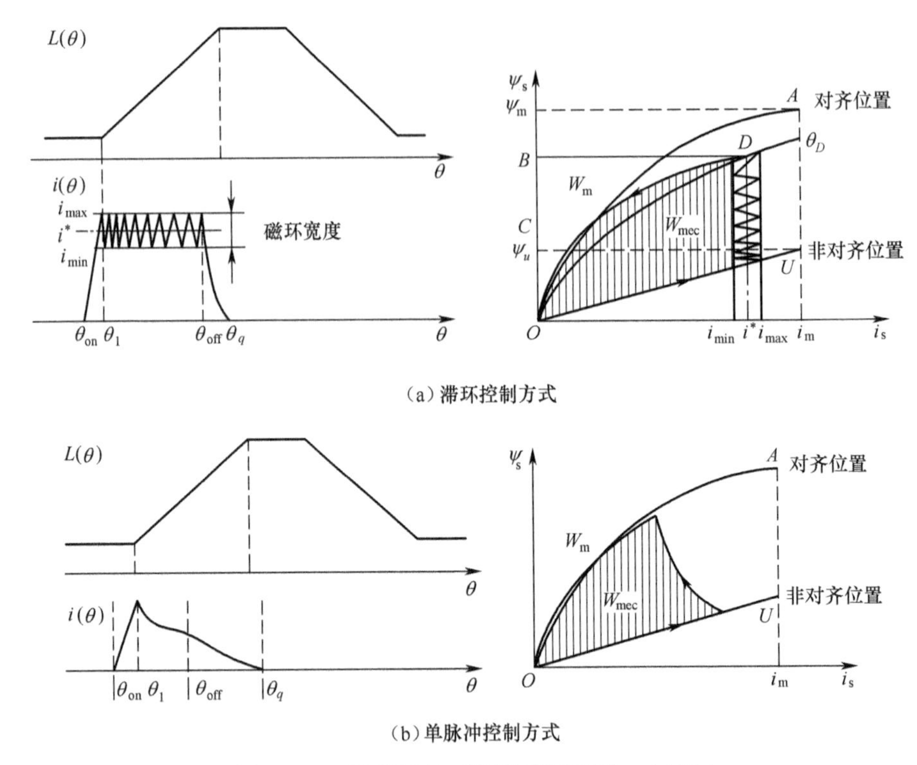

(a)滞环控制方式

(b)单脉冲控制方式

图 4-28　不同控制方式下的定子磁链—电流图

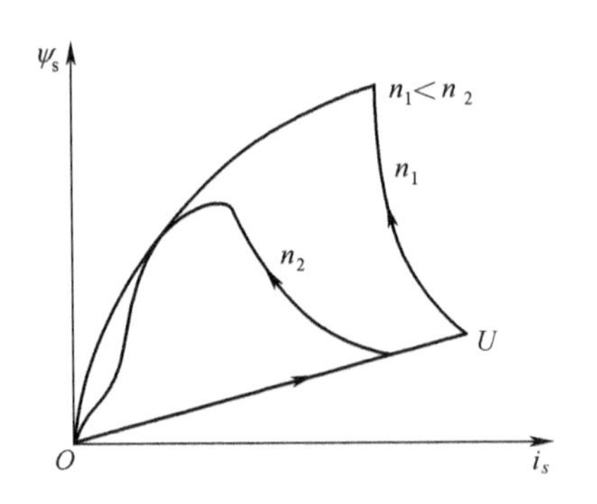

图 4-29　高速运行时的定子磁链—电流图

转速关系的机械特性来表示。鉴于 SRM 的机械特性与供电变流器的拓扑结构、电流幅值的控制方案以及控制角(开通角 θ_{on} 和关断角 θ_{off})的选择等密切相关，因此，通常根据上述因素将 SRM 的机械特性划分为 3 个区域，即恒转矩运行区、恒功率运行区以及串励特性区(类似于串励直流电动机的特性)，相应的机械特

性包络线反映了 SRM 在上述 3 个不同运行区的负载能力。显然,不同运行区内的机械特性有显著不同,现对其分别介绍如下:

1) 恒转矩运行区

当 SRM 在低速区内运行时,若开通角 θ_{on} 与关断角 θ_{off} 分别保持在 0 与 τ_{rp}(相应的电角度分别为 0°与 180°)不变。考虑到定子每相绕组所感应的速度电势低于直流侧电源电压 U_d ,因此,定子绕组中的相电流可以通过电流滞环控制 CCC 或电压 PWM 控制加以调整。在此区域内,若维持定子脉冲电流的幅值不超过额定值,其输出的最大转矩可基本保持不变。

随着转速的升高,定子相绕组所感应的速度电势也逐渐增大。当转速升高至一定程度且速度电势与直流侧电源电压 U_d 相等时,定子相绕组的外加电压将无法通过电流滞环控制 CCC 或电压 PWM 实现斩控,相绕组脉冲电流的幅值将无法再调整。此时,定子绕组的电流达最大值时,则该运行点对应的转速即为基速(对应于图 4-30 中的 A 点)。显然,基速以下的系统可保持恒转矩运行,其对应于图 4-30 中的恒转矩区。

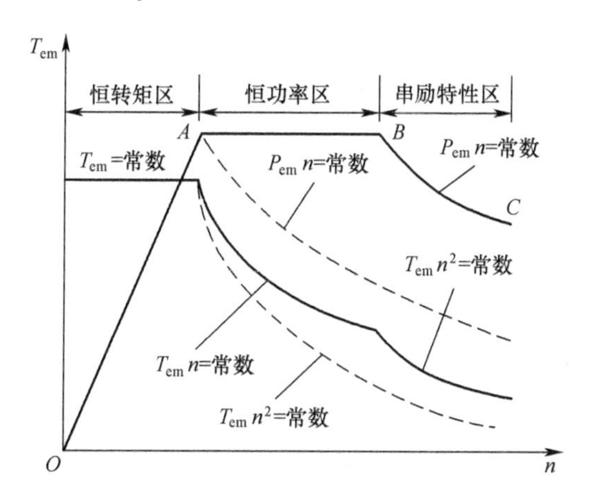

图 4-30 SRM 的机械特性与负载能力

在恒转矩运行区内,转子轴上输出的最大机械功率正比于转速。当传动系统的运行点到达 A 点时,输出的机械功率达最大。最大机械功率与 SRM 的铁耗、变流器的开关损耗以及机械损耗一起决定了变流器及电源所要求的最小功率。

2) 恒功率运行区

当转速超过基速时,相绕组所感应的速度电势将大于直流侧电源电压 U_d 。此时,定子绕组外加相电压保持额定值(即直流侧电压 U_d ,占空比已变为 1)不变,定子相电流可以通过改变控制角(θ_{on} 与 θ_{off})来控制。在此阶段,每个行程角范围内的定子磁链峰值由下式给出：

$$\psi_{sm} = U_d\Delta\theta/\omega_m = U_d(\theta_{off} - \theta_{on})/\omega_m \tag{4-28}$$

其中，$\Delta\theta_d = (\theta_{off} - \theta_{on})$ 为主开关器件的导通角即开通区间角。式(4-28)表明，在基速以上，要想保持定子磁链峰值不变，只需使导通角随转速的增加而线性增加即可，而导通角的增加可以通过减小开通角 θ_{on} 实现。

上述分析表明，通过控制角的合理选择便可维持定子磁链峰值不变并确保定子相绕组电流的最大值不超过额定值，从而保证机械功率的最大值基本不变，传动系统将运行在恒功率区（见图 4-30 中的 $A-B$ 区间）。在恒功率区范围内，最大电磁转矩与转速成反比。

3）串励特性区

一旦转速进一步升高，控制角（θ_{on} 与 θ_{off}）将达到极限值。此时，开通区间角 $\Delta\theta_d = (\theta_{off} - \theta_{on})$ 将增至转子极距角 τ_{rp} 的一半。开通与关断区间之和（即定子相绕组激磁与去磁作用区间角之和）将达到转子极距（对应于电角度超过 360°，包括正、负转矩区），控制角已没有任何调节余地。此时，运行点位于图 4-30 中的 B 点。之后，传动系统将进入串励特性区。在串励特性区，系统的特性呈现出类似于串励直流电动机的机械特性。在此阶段，定子相绕组电流将难以维持额定值，输出功率与转速成反比，最大输出转矩与转子转速的平方成反比。相应的运行点位于图 4-30 中的 $B-C$ 区间。

需要说明的是，在恒功率区，若控制角（θ_{on} 与 θ_{off}）保持不变，随着转速的增加，实际输出的最大功率将与转速成反比例下降，则实际输出的电磁转矩将与转速的平方成反比例下降，相应的曲线如图 4-30 中的虚线所示，该特性的变化规律与串励特性区完全相同[29-38]。

4.3 开关磁阻电机技术特点

开关磁阻电机传动系统综合了感应电动机传动系统和直流电动汽车电机传动系统的优点，是这些传动系统的有力竞争者，其主要优点如下：

开关磁阻电机有较大的电机利用系数，可以是感应电机利用系数的 1.2~1.4 倍。开关磁阻电机的结构简单，转子上没有任何形式的绕组；定子上只有简单的集中绕组，端部较短，没有相间跨接线。因此，具有制造工序少、成本低、工作可靠、维修量小等特点。

开关磁阻电机的转矩与电流极性无关，只需要单向的电流激励，变换电路每相可以只用一个开关元件，且与电机绕组串联，不会像 PWM 逆变器电源那样，存在两个开关元件直通的危险。所以，开关磁阻电机驱动系统线路简单，可靠性

高,成本低于 PWM 交流调速系统。

开关磁阻电机转子的结构形式对转速限制小,可制成高转速电机,而且转子的转动惯量小,在电流每次换相时又可以随时改变转矩的大小和方向,因而系统有良好的动态响应。

开关磁阻电机控制系统(SRD)可以通过对电流的导通、断开和对幅值的控制,得到满足不同负载要求的机械特性,易于实现系统的软启动和四象限运行等功能,控制灵活。又由于 SRD 系统是自同步系统运行,不会像变频供电的感应电动机那样在低频时出现不稳定和振荡问题。

效率高,损耗小。这是因为一方面电机绕组无铜损;另一方面电机可控参数多,灵活方便,易于在宽转速范围和不同负载下实现高效优化控制,其系统效率在很宽范围内都在 87%以上,这是其他一些调速系统不容易达到的。

系统可靠性高。从电机的电磁结构上看,各项绕组和磁路相互独立,各自在一定轴角范围内产生电磁转矩。而不像一般电动机中必须在各相绕组和磁路共同作用下产生一个旋转磁场,电机才能正常运转。从控制结构上看,各相电路各自给一相绕组供电,一般也是相互独立工作。由此可知,当电机一相绕组或控制器一相电路发生故障时,只需停止该相工作,电机除总输出功率能力有所减小外,并无其他妨碍。

起动优点:起动转矩大,起动电流低。控制器从电源侧吸收较少的电流,在电机侧得到较大的起动转矩是本系统的一大特点。典型产品的数据是:起动电流为额定电流的 15%时,获得起动转矩为 100%的额定转矩;起动电流为额定电流的 30%时,起动转矩可达其额定转矩的 250%。而其他调速系统的起动特性与之相比,如直流电机为 100%的电流,鼠笼感应电动机为 300%的电流,获得 100%的转矩。起动电流小而转矩大的优点还可以延伸到低速运行段,因此本系统十分适合那些需要重载起动和较长时间低速重载运行的机械。

频繁起停:适用于频繁起停及正反向转换运行。本系统具有的高起动转矩、低起动电流的特点,使之在起动过程中电流冲击小,电动机和控制器发热比连续额定运行还要小。可控参数多使其制动运行性能与电动运行具有同样优良的转矩输出能力和工作特性。二者综合作用的结果必然使之适用于频繁起停及正反向转换运行,次数可达 1000 次/h。

开关磁阻电机驱动系统 SRD 系统的主要缺点是:

有转矩脉动。从工作原理可知,开关磁阻电机转子上产生的转矩是由一系列脉冲转矩叠加而成的,由于双凸极结构和磁路饱和非线性的影响,合成转矩不是一个恒定转矩,而是有一定的谐波分量,这影响了 SR 电机低速运行性能。

SR 电动机传动系统的噪声与振动比一般电动机大。

SR 电动机的出线头较多,如三相 SR 电动机至少有 4 根出线头,四相 SR 电动机至少有 5 根出线头,而且还有位置检测器出线端。

通过对电动汽车电机进行精心设计,采取适当措施,并从控制角度考虑采用合理策略可以改进上述缺点。

4.4 开关磁阻电机应用与展望

目前,国内外学者对开关磁阻电机的研究主要集中在对电机的分析设计、计算方法以及控制技术、驱动电路等方面,而对新结构和新机理开关磁阻电机的研究相对较少,主要体现在以下几种结构类型电机的研究上:①传统型开关磁阻电机;②绕组结构优化开关磁阻电机;③开关磁阻电机与永磁体结合。

开关磁阻电机调速系统具有一系列优点,它在家用电器、工业应用、伺服系统、高速驱动等众多领域得到成功应用。当然,作为最新一代无级调速系统,开关磁阻调速电动机尚处于深化研究开发、不断完善提高的阶段,其应用领域也在不断拓展之中。由于 SRD 优良的调速性能和极高的性能价格比,一旦推广普及可产生很好的经济效益和社会效益。下面列出了当前开关磁阻电机使用的行业。

4.4.1 染色行业的应用

筒纱染色过程中的工艺是否均匀,主要取决于筒子染色机输送染液的主泵对流量流速的控制与选择。由于纱线品种的多样性,不同纱支所需的流量流速存在着差异,即使是同一种纱线若黏度不一样也需要主泵对流量流速进行选择。早期的筒子染色机必须由工人凭借经验操作,20 世纪 90 年代有了交流变频器就可以通过染缸内安装的检测与反馈信号调节主泵转速来解决,现在有了 SRD 电动机调速系统完全可以利用它取代交流变频器。这是因为 SRD 电机调速系统在与 PLC 编程控制装置结合之后其染液流量流速状态更容易被控制,在任何情况下都能给出一个合理数值,同时电子元器件也不再受温度与湿度的干扰,这样也就确保了运行的稳定性,同时还解决了电机在潮湿环境里运行的问题。

4.4.2 化纤行业中的应用

在化纤行业,其关键工序之一是将熔融的化纤材料在恒压下,由微孔喷出冷却成丝。为了使出丝的直径严格一致,计量泵的转速必须高度稳定。一般纺丝泵是由永磁同步电机驱动的。这种电机内有永磁体,长期工作会逐渐退磁,电机就必须及时更换。如果采用 SRD 调速电机,由于其有位置检测器,完全可以构成速度闭环系统,保证转速稳定且不受负载变化的影响。

4.4.3 纺织行业的应用

因为开关磁阻电机可以在四象限进行运行,即能按照指令实施顺时针转动、顺时针制动、逆时针转动、逆时针制动等4种状态的运行与转换。未来可以说SRD电机无论在系统静动态性能的满足上、可靠性上、性能价格比上均比其他调速系统占有明显的优势,它也必将是抓棉机的最理想的动力机械。同时,根据SRD电机的特点,它可以适应织造机械中的整经机以及浆纱机的主传动恒功率的变速运行,也可以满足自调整的梳棉机、细纱机、络筒机以及捻线机,最终实现纺织机械的全数字化驱动。

4.4.4 电动车上的应用

SRD最初的应用领域就是电动车,这也是它最主要的应用领域。目前电动摩托车和电动自行车的驱动电机主要有永磁无刷及永磁有刷两种,然而SRM驱动系统的电机结构紧凑牢固,适合于高速运行,并且驱动电路简单成本低、性能可靠,在宽广的转速范围内效率都比较高,而且可以方便地实现四象限控制,这些特点使SRM驱动系统很适合电动车辆在各种工况下运行。当以高能量密度和系统效率为关键指标时,采用SRM电机驱动成为首选对象。因此,SRM相比目前主要使用的两种电机,是电动车辆中极具有潜力的机种。

4.4.5 焦炭工业的应用

相比于其他电机,开关磁阻电机起动力矩大、起动电流小,可以频繁重载起动,无需其他的电源和变压器,节能并维护简单,特别适用于矿井输送机、电牵引采煤机及中小型绞车等。20世纪90年代英国已研制成功300kW的开关磁阻电机,用于刮板输送机,效果很好。中国已研制成功110kW的开关磁阻电机用于矸石山绞车、132kW的开关磁阻电机用于带式输送机拖动,良好的起动和调速性能受到使用者的欢迎。我国还将开关磁阻电机用于采煤机牵引,运行试验表明新型采煤机性能良好。此外还成功地将开关磁阻电机用于电机车,提高了电机车运行的可靠性和效率。

参考文献

[1] 王宏华. 开关磁阻电动机调速控制技术[M].北京:机械工业出版社,2014.

[2] 吴红星．开关磁阻电机系统理论与控制技术[M].北京:中国电力出版社,2010.
[3] 张海军．开关磁阻电机控制与动态仿真[M].北京:中国水利水电出版社,2020.
[4] 黄辉,胡余生,等．永磁辅助同步磁阻电机设计与应用[M].北京:机械工业出版社,2017.
[5] 吴建华.开关磁阻电机设计与应用[M].北京:机械工业出版社,2000.
[6] 刘迪吉,张焕春,傅丰礼,等．开关磁阻调速电动机[M].北京:机械工业出版社,1994.
[7] 高旭东,杨春光,冷爽.基于空间电压矢量的开关磁阻电机直接转矩控制[J].黑龙江工程学院学报,2017,31(5):26-32.
[8] 王庆龙,枉增福,张兴,等.SRM 转矩脉动抑制的控制策略分析[J].电气传动,2012,42(2):3-6.
[9] 卫鹏,张俊芳,陆晓峰.基于 Ansoft 的新型开关磁祖电机截路的有限元分析[J].电力学报,2013, 28(4):315-318,340.
[10] 张鑫,王秀和,杨玉波,等.基于转子齿两侧开槽的开关磁阻电机振动抑制方法研究[J].中国电机工程学报,2015,35(6):1508-1515.
[11] 朱叶盛,章国宝,黄永明.基于 pwm 的开关磁阻电机直接瞬时转矩控制[J].电工技术学报,2017, 2(7):31-39.
[12] 程勇,闫伟康.基于转矩误差 PWM-DITC 开关磁阻电机控制策略[J].电气传动,2018,48(7):14-17.
[13] 宋金龙,刘勇智,周政,等.基于脉冲注入的无位置传感器 SRM 转矩优化研究[J].传感器与微系统,2018, 37(1):38-42,45.
[14] 张崇娇,沈小林.基于电流追踪的开关磁阻电机转矩脉动抑制研究[J].微特电机,2018,46(1):5-8.
[15] 党选举,肖逢,林诚才.基于电流迭代优化的 SRM 总转矩 TSF 闭环控制[J].电气传动,2015,45(8):41-46.
[16] 卢胜利, 陈昊,昝小舒．开关磁阻电机功率变换器的故障诊断与容错策略[J].电工技术学报,2009, 24(11): 199-206.
[17] 黄海宏, 王海欣．三相逆变桥驱动开关磁阻电机的研究[J].电工电能新技术, 2005(03): 63-67.
[18] 汤一林, 施火泉,焦山旺．基于三相全桥逆变器的开关磁阻电机控制[J].江南大学学报(自然科学版), 2015, 14(01): 75-79.
[19] 张超, 张舒辉,王琨,等．新型有源升压功率变换器及其在开关磁阻电机中的转矩脉动抑制[J].电工技术学报, 2017, 32(5):113-123.
[20] 贺虎成,胡春龙,王勉华,等.基于单神经元自适应 PID 的 SRM 直接转矩控制[J].微电机,2015,48(9):71-75.
[21] 潘再平,罗星宝.基于迭代学习控制的开关磁阻电机转矩脉动抑制[J].电工技术学报,2010,25(7):51-55.
[22] 戴尚建．多相开关磁阻电机功率变换器的研究[D].南京:南京航空航天大学,2016.

[23] 刘晓庆,张代润．8/6 极开关磁阻电机的双极性励磁策略研究[J].电源学报,2011(02):45-50.

[24] 杨彬,张广明,王德明,等.基于交叉补偿型转矩分配函数的开关磁阻电机转矩脉动抑制系统设计[J].电机与控制应用,2016,43(10):46-52.

[25] 戴尚建,刘闯,韩守义,等．多相开关磁阻电机中点电压有源调节功率变换器的研究[J].电工技术学报, 2015,30(14):278-285.

[26] 朱曰莹, 赵桂范,杨娜．电动汽车用开关磁阻电机驱动系统设计及优化[J].电工技术学报,2014,29(11): 88-98.

[27] 孔彦召,张向龙.基于有限元法的开关磁阻电机建模及验证[J].黑龙江电力,2018, 40(5) :420-423.

[28] 李存贺,王国峰,李岩,等.开关磁阻电机直接自适应神经网络控制[J].电机与控制学报,2018,22(1) :29-36.

[29] 宋金龙,刘勇智,周政,等.中低速开关磁阻电机转矩优化策略研究[J].西安交通大学学报,2016,50(11): 83-90.

[30] 李孟秋,杨茂骑,任修勇,等.基于 BP 神经网络的开关磁阻电机直接转矩控制系统及实现[J].电力系统及其自动化学报,2017,29(1): 52-57.

[31] 党选举,彭慧敏,姜辉,等.基于模糊分数阶 PID 的开关磁阻电机直接瞬时转矩控制[J].振动与冲击,2018,37 (23) :104-110.

[32] 李孟秋,樊铃,任修勇,等.基于 RBF 神经网络的开关磁阻电机转矩脉动控制[J].电力系统及其自动化学报,2017,29(12):28-34.

[33] 秦晓飞,戴志兰.开关磁阻电机 DITC 策略优化[J].电力电子技术,2017,51(3):86-88.

[34] 张炳力,戚永武,徐国胜.开关磁阻电机直接瞬时转矩控制的优化研究[J].电子测量与仪器学报,2014,28(6):591-596.

[35] 颜宁,曹鑫,邓智泉.基于全桥变换器的开关磁阻电机直接转矩控制[J].中国电机工程学报,2018,38(S1): 235-242.

[36] 李勇,杜吉林,等.开关磁阻电机控制策略综述[J].微特电机,2014,42(12): 77-81.

[37] 王喜莲,许振亮.基于 PI 参数自适应的开关磁阻电机调速控制研究[J].中国电机工程学报,2015,35(16) : 4215-4223.

[38] 吴建华,孙庆国.基于转矩分配函数在线修正的开关磁阻电机转矩脉动抑制策略[J].电机与控制学报,2017,21(12):1-8.

第5章

步进电机

5.1 步进电机简介

步进电机是一种机电一体化特种电机，广泛应用于计算机外围设备、自动机械、数控机床等运动控制领域[1]。

步进电机有永磁式、反应式和混合式3种基本结构形式。永磁式步进电机转子是由永磁材料制成，定转子的极数相同，断电有定位转矩，控制功率较小；但是其精度差，步距角大。反应式步进电机定转子都是由软磁材料制成，定转子都开有小齿，步距角可以很小；但其动态性能差，效率低，断电无定位转矩。混合式步进电机定子上有多相绕组，转子结构采用永磁材料，转子和定子上均有多个小齿。混合式步进电机综合了反应式和永磁式步进电机两者的优点，精度高、输出力矩大，动态性能好，断电有定位转矩。混合式步进电机已成为步进电机发展的主流，本章将对其展开重点介绍。

在不失步的前提下，步进电机能根据输入的步数指令旋转相应的角度。因此，驱动系统可以不需要位置传感器而实现较高精度的定位，是步进电机的最大优势。但是，步进电机存在低频振荡和高速带载能力差的劣势，这些劣势限制了步进电机的应用范围和场合。然而，通过细分控制，可以弥补步进电机的劣势，从而提高其综合性能。因此，步进电机的细分控制将是本章介绍的重点。

步进电机可以分为两相、三相和多相。多相电机的拓扑电路较复杂，在工业领域中应用较多的是两相和三相电机。本章将针对两相和三相电机展开重点介绍。

本章首先介绍混合式步进电机的原理和特性，其次针对两相混合式步进电机设计一种细分驱动方法，最后针对三相△绕组的步进电机设计一种细分驱动方法。

5.2 步进电机工作原理

5.2.1 两相混合式步进电机的基本结构

混合式步进电机在结构上与交直流电机一样,也分为定子和转子。混合式步进电机在结构上综合了反应式和永磁式步进电机的特点,它的定子、转子上开有很多齿槽,这与反应式步进电机相似,转子上有永磁体,这与永磁式步进电机相似。在性能上,混合式步进电机既具有反应式的高分辨率,也具有永磁式的高效率,这就是被称为“混合式”的原因。混合式步进电机按相数可以分为两相、三相、四相、五相等,其中由于两相混合式在结构和控制上都简单可靠,因而得到了最为广泛的应用。下面以两相混合式步进电机为重点进行介绍。图5-1 为一台两相 8 极混合式步进电机的结构示意图,图 5-2 为混合式步进电机定转子实物图[2]。

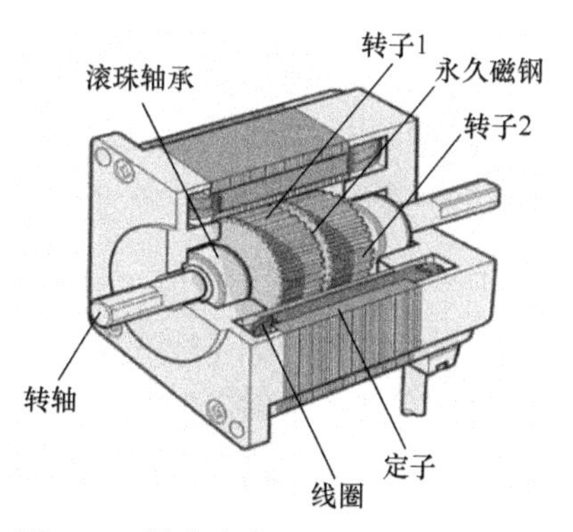

图 5-1 混合式步进电机结构示意图

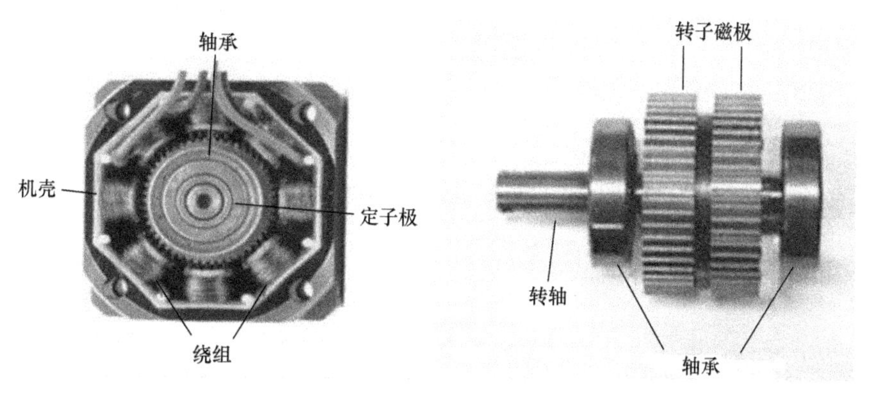

图 5-2 混合式步进电机定转子实物图

电机定子上有若干个磁极(两相一般为 8 极),磁极末端又开有小齿,每个主磁极上都有励磁绕组,错开的 4 个磁极上的绕组串联或者并联构成 $A-\overline{A}$ 相,另外的组成 $B-\overline{B}$ 相。转子是由两段铁芯和环形永久磁钢组成,两段铁芯中间夹着永久磁钢,每段铁芯上都均匀分布有一定数量的小齿,两段铁芯上的小齿相互错开半个齿距,也就是一段铁芯的齿和另一段铁芯的槽相对,并且在加工时保证定转子上小齿的齿距相等。环形永久磁钢轴向充磁,使得同一段铁芯上的小齿具有相同极性,而两段不同铁芯上磁极的极性相反。

为了很好地说明混合式步进电机的工作原理,可以将一个定子 8 极转子上有 50 个小齿的电机沿着一条轴线切开并展开,如图 5-3 所示。图中并没有画出定子上的所有小齿,仅仅把定转子的对位关系表示了出来。

当 A 相正向通电时,由于磁路总是沿着磁阻最小的路径闭合,最后会稳定在图 5-3(a)状态,此时 A 相 4 个磁极中的两个与转子的齿对齐,另外两个与转子的槽对齐,而 B 相绕组所在的磁极刚好与转子的齿错开了 1/4($50/8=6+1/4$)的齿距,当断开 A 相给 B 相正向通电时,此时产生的磁路不稳定,绕组产生的磁力线就会拉动转子运动力图使磁路沿磁阻最小的路径闭合,最后稳定在图 5-3(b)状态,此时 B 相绕组所在磁极中的两个与转子的齿对齐,另外两个与转子槽对齐,也就是转子向前移动了 1/4 的齿距,当断开 B 相给 A 相反向通电时,转子稳定下来又向前移动了 1/4 的齿距。当按 $A-B-\overline{A}-\overline{B}-A$ 的顺序给电机绕组励磁时,一个励磁循环里,电机转子就移动了一个齿距,在圆周上表现为转子转过 $360°/50=7.2°$,即每改变一个通电状态转子就转过 $7.2°/4=1.8°$。

如果按 $A-\overline{B}-\overline{A}-B-A$ 的通电顺序,则转子就反方向运动,如果按照单双八拍 $A-AB-B-B\overline{A}-\overline{A}-\overline{A}\overline{B}-\overline{B}-\overline{B}A-A$ 的顺序给绕组通电,则电机每个通电状态就移动 0.9°,即半个步距角。不管是怎么样的通电方式,转子在一个通电循环里移动的总是一个齿距的距离,即 $360°/50=7.2°$。

两相混合式步进电机绕组的通电方式有单四拍、双四拍和单双八拍,为了增大步进电机的出力,提高绕组的利用率,一般采取两相同时导通的方式。

5.2.2 两相混合式步进电机运行特性

步进电机的运行特性可以静态运行特性和动态运行特性两种来归纳

1. 静态运行特性

静态运行是指在不改变绕组通电方式情况下,步进电机定子绕组通以恒定直流电的运行状态。在此状态下电机如不带负载,则转子处于一个稳定平衡位

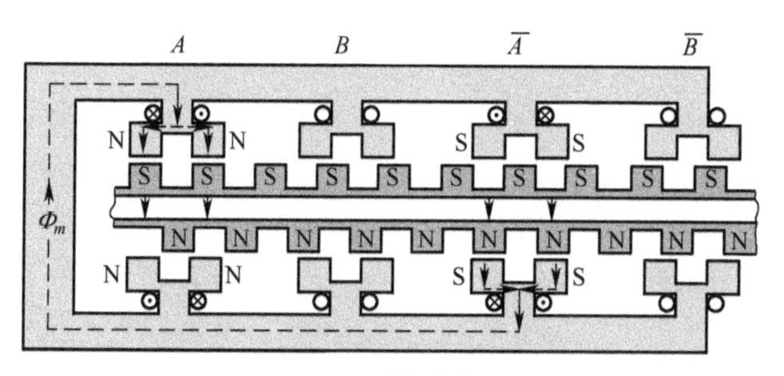

(a) A正向励磁

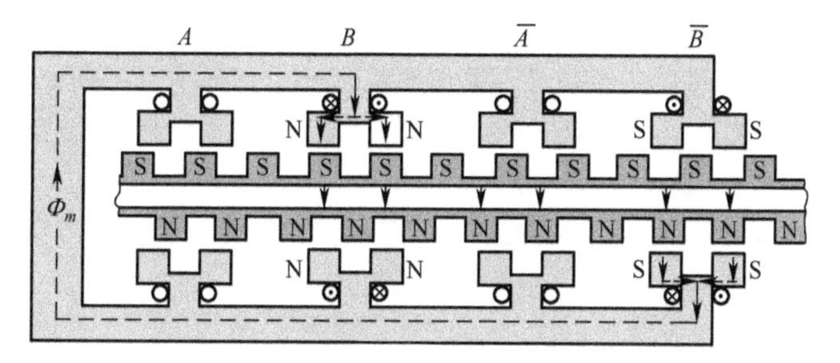

(b) B正向励磁

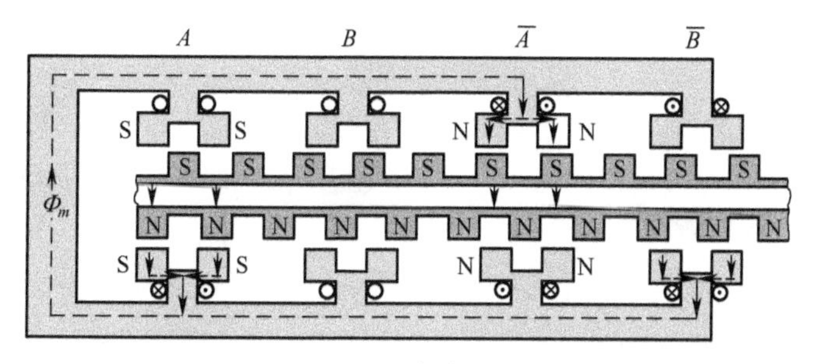

(c) A反向励磁

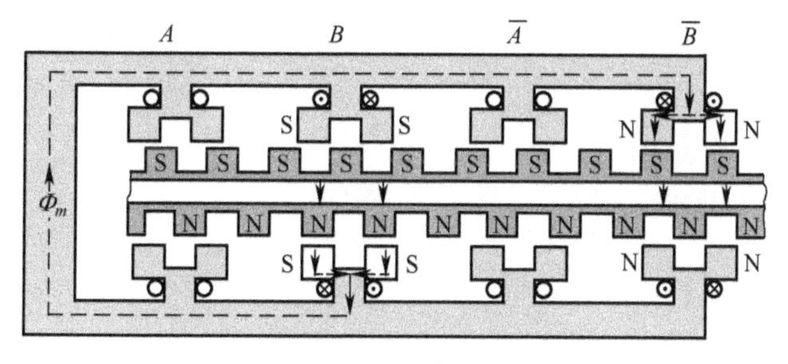

(d) B反向励磁

图 5-3　两相混合式步进电机展开示意图

置(该位置称为初始稳定平衡位置),电机如带负载,则转子会偏离初始平衡位置一个角度达到另一个稳定状态(该角度称为失调角 θ_e,通常以电角度来表示)。步进电机在静态运行时受到的转矩称为静转矩,不同失调角 θ_e 下电机受到的静转矩 T 不同,两者之间的关系称为步进电机的静态矩角特性。

步进电机某一相绕组通电时,通电相磁极下的定子齿与异极性转子齿对齐,此时失调角 $\theta_e=0$,静转矩 $T=0$,如图 5-4(a)所示;当转子偏移平衡位置定子齿与异极性转子齿错开 θ_e($0<\theta_e<\pi$,如图 5-4(b)所示)时,电机受到切向磁力的作用,该力使定子齿与转子齿趋于对齐,使失调角 θ_e 减小到 0。当 $\theta_e=\pi/2$ 时,静态转矩达到最大;当通电相的定子齿与转子槽对齐时,$\theta_e=\pi$,电机左右方向受到的力相同,此时产生的转矩 $T=0$,如图 5-4(c)所示;当 $-\pi<\theta_e<0$ 时,转子受到的切向力与 $0<\theta_e<\pi$ 时相反,该力使 θ_e 增大到 0,如图 5-4(d)所示。

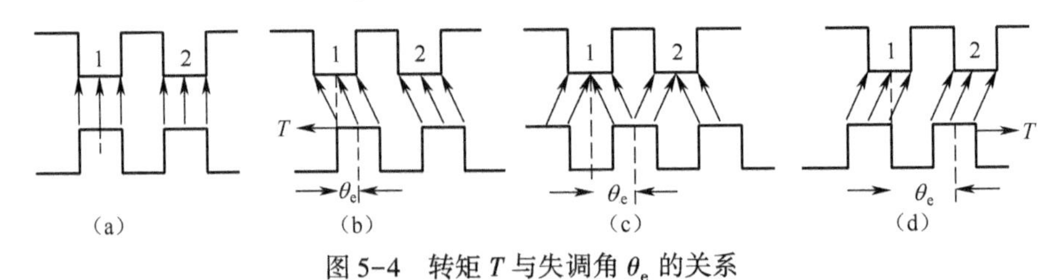

图 5-4 转矩 T 与失调角 θ_e 的关系

如果电机不带负载,则转子在 $\theta_e=0$ 处稳定,当电机带负载时,失调角偏离平衡位置一个角度,一旦外力消除后,转子在静力矩的作用下仍能够回到 $\theta_e=0$ 的位置,故 $\theta_e=0$ 是它的一个稳定平衡点。当转子在 $\theta_e=\pm\pi$ 时,转子左右所受到的力相反而相互抵消,但是只要转子稍微向左或者向右受一点力转子就失去平衡,故 $\theta_e=\pm\pi$ 是它的不稳定平衡点,在两个不稳定的平衡点之间构成了步进电机的静稳定区,即 $-\pi<\theta_e<\pi$。

步进电机的静态转矩 T 随失调角 θ_e 呈周期性变化,变化的周期为转子的齿距,即 2π 电角度。上面定性地讨论了单相通电时静态转矩与转子失调角的关系,下面进行简要定量分析。

当电机绕组 A 相通电时,可得到如下表达式:

$$T_A=I^2W^2Z_sZ_rl\frac{\mathrm{d}G}{\mathrm{d}\theta_e} \tag{5-1}$$

式中:W 为定子每极每相绕组的匝数;I 为定子绕组通入的电流;Z_s 为定子每极下的小齿数;l 为定、转子轴向长度;G 为气隙比磁导,即电机单位轴向长度一个齿距下的气隙磁导。

气隙比磁导 G 是失调角 θ_e 的函数,用傅里叶级数表示有

$$G = G_0 + \sum_{n=1}^{\infty} G_n \cos n\theta_e \tag{5-2}$$

式中：$G_0, G_1, G_2, G_3, \cdots$ 与电机齿形、齿的几何尺寸及磁路饱和度有关。若略去气隙比磁导中的高次谐波，可得此时静态转矩为

$$T_A = - I^2 W^2 Z_s Z_r l G_1 \sin\theta_e \tag{5-3}$$

从上式可知，对于一台步进电机，电磁参数固定，在通入绕组电流一定的情况下，静态转矩与失调角呈正弦曲线关系，如图 5-5 所示。曲线上转矩的最大值称为最大静态转矩 T_{sm}，它与绕组电流的平方成正比，是衡量步进电机带负载能力的一个非常重要的指标，也是设计步进电机的一个关键参数。

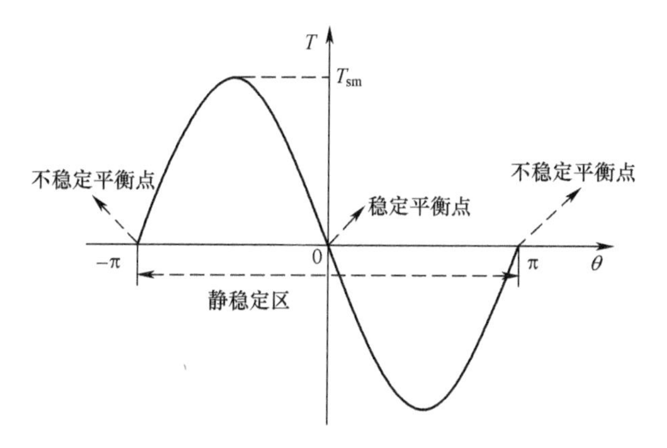

图 5-5 单相通电时的矩角特性曲线

当绕组 A、B 同时通电并且电流大小相同时，容易知道 B 相绕组与 A 相绕组的静态转矩曲线相差 90°电角度，即

$$T_B = - T_{sm} \sin\left(\theta_e - \frac{\pi}{2}\right) \tag{5-4}$$

两相同时通电时合成的转矩为

$$\begin{aligned} T_{AB} = T_A + T_B &= - T_{sm} \sin\theta_e - T_{sm} \sin\left(\theta_e - \frac{\pi}{2}\right) \\ &= - \sqrt{2} T_{sm} \sin\left(\theta_e + \frac{\pi}{4}\right) \end{aligned} \tag{5-5}$$

由式(5-5)可知，两相混合式步进电机两相通电时的静态转矩是一相通电时的 $\sqrt{2}$ 倍，这就是为什么两相混合式步进电机采用两相通电方式的原因。图 5-6 是电机在不同通电方式下的矩角特性，曲线 1 和 2 为 A、B 相单独通电时的电机矩角特性，曲线 3 为 A、B 两相同时通电时的矩角特性。

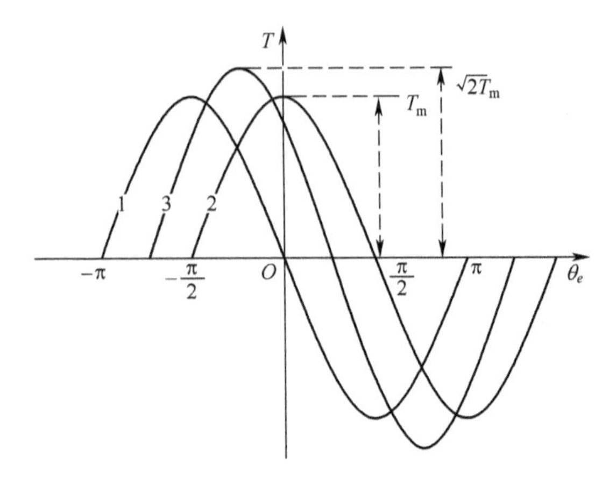

图 5-6　不同通电方式下的矩角特性曲线

2. 动态运行特性

动态运行特性是指步进电机各相绕组在轮流导通时,转子转动过程中所具有的特性,它直接影响系统工作的可靠性和系统的快速响应性能。动态运行包括步进运行和连续运行。

1) 步进运行特性

步进电机的步进运行是指仅改变一次通电状态或输入的脉冲频率非常低以至于第二个脉冲来之前第一步已经走完且转子已停下来的运行方式。

下面以两相步进电机为例来说明。在空载时,当给 A 相绕组正向励磁时,转子停下来时位于 $\theta_e = 0$ 的位置,如图 5-7 所示,此时下一个脉冲到来,给 B 相绕组励磁,矩角特性从曲线 A 跃变到曲线 B,转矩由 0 变为 T_{sm},在此转矩作用下转子运动直至停到 $\theta_e = \pi/2$ 新的平衡位置,每个脉冲转过一个步距角。如此顺序循环地给绕组 A、B、$\overline{A}$、$\overline{B}$ 励磁,电机转子就一步一步地转动下去。

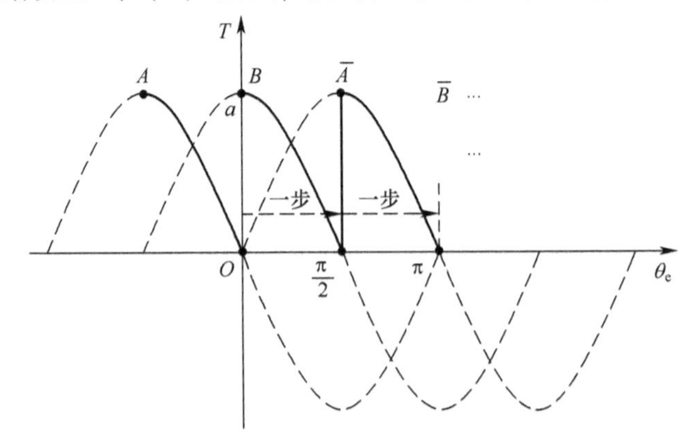

图 5-7　步进电机的空载矩角特性

当电机带负载运行，$T_L < T_s$ 时，给 A 相励磁后，转子会停在失调角 $\theta_e = \theta_{ea}$ 的平衡位置，此时电磁转矩等于负载转矩 $T_A = T_L$，如图 5-8 所示。当下一个脉冲到来时特性曲线从曲线 A 转移到曲线 B，此时电磁转矩 $T_B > T_L$，转子转动直至下一个平衡位置 $\theta_e = \theta_{eb}$，如此顺序循环地给电机绕组励磁，转子就一步一步地转动，每拍转动一个步距角。

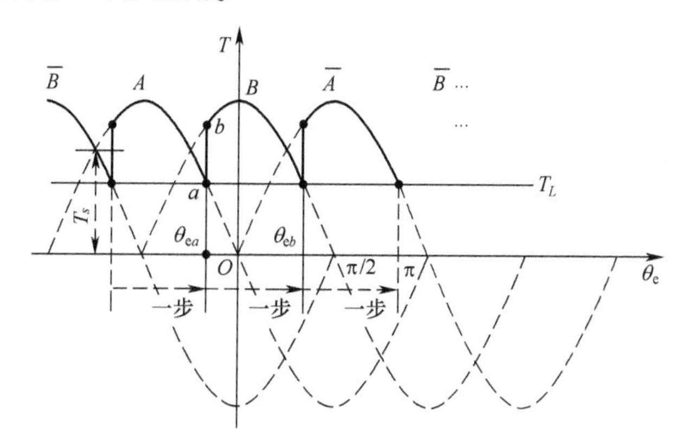

图 5-8 步进电机的负载矩角特性

当负载力矩 $T_L > T_s$ 时，在从特性曲线 A 跃变到曲线 B 时，电磁转矩 $T_B < T_L$，带不动转子继续转动。T_s 称为步进电机的极限启动转矩，它随着步距角的增大而减小，反之增大；也会随着通电相数的改变而改变。

从图中可以看出，步进电机单步运行时电磁转矩波很大，电机在这种方式下运行振动非常大，由于转子惯性的存在，转子会在平衡位置振荡多次，逐渐衰减后静置于平衡位置。

2）连续运行特性

步进电机的连续运行是指脉冲频率提高时，下一个脉冲到来时转子还未停止，这样电机就连续地运动，而不是一步一步地前进。随着频率的升高，步进电机就像同步电机一样连续地、平稳地转动，当频率进一步升高时，会出现电机失步的现象，电机不失步运行时的最高频率称为连续运行频率，它随着负载的增加而减小。步进电机出现失步的原因是电机的转矩随着频率的增加而下降。主要原因有两个：一是随着转速的升高，电机绕组的反电动势增大，导致电流急剧减小；二是脉冲频率的增加，由于步进电机电磁时间常数的存在，电流还没来得及上升到最大值下一个脉冲就来了，电流开始减小，造成平均电流的下降。这种转矩随频率变化的关系叫做步进电机的矩频特性，如图 5-9 所示为某步进电机的矩频特性曲线。

电机在启动过程中，还要克服惯性力矩，如果启动频率过高就无法正常启动

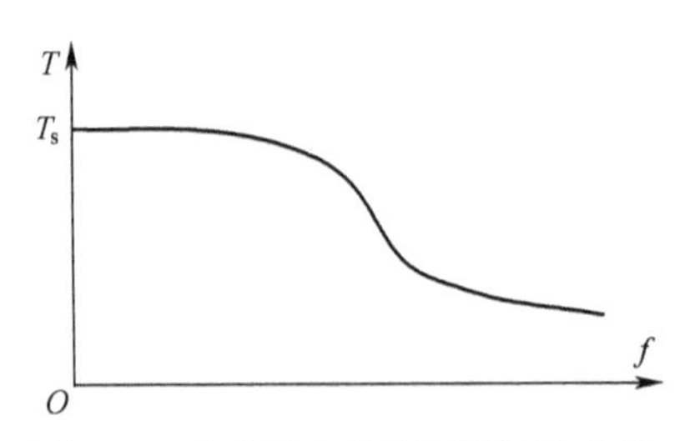

图 5-9　某步进电机的矩频特性曲线

电机。在电机静止的情况下,使电机可以不失步地正常启动的最高脉冲频率称为启动频率。步进电动机能够启动的最大频率是一定的,并且负载越大,启动频率下降就越明显。启动频率随转动惯量变化而变化的关系称为启动惯频特性,启动频率反映了步进电机跟随的快速性。

5.2.3 两相混合式步进电机的驱动技术

1. 传统驱动方式

传统的步进电机驱动技术有单电压驱动、高低电压驱动、变频变压驱动、恒流驱动方式等[3-5]。

单电压驱动方式是指在电机绕组上加以一恒定的电压,这种驱动方式线路简单,元件少,成本低,可靠性高,但高频带负载能力随着频率增大迅速下降,有共振区,整体性能差,在实际应用中用得较少。为了减小时间常数,提高电机高频带负载能力,常在电枢中串入电阻以改善高频特性,但是串入电阻损耗大、发热严重、效率低,所以技术仅适用于小功率电机或者对运行性能要求不高的场合。

高低电压驱动是在单电压驱动中加入了高电压电源。在步进电动机绕组刚接通时,由高压电源供电,从而提高电流的上升和衰减速度,改善电机动态性能。经过一定的时间延迟,当电流达到或稍微超过额定稳态电流时,再切换到低压电源供电,从而抑制稳态电流。这种电路使电流波形、输出转矩及运行频率等都有较大改善。但是,该驱动方法需要一路额外的电源供电,并且电流在高低压衔接处会呈现凹形,造成力矩下降。同时,低频绕组电流冲击较大,振动较高,共振现象仍没有得到改善。

变频变压驱动是指电机绕组中的电压随着脉冲频率的改变而改变,驱动器将绕组驱动电压与电机运行频率直接联系起来,频率较低时电压较小,频率较高时电压较大,高频电压的升高补偿了因频率升高而造成的输出力矩下降的问题。同时在低频时小电压也能够降低振荡。但是这种驱动方式线路复杂,比较器、积分器、调压器等模块电路降低了系统的动态性能和步进电机的启动频率。

上述驱动方式都是以步进电机绕组电压为控制对象的，而由式(5-3)可知，电磁转矩其实是与绕组电流直接相关的，要对转矩进行控制，理论上更应该对电流直接进行控制，这样可以达到更好的控制效果。

2. 斩波恒流驱动技术

斩波恒流驱动方式的原理，如图 5-10 所示。它相对于高低压驱动在结构上多了电流采样环节和比较单元。流经采样电阻上的电流转换成电压后与给定电压比较。当给定电压大于反馈电压时，开通开关管，电流增加，一旦反馈电压大于给定电压时关断开关管，电流下降，这样电流就可以稳定在一个恒定的范围内，从而保证电机恒定力矩的输出，电流的平滑度取决于斩波频率的大小，一般需要在 20kHz 以上。

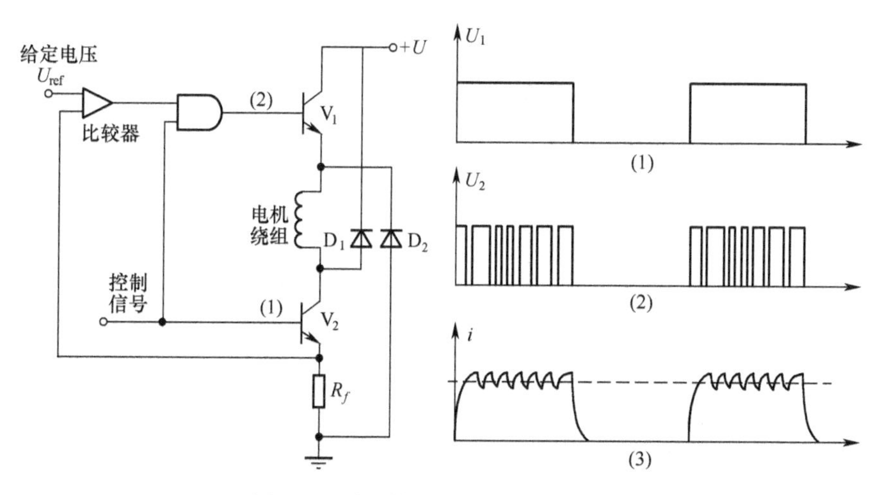

图 5-10 斩波恒流驱动原理及波形图

采用斩波恒流驱动时的供电电压可以比电机的额定电压高，这样电流的上升和衰减速度得以提高。可以在很宽的频率范围内保持恒定电流并且不随电机转速而变化，从而保证电机恒定力矩的输出。当然斩波恒流驱动也存在自身的一些缺点：线路比较复杂，低频运行时电流冲击大、容易产生振荡，定位精度也没有得到提高等。

无论是单电压驱动、高低电压驱动还是斩波恒流驱动技术，都是考虑注入电机绕组的电流要有较快的上升沿，以提高电机的高频工作能力，这样做一般会带来低频振动加剧的后果。

3. 细分驱动技术

步进电机一旦设计完成，步距角即确定，通常所用的两相混合式步进电机的步距角有 1.8°和 0.9°之分。通过对两相混合式步进电机绕组单四拍、双四拍、单双八拍通电模式的控制可以得到整步和半步之分。如果要进一步提高电机的控制精度，除了在机械上使用减速器外，就只能在步进电机驱动器上下功夫[6-7]。

20 世纪 70 年代，国外学者提出了步进电机细分驱动控制技术，该技术能在低速和高速范围内提高步进电机各方面综合性能。细分驱动技术实质上是一种电子阻尼技术，它将绕组的矩形波供电改为阶梯波供电，对绕组的电流值进行细分，使绕组中的电流经过若干个阶梯缓慢上升到最大值，并以相同的方式从最大值下降至最小值，即在零和正负最大值之间给出多个稳定的中间状态，每经过一个稳定状态电机就移动一个小步，就是新的步距角。

步进电机的细分驱动分为电流细分法和电流矢量恒幅均匀旋转法。电流细分法得到的步距角不均匀，容易引起电机的振荡和失步，而且磁场矢量幅值也不恒定，会造成电机的转矩脉动。因此常用的细分驱动是电流矢量恒幅均匀旋转法。该方法能够使绕组电流的合成矢量恒定，合成矢量的幅值决定了转矩的大小，合成矢量的角度与步距角有关。下面以两相混合式步进电机来说明电流矢量恒幅均匀旋转法的细分驱动原理。

两相混合式步进电机四细分时的 A、B 相绕组电流理论波形见图 5-11。图中，A 相绕组的电流呈阶梯状以等距离四步上升到最大值，再从最大值呈阶梯状以四步下降到零，整个趋势呈正弦曲线变化；同时 B 相绕组电流以相同的步数呈阶梯状的下降和上升，整个趋势呈余弦曲线变化。在 360°电角度内电机 A、B 相电流四细分时共有 16 个合成矢量状态，对应着电机 16 个合成转矩状态。把合成的转矩矢量以星形图的形式表示出来，如图 5-12(b)所示；图 5-12(a)为两相通电整步时的转矩矢量星形图。

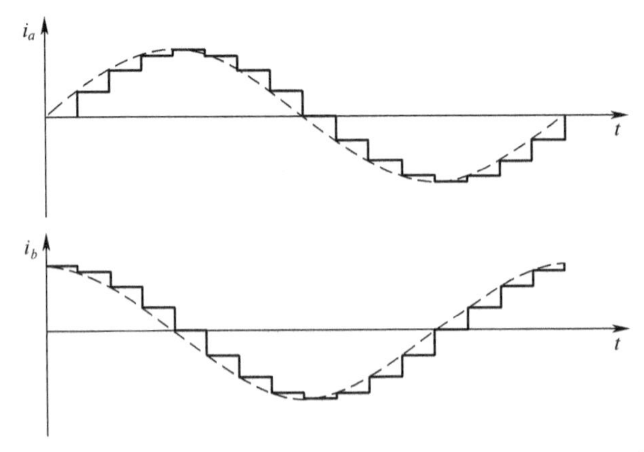

图 5-11　两相混合式步进电机四细分的 A、B 相绕组电流理论波形

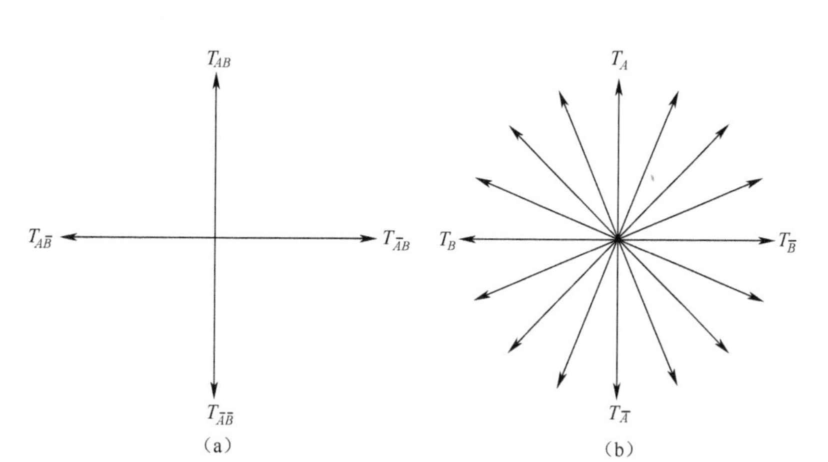

图 5-12 转矩合成矢量星形图

在细分之前,转子转动一个齿距(360°电角度)需要 4 步才能完成,对应转子 50 个齿的两相混合式步进电机,转子每次转过一个步距角,即 1.8°;四细分后,转子转动一个齿距只需 16 步,即每次转动了 0.45°,明显达到了步距角细分的目的。

当任意细分时,可以得出两相绕组的电流如下:

$$\begin{cases} i_a = I_M \sin\theta \\ i_b = I_M \cos\theta \end{cases} \tag{5-6}$$

式中:i_a、i_b 分别为电动机 A 相和 B 相绕组电流;$\theta = \dfrac{90°}{n} \times s$,$n$ 为细分数,s 为步数。则其合成电流矢量可表示为

$$\boldsymbol{i} = i_a + i_b = I_M e^{j\left(\frac{\pi}{2}-\theta\right)} \tag{5-7}$$

式中:I_M 表示步进电机合成电流矢量的幅值,角度为 $\pi/2-\theta$。如果按式(5-7)给两相混合式步进电机绕组通以正弦电流,每当 i_a 和 i_b 电流变化一个 $\Delta\theta$ 电角度,则合成电流矢量同时转过一个与之对应的呈线性关系的空间角度,且合成电流矢量产生的旋转磁场带动电动机转子旋转。因为转矩与电流成正比,只要保持合成电流矢量幅值不变,便可实现步进电机恒转矩运动;只要保证 θ 均匀变化,就能实现步进电机步距角的均匀细分。

采用细分驱动技术提高了步进电机的综合性能,主要表现如下:

(1) 降低了步进电机的振动和噪声。采用传统的驱动方法,绕组电流变化很大,从最大值突变到零,电流的突变会引起电机的振动和产生很大的噪声;而采用细分技术,电流变化的幅度大大减小,回到平衡位置时的绕组剩余能量大大减小,振动和噪声得到大幅度的改善。

(2) 消除了低频振荡现象。低频振荡是步进电机固有的属性,采用细分驱

动后,可以提高脉冲频率,可以使电机运行时尽量远离电机的固有振荡频率,从而降低低频振动的概率。

(3) 增大了转矩,减小了转矩脉动。采用细分技术后,步距角得到了大大地减小,相邻矩角特性曲线靠得就越近,极限启动转矩增大,进入动稳定区域越容易,同时电机的平均转矩得到提高,并且转矩波动也得到很大的改善。

5.3 步进电机驱动设计与分析

5.3.1 两相混合式步进电机驱动设计

1. 指标要求

电机额定电压:15V;

电机额定电流:0.5A;

电机极对数:50;

电机步距角:1.8°;

电机绕组电阻:1.12Ω;

电机绕组电感:1.62mH;

电机最高转速:1200r/min;

电机静力矩:0.2Nm;

电机细分要求:整步、2、4、8、16、32、64、128 和 256 细分;

通信接口:RS422。

2. 总体设计

根据电机的指标要求,系统组成如图 5-13 所示。单片机通过串行总线接收外部指令,并将这些指令转换为 SPI 总线和数字控制信号。步进电机控制芯片根据数字控制信号和电流反馈发出 8 路驱动实现对两路 H 桥的驱动。其中,单片机采用意法半导体公司的 STM32F405RGT,步进电机控制芯片采用安森美公司的 AMIS-30543。

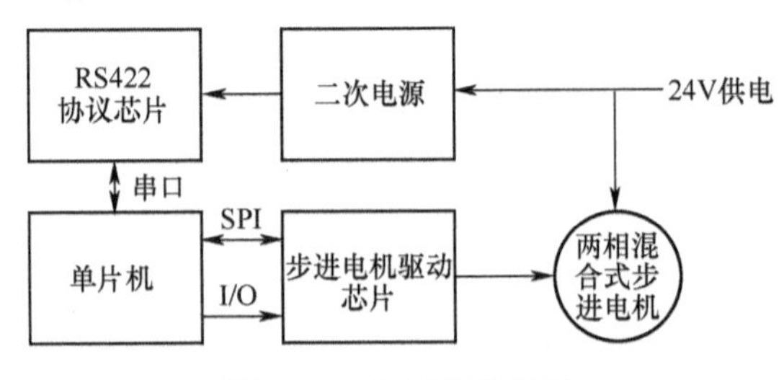

图 5-13 系统组成框图

3. AMIS-30543 原理

1）概述

AMIS-30543 是一种用于双极步进电机的微型步进电机驱动器。该芯片通过 I/O 引脚和 SPI 总线与外部微控制器连接。它具有片上电压调节器、复位输出和看门狗复位，能够提供给外围设备。AMIS-30543 包含一个电流转换表，并能根据“NXT”输入管脚上的时钟信号和“DIR”寄存器或 DIR 输入管脚的状态进行下一步控制。芯片提供了所谓的“速度和负载角度”输出，采用失速检测算法以及基于负载和角度的控制回路来调整转矩和速度。AMIS-30543 使用一个专有的 PWM 算法从而实现可靠的电流控制。并且，AMIS-30543 采用 I2T100 技术，能在同一芯片上实现高电压模拟电路和数字功能。AMIS-30543 非常适合通用步进电机在汽车、工业、医疗和海洋环境中的应用，有利于减少元器件的数量。

2）管脚定义

AMIS-30543 的管脚如图 5-14 所示，管脚定义描述见表 5-1。

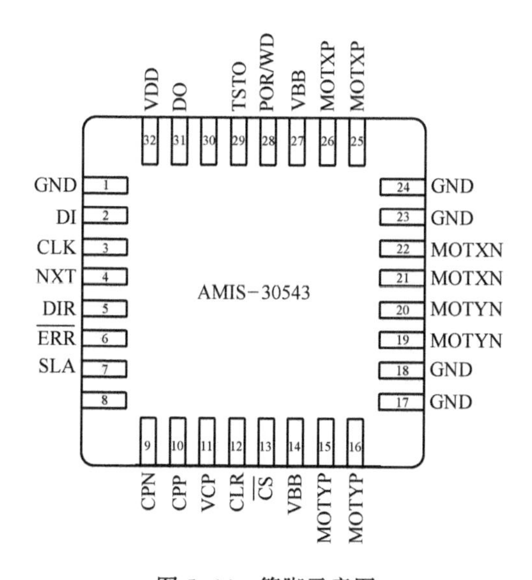

图 5-14 管脚示意图

表 5-1 AMIS-30543 管脚定义描述

名称	管脚号码	描　述	类型
GND	1	供电地	供电
DI	2	SPI 信号输入	数字输入
CLK	3	SPI 时钟	数字输入

续表

名称	管脚号码	描　　述	类型
NXT	4	下一步输入	数字输入
DIR	5	方向输入	数字输入
$\overline{\mathrm{ERR}}$	6	故障输出(开路)	数字输出
SLA	7	速度负载角度输出	模拟输出
	8	悬空	
CPN	9	自举电容负	高压
CPP	10	自举电容正	高压
VCP	11	自举滤波	高压
CLR	12	芯片复位	数字输入
$\overline{\mathrm{CS}}$	13	SPI 片选	数字输入
VBB	14	供电正	供电
MOTYP	15、16	Y 相电机正	功率输出
GND	17、18	地,接散热	供电
MOTYN	19、20	Y 相电机负	功率输出
MOTXN	21、22	X 相电机负	功率输出
GND	23、24	地,接散热	供电
MOTXP	25、26	Y 相电机负	功率输出
VBB	27	供电正	供电
POR/WD	28	上电复位/看门狗输出(开路)	数字输出
TST0	29	测试管脚输出(通常接地)	数字输入
	30	悬空	
DO	31	SPI 信号输出(开路)	数字输出
VDD	32	逻辑供电	供电

3) 功能描述

在 AMIS-30543 内部集成有两路全桥用于驱动两相步进电机,两路全桥自带死区功能。为了防止过流,芯片内部具备可编程的限流功能。同时,当感应到功率器件过电压时,芯片将功率器件关断。为了降低电磁辐射,通过 SPI 总线可以配置功率器件的开关速度。芯片利用了功率器件第三象限导通的特点,避免电流流过寄生二极管产生较大的导通损耗。芯片通过采集两路全桥下管导通电阻的压降实现相电流的高精度采集。

在芯片内部还集成有一个 PWM 发生器用于实现电流的控制,PWM 的频率

可以通过 SPI 总线进行配置。步进电机的积分数可以通过 SPI 总线进行配置,最高可以达到 128 细分。芯片上电或者复位后,默认 32 细分。

电机的旋转方向可以由 DIR 管脚电平或 SPI 配置。施加在 NXT 上的一个脉冲对应步进电机前进一步,脉冲的有效沿可以通过 SPI 总线进行配置。

除此之外,芯片还具备过温保护、过流保护、电机绕组开路保护、自举欠压保护、看门狗、低功耗模式等功能。

4. 电路设计

基于总体设计,将电路设计分为供电、通信、控制和驱动 4 个部分。

1) 供电电路设计

供电电路完成上电管理、控制电路供电和通信电路的供电。输入 15V 通过保险丝和一个 P 沟道的 MOSFET 实现短路保护和缓上电功能。由 BUCK 电路将 15V 转换为 5V。该 5V 分别由线性稳压器和隔离模块产生 3.3V 和隔离的 5V 为控制电路和通信电路供电,电路如图 5-15 所示。

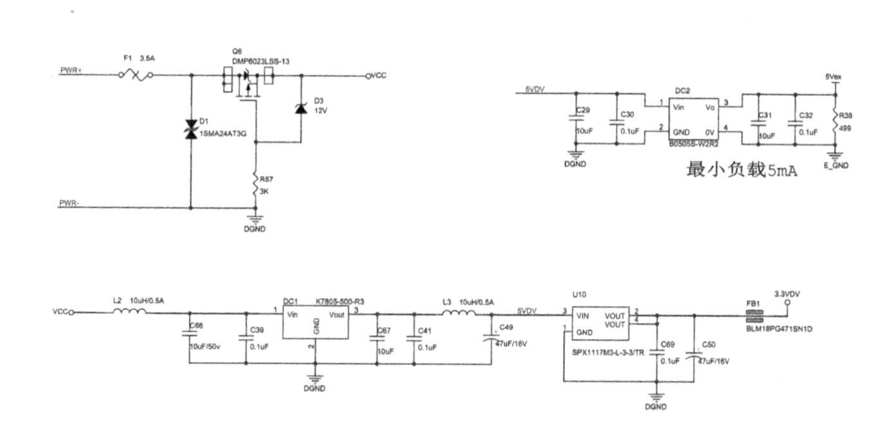

图 5-15 供电电路

2) 通信电路设计

通信电路完成磁耦隔离、LED 指示、协议芯片配置和接口保护等功能,见图 5-16。

3) 控制电路设计

控制电路采用意法半导体公司的单片机 STM32F405RGT 作为控制核心,其外设和配置电路如图 5-17 所示。

4) 驱动电路设计

驱动电路采用 AMIS-30543 的推荐接法,如图 5-18 所示。

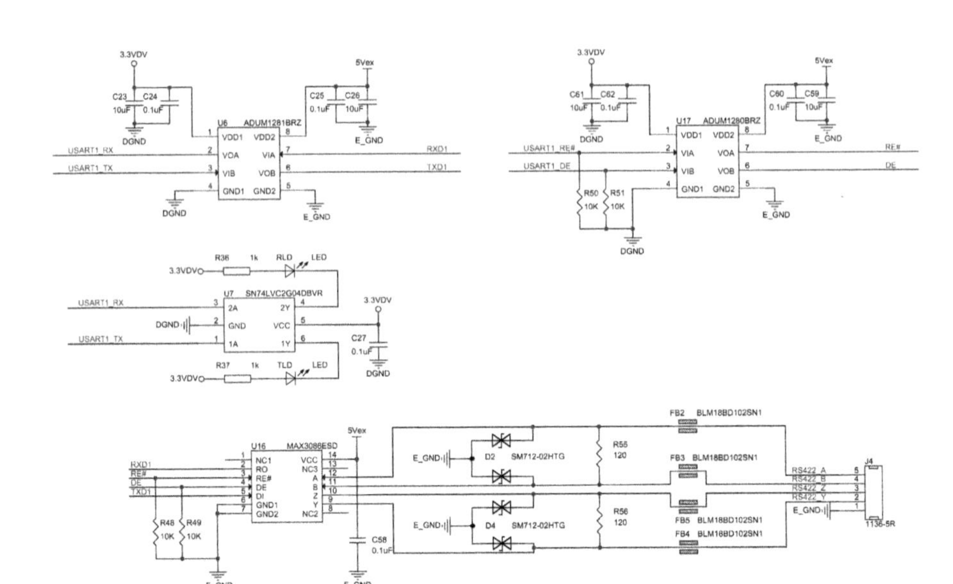

图 5-16　通信电路设计

5. 软件设计

单片机向驱动芯片输入时钟和下一个微步进方向的信号。

```
void Para_Init(void)
{
//  motor.acc_tim = 5;
    motor.run_dir = 0;
    motor.work_mode = POS_MODE;
    motor.micro_step = 32;//更改微步进
    motor.speed_min = 0.8*5*motor.micro_step*100/9;
    motor.speed = 6*5*motor.micro_step*100/9;
    motor.acc = 500;
    motor.acc_tim = (motor.speed-motor.speed_min)/DEFAULT_ACC;
    motor.dec_tim = motor.acc_tim;
    motor.run_step_counter = 0;
    motor.run_step_num = 64000;
    motor.min_cur = 132;
    motor.peak_cur = 800;
    motor.boost_cur = 800;
    motor.cur_num = 0;
    motor.erro = 0;
```

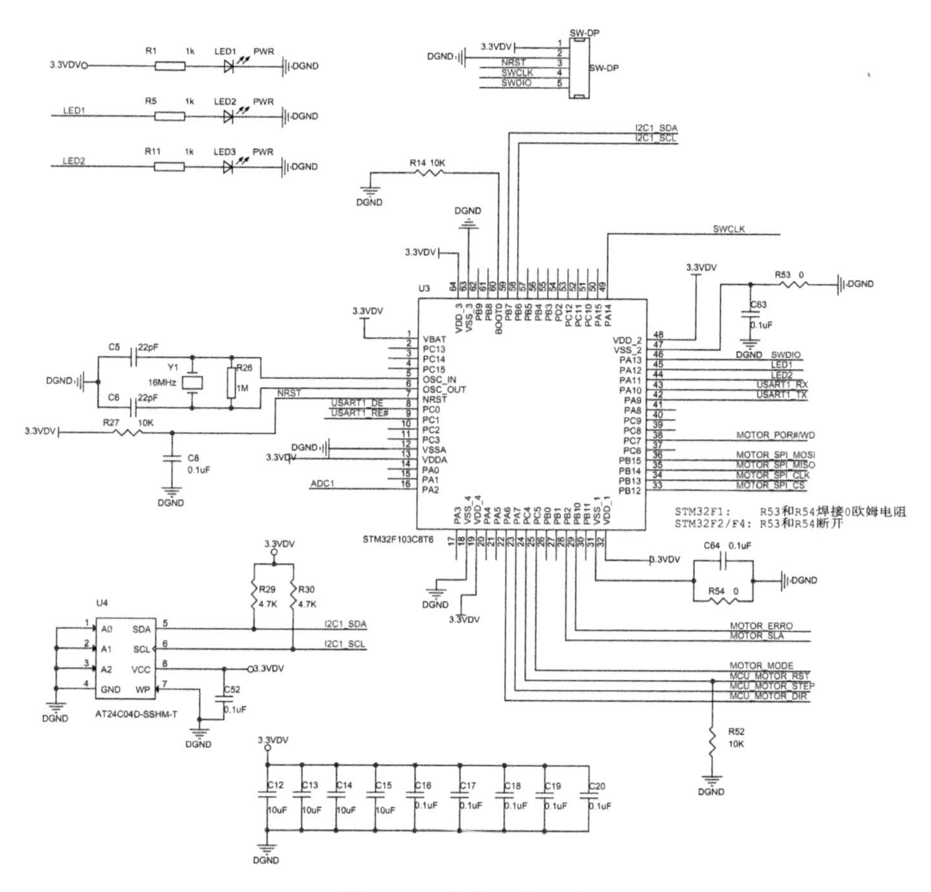

图 5-17 控制电路设计

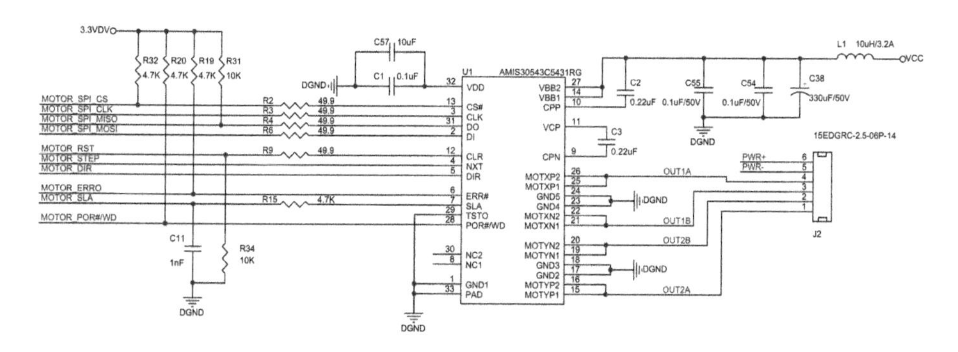

图 5-18 驱动电路设计

```
AIM_Curr_Set(2);
AIM_Output_Enable(ENABLE);
```

```
    AIM_Micro_Step_Set(motor.micro_step);
}
```

6. 实验波形

在第一通道不同细分下的两相电流波形，如图 5-19 所示。波形表明，随着细分数的增加，电机的运行逐渐平稳。

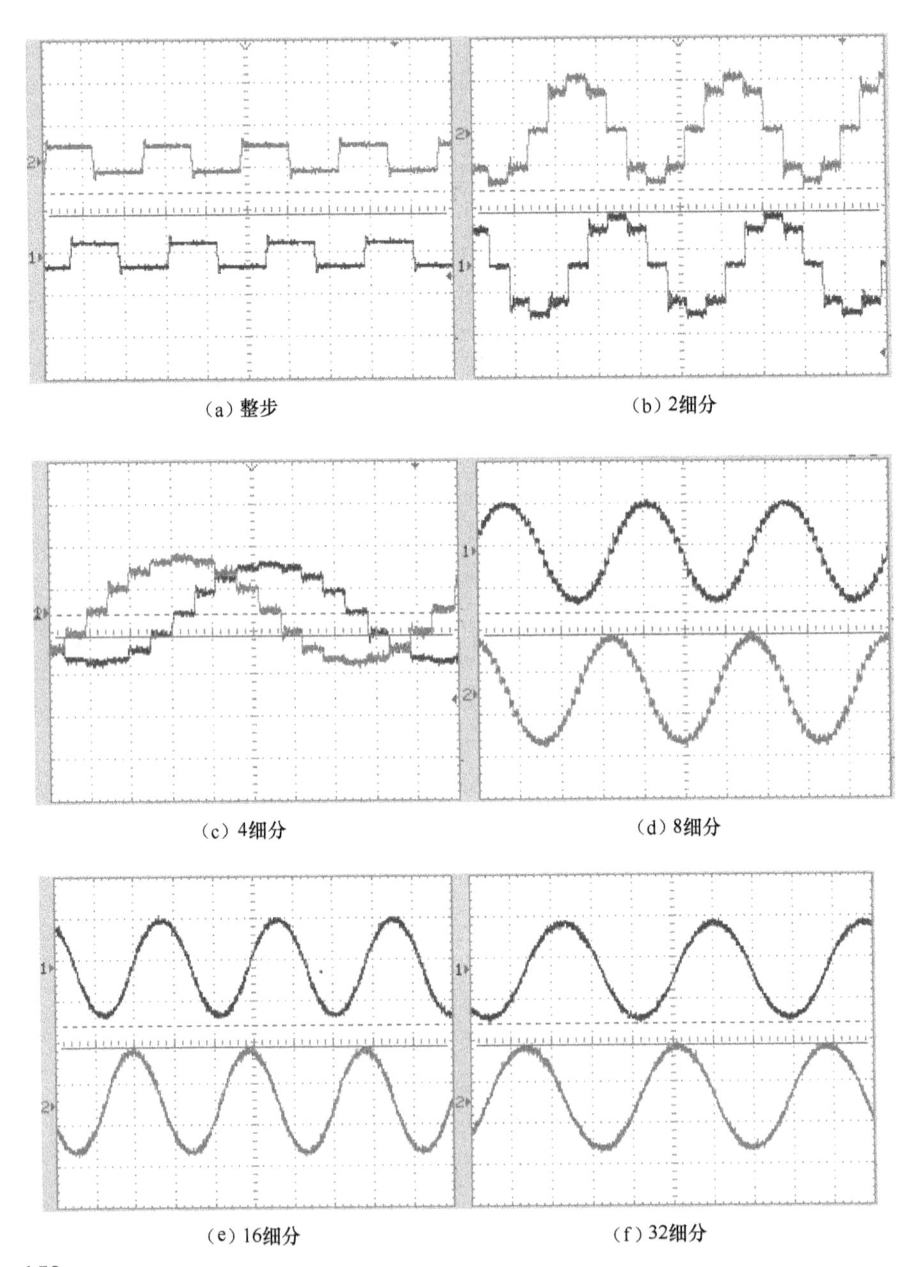

(a) 整步　(b) 2细分

(c) 4细分　(d) 8细分

(e) 16细分　(f) 32细分

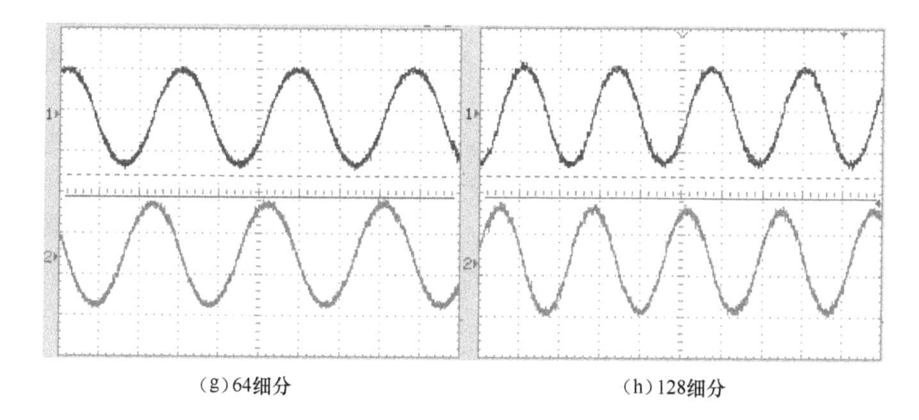

（g）64细分　　（h）128细分

图 5-19　第一通道电流细分波形

5.3.2 三相△步进电机的细分驱动设计

1. 总体设计

三相混合式步进电机脉冲细分驱动系统原理框图如图 5-20 所示。采用 $i_{sdref}=0$ 的矢量控制方式。由于步进电机通常没有转子位置传感器，在不失步的前提下，可以通过脉冲计数模块基于细分设置参数和初始位置对脉冲 K 进行计数从而得到电机的转子角度 θ。两相反馈电流 I_A 和 I_B 通过坐标变换得到 i_{sd} 和 i_{sq}，并分别与 i_{sdref} 和 i_{sqref} 组成两路电流控制环，其中 i_{sqref} 由外部给定得到。电流环的输出为 u_{sdref} 和 u_{sqref}，经过坐标变换后产生 u_α 和 u_β。最后，通过 SVPWM

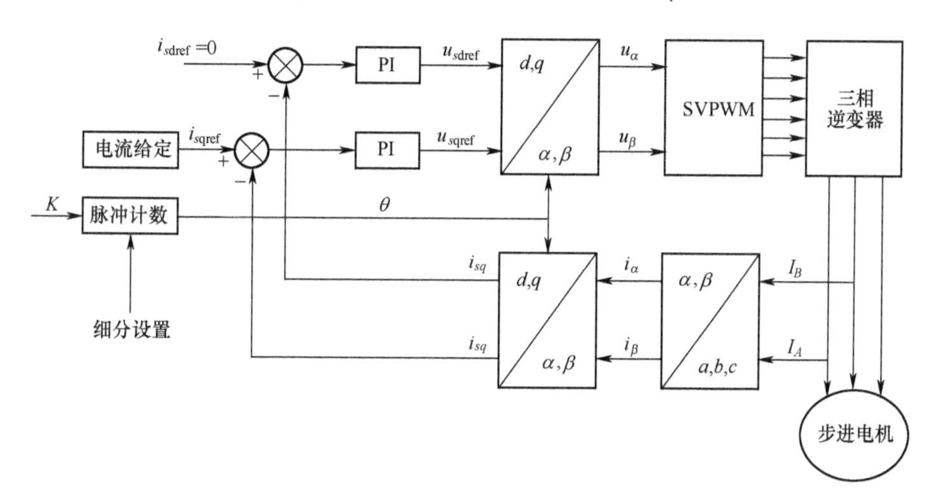

图 5-20　三相混合式步进电机脉冲细分驱动系统框图

产生六路信号控制三相逆变器输出相应的电压矢量,从而实现电机的驱动。矢量控制的原理可参阅本书的永磁同步电机章节,以下重点介绍三相△步进电机的 SVPWM 算法。

2. 三相△步进电机的 SVPWM 算法

1) 三相△绕组下的基本电压矢量

三相△绕组连接的拓扑见图 5-21。定义符号 $S_i(i=U,V,W)$,若上桥臂导通则 S_i 为 1,反之 S_i 为 0。则共有 8 种基本电压矢量。在两相静止($\alpha\beta$)坐标系下,这些电压矢量见表 5-2。

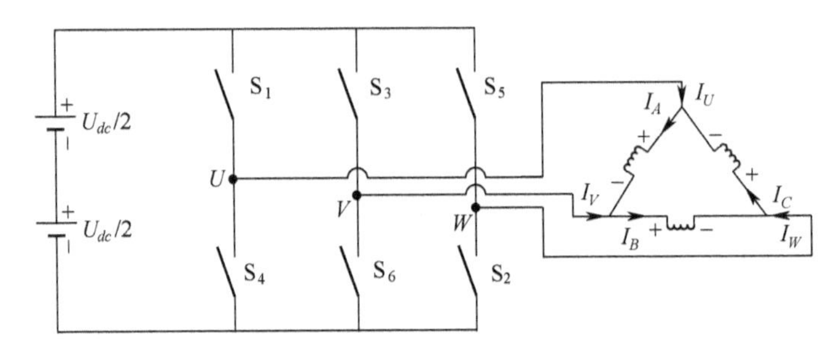

图 5-21 三相△绕组连接的拓扑

表 5-2 在($\alpha\beta$)坐标系下的基本电压矢量

定子电压空间矢量	开关状态 (S_A,S_B,S_C)	逆变器输出相电压		定子电压空间矢量
		$U_{S\alpha}$	$U_{S\beta}$	
$\boldsymbol{U}_0$	(0 0 0)	0	0	0
$\boldsymbol{U}_4$	(1 0 0)	U_{dc}	$-\sqrt{3}U_{dc}/3$	$2\sqrt{3}U_{dc}e^{-j\frac{\pi}{6}}/3$
$\boldsymbol{U}_6$	(1 1 0)	U_{dc}	$\sqrt{3}U_{dc}/3$	$2\sqrt{3}U_{dc}e^{j\frac{\pi}{6}}/3$
$\boldsymbol{U}_2$	(0 1 0)	0	$2\sqrt{3}U_{dc}/3$	$2\sqrt{3}U_{dc}e^{j\frac{3\pi}{6}}/3$
$\boldsymbol{U}_3$	(0 1 1)	$-U_{dc}$	$\sqrt{3}U_{dc}/3$	$2\sqrt{3}U_{dc}e^{j\frac{5\pi}{6}}/3$
$\boldsymbol{U}_1$	(0 0 1)	$-U_{dc}$	$-\sqrt{3}U_{dc}/3$	$2\sqrt{3}U_{dc}e^{j\frac{7\pi}{6}}/3$
$\boldsymbol{U}_5$	(1 0 1)	0	$-2\sqrt{3}U_{dc}/3$	$2\sqrt{3}U_{dc}e^{j\frac{9\pi}{6}}/3$
$\boldsymbol{U}_7$	(1 1 1)	0	0	0

8 个电压矢量在空间的位置,如图 5-22 所示,将 360°电角度分为 6 个扇区。

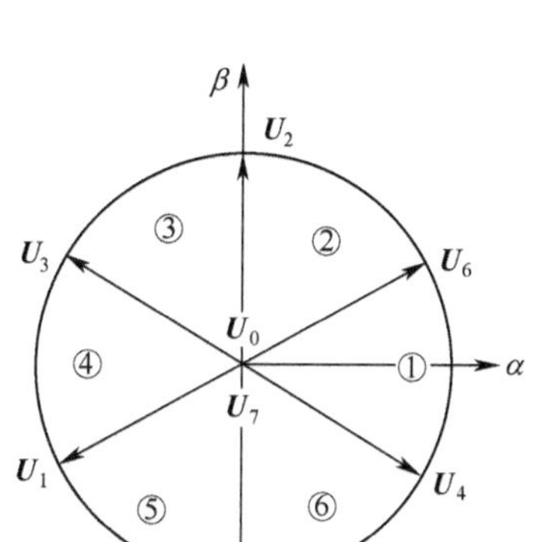

图 5-22 电压矢量图

2）扇区的判断

类似于绕组星形连接的扇区判断过程，可以定义：

$$\begin{cases} u_a = u_{\alpha\text{ref}} \\ u_b = \sqrt{3}(u_{\alpha\text{ref}} - u_{\beta\text{ref}})/3 \\ u_c = \sqrt{3}(u_{\alpha\text{ref}} + u_{\beta\text{ref}})/3 \end{cases} \tag{5-8}$$

并且令 $P = 1 \times \text{sig}(u_a) + 2 \times \text{sig}(u_b) + 4 \times \text{sig}(u_c)$，其中，若 $x > 0$，$\text{sig}(x) = 1$，否则 $\text{sig}(x) = 0$。扇区 N 与 P 之间的关系见表 5-3。

表 5-3 各扇区 N 与 P 的对应关系

P	7	5	4	0	2	3
N	Ⅰ	Ⅱ	Ⅲ	Ⅳ	Ⅴ	Ⅵ

3）基本电压矢量的选择及作用时间的确定

当目标电压矢量处于第一扇区

$$\begin{cases} \boldsymbol{u}_4 = \sqrt{3}(u_\alpha - u_\beta)/3 \\ \boldsymbol{u}_6 = \sqrt{3}(u_\alpha + u_\beta)/3 \end{cases} \tag{5-9}$$

当目标电压矢量处于第二扇区

$$\begin{cases} \boldsymbol{u}_6 = 2u_\alpha/\sqrt{3} \\ \boldsymbol{u}_2 = u_\beta - \sqrt{3}u_\alpha/3 \end{cases} \tag{5-10}$$

当目标电压矢量处于第三扇区

$$\begin{cases} \boldsymbol{u}_2 = \sqrt{3}(u_\alpha + u_\beta)/3 \\ \boldsymbol{u}_3 = -2u_\alpha/\sqrt{3} \end{cases} \tag{5-11}$$

当目标电压矢量处于第四扇区

$$\begin{cases} \boldsymbol{u}_3 = u_\beta - \sqrt{3}u_\alpha/3 \\ \boldsymbol{u}_1 = -u_\beta - \sqrt{3}u_\alpha/3 \end{cases} \tag{5-12}$$

当目标电压矢量处于第五扇区

$$\begin{cases} \boldsymbol{u}_1 = -2u_\alpha/\sqrt{3} \\ \boldsymbol{u}_5 = \sqrt{3}(u_\alpha - u_\beta)/3 \end{cases} \tag{5-13}$$

当目标电压矢量处于第六扇区

$$\begin{cases} \boldsymbol{u}_5 = -\sqrt{3}(u_\alpha - u_\beta)/3 \\ \boldsymbol{u}_4 = 2u_\alpha/\sqrt{3} \end{cases} \tag{5-14}$$

令 $X = \left| \dfrac{\dfrac{\sqrt{3}}{3}u_\alpha - u_\beta}{\dfrac{2\sqrt{3}}{3}u_{dc}} \right|, Y = \left| \dfrac{\dfrac{\sqrt{3}}{3}u_\alpha + u_\beta}{\dfrac{2\sqrt{3}}{3}u_{dc}} \right|, Z = \left| \dfrac{u_\alpha}{\dfrac{\sqrt{3}}{2} \times \dfrac{2\sqrt{3}}{3}u_{dc}} \right| = \left| \dfrac{u_\alpha}{u_{dc}} \right|$ 则不同扇区相邻两个基本电压矢量作用时间见表 5-4。

表 5-4 基本电压矢量的作用时间

P	7		5		4		0		2		3	
N	Ⅰ		Ⅱ		Ⅲ		Ⅳ		Ⅴ		Ⅵ	
电压矢量	$\boldsymbol{U}_4$	$\boldsymbol{U}_6$	$\boldsymbol{U}_6$	$\boldsymbol{U}_2$	$\boldsymbol{U}_2$	$\boldsymbol{U}_3$	$\boldsymbol{U}_3$	$\boldsymbol{U}_1$	$\boldsymbol{U}_1$	$\boldsymbol{U}_5$	$\boldsymbol{U}_5$	$\boldsymbol{U}_4$
作用时间	X	Y	Z	X	Y	Z	X	Y	Z	X	Y	Z

当采用七段式 SVPWM 时，基本矢量作用时间见表 5-5。

表 5-5 基本矢量作用时间

P	7	5	4	0	2	3
N	Ⅰ	Ⅱ	Ⅲ	Ⅳ	Ⅴ	Ⅵ
T_1	X	X	Y	Y	Z	Z
T_2	Y	Z	Z	X	X	Y

4）开关时间的计算

假设开关器件的开关周期为 T，则可以由表 5-5 计算出三相桥臂的开关时间 T_U，T_V 和 T_W。

$$\begin{cases} T_U = (T - T_1 - T_2)/4 \\ T_V = T_a + T_1/2 \\ T_W = T_b + T_2/2 \end{cases} \tag{5-15}$$

则扇区 N 与电压空间矢量切换时间点的关系见表5-6。

表5-6 不同扇区的空间矢量作用时间对照表

P	7	5	4	0	2	3
N	Ⅰ	Ⅱ	Ⅲ	Ⅳ	Ⅴ	Ⅵ
T_{cm1}	T_U	T_V	T_W	T_W	T_V	T_U
T_{cm2}	T_V	T_U	T_U	T_V	T_W	T_W
T_{cm3}	T_W	T_W	T_V	T_U	T_U	T_V

3. 试验结果

试验以△绕组混合式步进电机为对象，采用DSP芯片TMS320F28335作为控制核心，智能功率模块IPM作为功率器件，组成一个闭环控制系统，试验波形如图5-23所示。

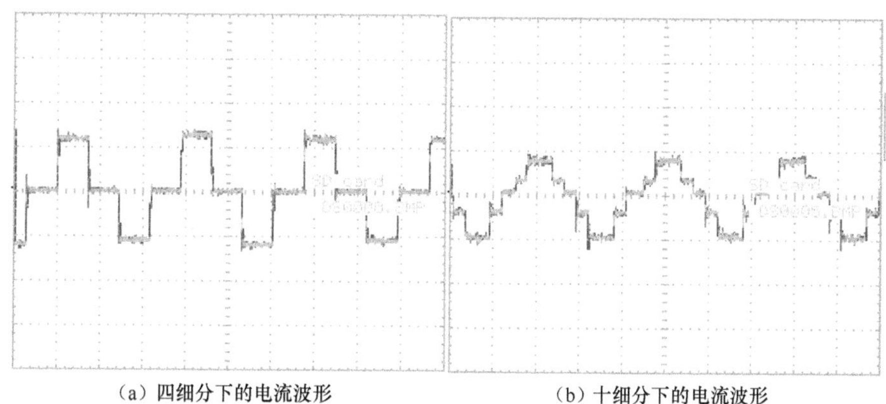

（a）四细分下的电流波形　　（b）十细分下的电流波形

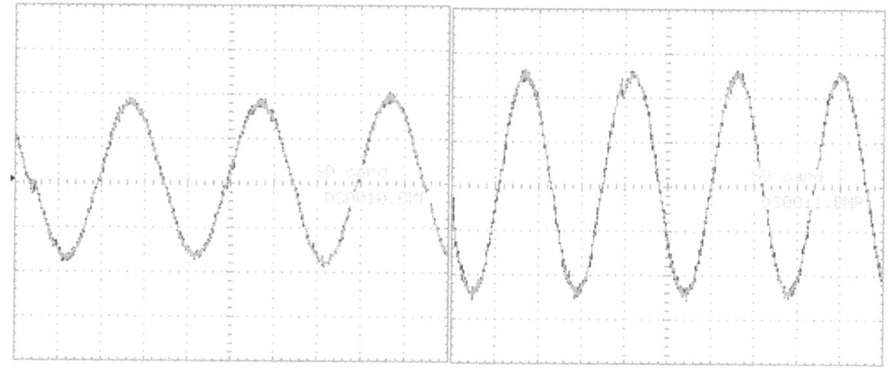

（c）一千细分下的电流波形　　（d）两千细分下的电流波形

图5-23 试验波形图

图 5-23 表明,随着细分数的增加,相电流波形愈趋近于正弦波,从而验证了 SVPWM 算法的正确性以及对三相混合式步进电机的适用性。

参考文献

[1] 坂本正文.步进电机应用技术[M]. 王自强,译. 北京:科学出版社,2010.

[2] 张小杭. 基于 DSP 的两相混合式步进电机细分控制及转矩矢量控制[D]. 杭州:浙江工业大学,2004.

[3] 李玲娟. 多细分二相混合式步进电机驱动器的研制[D]. 西安:西北工业大学,2007.

[4] 刘鑫,葛宝明. 基于单片机的双步进电机协调运动控制器设计[J]. 电气应用,2007,03:65-68.

[5] 徐慎敏,罗建. 基于 DSP 的两相混合式步进电机细分驱动设计[J]. 机械工程与自动化,2011,02:134-135,138.

[6] 白琨,张春鹏,冯敏亮. 基于 DSP 的多台步进电机控制系统设计[J]. 合肥学院学报(自然科学版),2012,03:35-39.

[7] 董晓庆,黄杰贤,张顺扬. 步进电机驱动器的关键技术研究[J]. 单片机与嵌入式系统应用,2008,06:14-17.

第6章

电容可变式静电电机

6.1 电容可变式静电电机简介

常规的电机多为基于电磁感应原理的，而利用电容可变原理的静电电机则是利用静电为能量源的一种能量转换装置。类似于开关磁阻电机的磁阻最小工作原理，电容可变式静电电机施加驱动电压后，利用定转子电极之间基于静电能的能量变化趋势产生静电转矩，驱动转子旋转以实现定转子电极之间能量最小。通常静电的能量密度与电磁能量密度相比较低，因此常规的动力源如工业用电机多为电磁式的，但是在微观领域情况却发生了根本的变化，绝缘体的电场破坏强度随着绝缘厚度的变薄而上升，有效提高了静电的能量密度，又由于电容可变式静电电机具有构造简单、加工容易、效率高等优点，目前，电容可变式静电电机在微机电系统（MEMS）中已经得到了广泛的应用，常规尺寸领域电容可变式静电电机的研究仍处于关键技术攻关与试验验证阶段。

静电电机具有漫长的发展历史，早在1742年，即在电磁式电动机诞生100多年前，Andrew Gordan发明了利用同号电荷相排斥、异号电荷相吸引原理的电铃和电弹力车，是最早的利用静电驱动的例子。1889年，Karl Zipernowsky发明了电容式静电电动机。1969年，B. Boilee研制了几种电容可变式静电电机，其中一种定转子之间的间隙加工到了0.1mm，有100个电极，工作电压降到了200V，输出功率为600μW。美国加利福尼亚大学Berkeley分校的Muller在1987年提出在1μm~1mm范围内制作以硅集成工艺为基础的具有智能化结构的MEMS概念，1989年，该校学生L. S. Fan等成功地在硅片上制作出直径为120μm的静电电动机，至此，电容可变式静电电机在微机电系统（MEMS）中得到了越来越广泛的应用。

我国在超微型电机的研制方面也取得了较大的成就，清华大学微电子研究所研制出直径仅为 100μm 的微型静电电动机,转速高达几万转每分,其独到之处在于电机与转速传感器集成于一体,这些成就表明我国在超微型电机领域已形成了自己的特色。

到目前为止,日本、美国和德国对静电电机的开发与研究分别代表着 3 种制作静电电机的技术:第一种是以日本为代表的利用非光刻的传统的机械加工手段(如金属与塑料部件的切削、研磨),即利用大机器制造生产小机器,再利用小机器制造微机器的方法。日本认为静电电机的未来不只属于硅,硅仅是人们要使用的材料中的一种;第二种是以美国为代表的表面超微加工技术,利用牺牲层技术和集成电路工艺技术相结合对硅材料进行加工;第三种是以德国为代表的 LIGA 技术,LIGA 是德文 Lithograpie(深度 X 射线刻蚀)、Galvanoformug(电铸成型)和 Abformung(塑料铸模)3 个词的缩写,它是利用 X 射线光刻技术,通过电铸成型和塑料铸模形成深层微结构的方法。这种方法可以对多种金属以及陶瓷进行三维微细加工。其中第二种方法与传统 IC 工艺相兼容,可以实现微机械和微电子的系统集成,比较适合批量生产,已成为目前超微静电电动机生产的主流技术[1]。

由于电容可变式静电电机具有结构简单、成本低、损耗小,适用于超高温、强磁场领域等一系列优点,近年来,国外一些研究学者开始关注常规尺寸领域电容可变式静电电机的研究,但目前仍处于关键技术攻关与实验验证阶段[2-14]。

输出转矩的提高电容可变式静电电机的一个关键技术,目前,日本 Shinsei 公司的 ToshiikuSashida 通过提高真空电介质下电机的驱动电压来提高其输出转矩。所研制电机为单相电机,驱动电压范围为 1~100kV,理论最大转矩 0.1Nm、最大功率 100W、最大转速 10000r/min、效率大于 95%。电机定子电极加载极性不断变化的电压,根据传感器检测的定转子电极之间的相对位置信息,调整加载在转子电极上的电压极性,使定转子之间产生持续不断的转矩来驱动电机旋转。这种单相电机的输入电压过高,而且维持电机处于真空状态的成本也很高,不利于在实际领域的应用。

美国 Wisconsin 大学的 Daniel C. Ludois 等学者则是采用相对介电常数为 7.1 的液体电介质来提高电机的输出转矩。所研制三相电容可变式静电电机在输入电压 7.5kV 状态下,理论输出转矩为 0.7N·m,转矩密度达到 0.101N·m/kg,等同于几百瓦功率等级的异步电机。但是,电机的转矩是在转子锁定的情况下,测量加载电压时定子的扭矩所得。目前还处于控制器研制和电机起动验证阶段,液体电介质下电机的风摩损耗、介质损耗及效率等方面也有待研究。

由此可以看出,国外在常规尺寸电容可变式静电电机领域已经开展了一些研究,但是在电机结构优化、探索最佳电介质和控制策略研究等关键技术上还有待深入。目前,日本 Shinsei 公司已经有相关产品问世,美国 Wisconsin 大学也有

研究成果陆续发表[14]。

电容可变式静电电机根据应用尺寸可以分为电容可变式微型静电电机和电容可变式常规尺寸型静电电机,如图6-1所示。

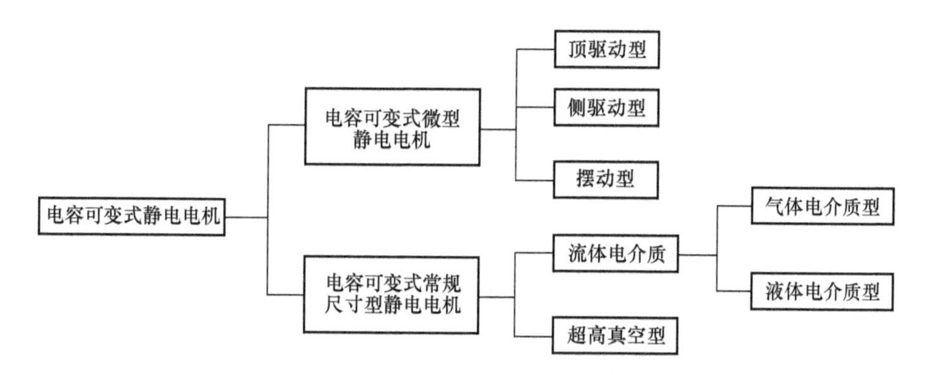

图6-1 电容可变式静电电机的分类

电容可变式微型静电电机可以分为3种:顶驱动型(top drive motor)、侧驱动型(side drive motor)以及摆动型(wobble drive motor)。顶驱动型旋转静电电机的结构是定子在转子的上面,定子电极与转子电极之间形成电容,电容中电场变化产生一个相对轴承为切向的静电力,直接驱动电机旋转。侧驱动型静电电机转子在定子的里面,电能储存在定转子电极间的气隙中,产生的静电力的方向相对轴承也为切向。摆动型静电电机也称为行波型静电电机。转子的外径比定子的内径小一些,电机的运行依靠径向静电力吸引转子向被激励的定子电极方向运动,当按一定顺序激励定子电极,就可以实现转子在定子直径内滚动。在这3种旋转型静电电机中,顶驱动型静电电机由于其定转子之间的电容变换较大,所以它的输出转矩比较大,但是在运行过程中会产生一个与转子电极相垂直的静电力将转子箝住推向定子电极,所以转子的稳定性是一个非常严峻的问题。侧驱动型静电电机通过轴承来确保转子在被激励的定子电极之间,于是转子的不稳定性就得到了结构性的补偿。但是对于扁平结构的侧驱型静电电机,由于定转子电极重叠形成的电容小,导致其输出转矩过小。摆动型静电电机通过将电机做得长一些来获得较大的输出转矩,但是由于转子在定子电极内做滚动运行,所以这种结构会导致所带负载摆动较大。针对上述结构的静电电机的缺点,为了提高输出转矩、解决转子的稳定性等问题,目前又有人提出了双定子(double-rotor motor)静电电动机、静电悬浮式(electrostatic suspension motor)静电电机、外转子(outer rotor motor)静电电机、中心钉(center pin motor)轴瓦静电电机、法兰盘(flange motor)静电电机、快门(shuffle motor)静电电机等新结构。

输出转矩的提高是电容可变式常规尺寸型静电电机的一个关键技术,提高电机的驱动电压和采用相对介电常数更高的流体电介质是目前研究人员提出的两种改善电机输出转矩的方法。因此,电容可变式常规尺寸型静电电机根据填充介质的类型可以分为超高真空(UHV)电容可变式静电电机和流体电介质电容可变式静电电机。其中流体电介质电容可变式静电电机的介质流体可以是气体或液体,这两种形式各有优缺点。

超高真空电容可变式静电电机:在超高真空条件下,击穿强度得到提高,比一般情况下高出至少一个数量级。这种增长只相当于电切力值和磁切力值之间两个数量级的差值,因此相对介电常数仍是不变的。这种电容可变式静电电机在较小功率运转下仍需要 10~300kV 的输入电压,所产生的转矩相对较低,并且必须保持相当高的转速才能产生动力,通常在 $10^4\sim5\times10^5$r/min 的范围内。除此之外,这种电机运行所需要的超高真空条件实现难度较大,所需成本较高。

流体电介质电容可变式静电电机:在高压条件下使用气体作为电介质,将击穿强度提高到帕邢曲线的范围。这种电容可变式静电电机适用于输入电压为 200~600kV 的千瓦级电机,所产生的转矩同样较低,并且也需要保持相当高的转速才能产生动力,通常在 $10^4\sim5\times10^5$r/min 的范围内。除此之外,这种电机运行在高压气体条件下,技术难度较大,所需成本较高。使用液体作为电介质:介电液体具有低导流率、高击穿强度、高相对介电常数以及低黏度。因此,液体电解质电容电机能够运行在较低的转速范围内。除此之外,电机内部原有的液体电介质可以被排出,并被具有更高化学性能的液体电介质所取代,而不会对电机本身产生任何机械或者电气方面的影响。

6.2 电容可变式静电电机工作原理

6.2.1 电机的工作原理

在电机领域通常会忽视电场也能产生力矩来完成做功。电容可变式静电电机使用洛伦兹力(Lorentz force)的电场力项来产生力矩的。在电动力学中,洛伦兹力是运动于电磁场的带电粒子所受的力。根据洛伦兹力定律,洛伦兹力可以表达为

$$F = q(E + v \times B) \tag{6-1}$$

电容可变式静电电机的工作原理可以类比于开关磁阻电机的磁阻最小工作原理。电容可变式静电电机施加驱动电压后,定转子电极之间产生的电场力试图使转子电极与最近的定子电极相对齐,以实现定转子电极之间能量最小,从而

产生驱动转子旋转的转矩。

电容可变式静电电机基于静电场，而开关磁阻电机是基于磁场，两种电机参数的对比情况见表6-1。其中，磁阻是电感的倒数乘以匝数的平方。倒电容是电容的倒数，磁阻和倒电容都只由填充气隙的材料和电感/电容的几何尺寸决定。磁阻或者倒电容越低，磁通量或电通量越容易穿透给定源的空间，从而产生越高的储能能力。磁阻电机的转矩与电感的变化量及电流的平方成正比，而电容电机的转矩与电容的变化量及电压的平方成正比。由此，可以得出电容可变式静电电机的转矩取决于3个因素：一是电容的变化量；二是电容最大值和最小值产生位置之间的角距离，即极数；三是电压的大小。

6.2.2 电机的结构

以电容可变式常规尺寸型静电电机为例，电机由定转子上的电极和电极之间的电介质构成，与电磁式电动机相比，电容可变式常规尺寸型静电电机具有一系列优点：节省绕组线圈、铁心和永磁体，构造简单，加工容易，成本低；没有绕组线圈的铜损，铁心、永磁体中的铁损，电机损耗小，效率高；不用考虑高温对永磁体去磁和绕组绝缘的影响，适用于超高温领域；电机中没有磁性材料，也没有磁场产生，电机不受外界磁场影响，适用于强磁场领域。另外，由于电极之间的电场强度与电极表面导电层的厚度无关，电极可以采用更轻的绝缘材料再镀一层导电层的方式来实现电机的轻量化。因此，电容可变式常规尺寸型静电电机在高效节能、降低成本方面可以作为电磁式电机的一个重要拓展。

表6-1 两种电机参数对比情况表

	开关磁阻电机	电容可变式静电电机
通量	$B = \mu H\phi_M = \int_{x^2} B \cdot \mathrm{d}x^2$	$D = \in E\phi_E = \int_{x^2} D \cdot \mathrm{d}x^2$
电感/电容	$L = \dfrac{\phi_M}{I}$	$C = \dfrac{\phi_E}{V}$
磁阻/倒电容	$R_M = \dfrac{d}{\mu_o \mu_r wh} = \dfrac{N^2}{L}$	$\varepsilon_E = \dfrac{d}{\varepsilon_o \varepsilon_r wh} = \dfrac{1}{C}$
磁动势/电动势	$MMF = Ni = I = \phi_M R_M$	$EMF = V = \phi_E \varepsilon_E$
力	$F_M = \dfrac{1}{2}i^2 \dfrac{\mathrm{d}}{\mathrm{d}x}L(x) = \dfrac{1}{2}i^2 \dfrac{\mathrm{d}}{\mathrm{d}x} \dfrac{N^2}{R_M(x)}$	$F_E = \dfrac{1}{2}V^2 \dfrac{\mathrm{d}}{\mathrm{d}x}C(x) = \dfrac{1}{2}V^2 \dfrac{\mathrm{d}}{\mathrm{d}x} \dfrac{1}{\varepsilon_E(x)}$
转矩	$T_M = \dfrac{1}{2}i^2 \dfrac{\mathrm{d}L}{\mathrm{d}\theta} \propto i^2 \dfrac{L_{\max} - L_{\min}}{\Delta\theta}$	$T_E = \dfrac{1}{2}V^2 \dfrac{\mathrm{d}C}{\mathrm{d}\theta} \propto V^2 \dfrac{C_{\max} - C_{\min}}{\Delta\theta}$

图 6-2 所示为一单相电容可变式常规尺寸型静电电机的示意图，电机包含两个定子和一个转子，转子位于两个定子中间，两个定子和转子上沿同心圆分布有电极，定子电极和转子电极相互交叉，中间充满电介质。定转子上分布的电极层数（同心圆个数）、每一层电极的个数（电机的极数）、排列方式、电极形状、定转子电极之间的交叉方式可以根据需要进行设计优化。定转子的相互空间位置可以是沿轴向排列，也可以是沿径向排列。定转子电极板和电极条材料可以是任意导电金属，也可以采用不导电材料再镀一层导电层。电介质可以是气体也可以是液体。其中，两个定子上面的电极排列方式相同，但是两个定子电极板在轴上的固定位置沿转子旋转方向上相差 180°电角度（同一层中相邻两个电极沿转子旋转方向上相差 360°电角度），以保证电机的电容变化量及转矩最大化。作为单相电机，两个定子分别施加正、负电压，中间的转子接地。

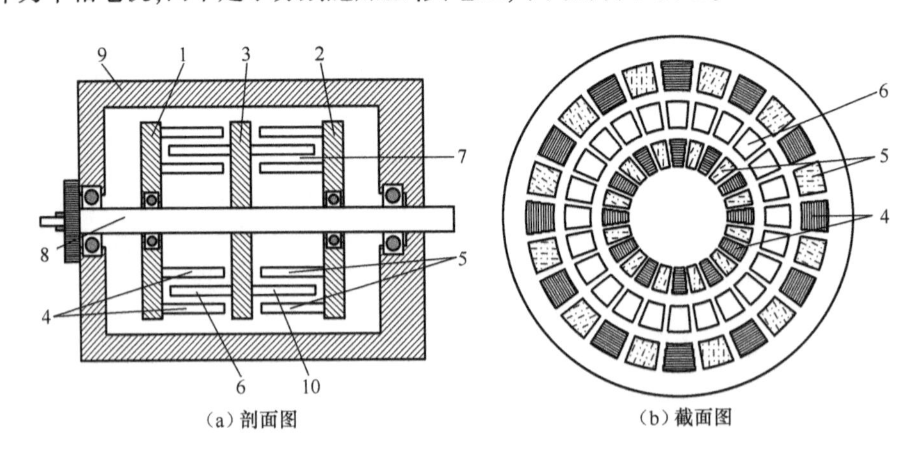

（a）剖面图　（b）截面图

1，2—定子；3—转子；4，5—定子电极；6，10—转子电极；7—电介质；8—转子转轴；9—壳体。

图 6-2　电容可变式静电电机示意图

但是，电容可变式常规尺寸型静电电机在一些关键技术上仍需要研究：

（1）电容可变式常规尺寸型静电电机的输出转矩很小，限制了其在实际领域中的应用。气体电介质（包含真空）状态下提高电机的驱动电压和采用相对介电常数更高的液体电介质是目前提出的两种改善电机输出转矩的方法。但是，这两种方法目前都处于探索性研究和样机及控制器试制阶段，各自的性能特点还不明确，新的提高电机转矩的方法也在不断探索中。另外，电机定转子电极的排列方式和电机结构参数的改变对电机输出转矩的影响也很大。因此，需要分析不同拓扑结构电机的转矩性能特点，研究提高电容可变式常规尺寸型静电电机输出转矩的最佳结构方式并进行优化设计，以提升电机的转矩密度，更好应对驱动电机对输出转矩的性能需求。

(2) 电机转矩密度的提升和转矩脉动的抑制离不开控制策略的研究。电容可变式常规尺寸型静电电机的调速和控制涉及电机学、电力电子、控制理论等众多学科领域。作为一种新型电机,电容可变式常规尺寸型静电电机的控制原理不同于常规的电磁式电机,目前只有基于一系列简化条件的线性数学模型作为其控制方法的依据,各种应用于电磁式电机的控制策略在电容可变式常规尺寸型静电电机转矩控制方面的效果还不明确。因此,需要推导电容可变式常规尺寸型静电电机精确的数学模型,分析电机的转矩控制参数,研究能有效提高电机转矩性能的控制策略。

(3) 在提高电机转矩性能的基础上,综合衡量不同结构形式电容可变式常规尺寸型静电电机的转矩密度、损耗、效率、高温耐热性、控制系统复杂性、电压等级、成本等性能,是实现电容可变式常规尺寸型静电电机在不同需求领域中应用的前提。电容可变式静电电机没有电磁式电机的铜耗和铁耗,理论上电机应该损耗小、效率高,但是,电容可变式常规尺寸型静电电机需要考虑不同电介质材料带来的介质损耗和风摩损耗的影响。不同电介质材料下介质损耗在高电压、高饱和电机的总损耗里所占的比例还有待验证。而风摩损耗在不同电介质下(例如气体电介质和液体电介质)在总损耗中所占比例也有很大区别。因此,需要对比分析不同结构形式电机的损耗,以及引起的效率和高温耐热性等性能的变化,并综合电机的转矩密度、控制系统复杂性、电压等级、成本等性能,研究电容可变式常规尺寸型静电电机在实际不同领域中的适用性。

6.2.3 电容可变式微型静电电机实例

随着科学技术的飞速发展,电动机的应用无处不在,新型材料在电动机结构设计过程中层出不穷,电动机性能也日趋优良。电容可变式微型静电电机作为MEMS微型执行器这一关键部件,其结构及性能的优劣就显得尤为重要了。

驻极体是一类用途极广的储电功能电介质,在电子工程、环境净化、能源和生物医学工程等方面有重要的应用。经典驻极体电机将驻极体材料引入了微电机设计领域,但是由于当时使用的经典驻极体材料的性能很差,使得经典驻极体电机没有得到广泛关注。聚四氟乙烯(PTFE)的出现,由于优良的电荷储存稳定性和良好的力学行为,成为微电机转子材料的最佳选择,驻极体电动机应用于实践再一次成为现实。本节选用驻极体作为电容可变式微型静电电机的转子材料,电机转子将主动部件和从动部件合二为一,这样既符合电机结构优化设计的要求,而且由于无需转子驱动电路,使得静电电机的总体驱动电路变得简单。

电容可变式微型静电电机的结构简单,由性能良好的绝缘体和导电体构成,它的激励只需要简单的开环电压脉冲。所以目前以电容可变式微型静电电机的研究最为普遍。由于顶驱动型静电电机的定转子间的电容变换较大,它的输出转矩较大,故本节针对扁平驻极体、顶驱动型静电电机进行介绍。

扁平驻极体、顶驱动型静电电机是静电电机的一种,其运行原理是电容可变原理,和以往电磁型电机的驱动原理完全不同。它通过驻极体转子在电场中受到静电力作用将电能转化为机械能。

根据定子电极数与转子电极数对扁平驻极体、顶驱动型静电电机进行命名。图 6-3 所示的是 1 极—1 极扁平驻极体、顶驱动型静电电机三维模型图及其主体结构图。图 6-3(a)所示的是电机的定子,转子如图 6-3(b)所示。定子接方波电压,通过整流子交替供电,方波电压的频率决定电动机的转速;转子是由金属圆盘以及贴附其侧面的扇形驻极体组成,驻极体转子就具有较强的机械强度;底座是由非金属材料制成,起固定支撑作用。由于电机只有一个定子,所以此类电机也可称为单定子微型静电电机。

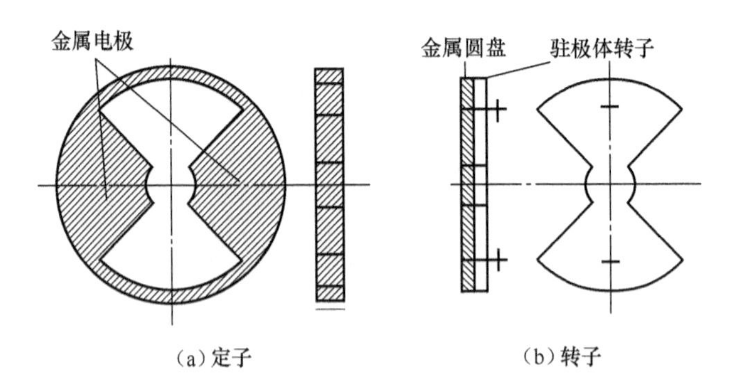

(a)定子　　(b)转子

图 6-3　1 极-1 极扁平驻极体、顶驱动型静电电机定转子图

扁平驻极体、顶驱动型静电电机的工作原理是电容可变原理,即利用带电极板之间基于静电能的能量变化趋势产生的机械位移,这种作用力使两个电极趋于互相接近并达到一个能量最小的稳定位置,电机的定子电极为静止电极,转子为旋转电极,通过限制转子向定子方向移动(即轴向)的自由度,获得一个单一方向的旋转位移[6-11]。

6.2.4 电容可变式常规尺寸型静电电机实例

电容可变式常规尺寸型静电电机的输出转矩很小,限制了其在实际领域中的应用。针对这一缺点,除了可以通过提高驱动电压或电介质的相对介电常数的方法进行改善外,还需要在电机设计阶段,对电机的拓扑结构进行优化,以提高电机的输出转矩。另外,电容可变式常规尺寸型静电电机通常设计为定子上分布不同电势的电极,比如三相电机,定子上分布 3 种不同电势的电极;单相电

机,定子上分布两种不同电势的电极,不同电势的电极之间彼此要相互绝缘,这在工艺上增加了复杂性。

本实例提供了一种单相电容可变式常规尺寸型静电电机,如图6-4所示。该电机的输出转矩较大,并且每个定子上只分布一种电势的电极。为达到上述目的,所述的单相电容可变式静电电机包括壳体、转子转轴以及设置于壳体内的转子、第一定子及第二定子,其中,转子位于第一定子与第二定子之间,转子转轴穿过壳体,第一定子及第二定子通过轴承安装于转子转轴上,转子套接并固定于转子转轴上,两个定子的内侧面上安装有7层电极,转子的两个侧面都安装有6层电极,每一层上都按同心圆分布40个电极,定子电极和转子电极在空间上交叉分布,电极之间的电介质为空气。在工作时,第一定子及第二定子上分别施加正电压及负电压,转子接地,因此每个定子上只分布一种电势的电极,不需要考虑电极之间绝缘的问题;第一定子与第二定子在转子转轴上的固定位置在沿转子旋转方向上相差180°电角度,同一电极层中的相邻两个电极相对于转子转轴的空间位置在沿转子旋转方向上相差360°电角度。电极的形状为矩形、圆形或者任意可能形状。本例中一开始电极的形状设计为圆形,后来为了提高电机的电容变化量,电极的形状优化为矩形。第一定子与转子之间,第一定子与第二定子之间,以及转子与第二定子之间均相互绝缘。

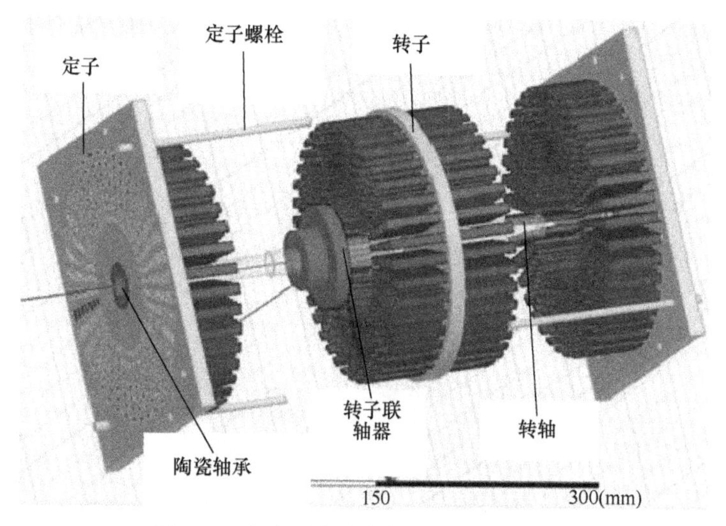

图6-4 电容可变式常规尺寸型静电电机

电机施加驱动电压后,利用定转子电极之间基于静电能的能量变化趋势产生静电转矩,驱动转子旋转以实现定转子电极之间能量最小。电容可变式常规尺寸型静电电机转子与定子之间的力可由电场产生的洛伦兹力导出。考虑到转

子旋转的动力学过程以及转子电极与定子电极之间的相互作用，转子与两个定子之间产生的转矩和电容可以表示为

$$T = V^2 \frac{\mathrm{d}}{\mathrm{d}x}C(x) = V^2 \frac{C_{\text{stator1-rotor}}(x) - C_{\text{stator2-rotor}}(x)}{\Delta x} \tag{6-2}$$

$$C(x) = N\frac{\varepsilon_0\varepsilon_r s}{d(x)} \tag{6-3}$$

式中：V 为施加电压；x 为定子与转子之间的相对距离；N 为转子和定子的电极数；s 为转子和定子间相互作用面积；$C_{\text{stator1-rotor}}$ 为第一定子和转子之间的电容；$C_{\text{stator2-rotor}}$ 为第二定子和转子之间的电容。两个定子在转子转轴上的固定位置在沿转子旋转方向上相差 180°电角度，当 $C_{\text{stator1-rotor}}$ 达到最大值时，$C_{\text{stator2-rotor}}$ 为最小值，上述两电容之差为最大，有效提高了电机的输出转矩。

相比于电磁式电机，本例所述的电容可变式常规尺寸型静电电机节省了绕组线圈、铁心及永磁体，结构更为简单，并且工作过程中电机损耗小，效率高，不用考虑高温对永磁体去磁及绕组绝缘的影响，能够适用于超高温领域。

6.3 电容可变式静电电机设计与分析

本节以电容可变式常规尺寸型静电电机的设计为例。

6.3.1 电容仿真分析

电极分布拓扑图如图 6-5 所示，两个定子上的电极拓扑结构完全一样，只是在空间位置上沿着转子的旋转方向上相差 180°电度差，确保两个定子与转子之间的电容差为最大。考虑加工的方便，电极的初始形状设计为圆形，电机的主要参数见表 6-2。

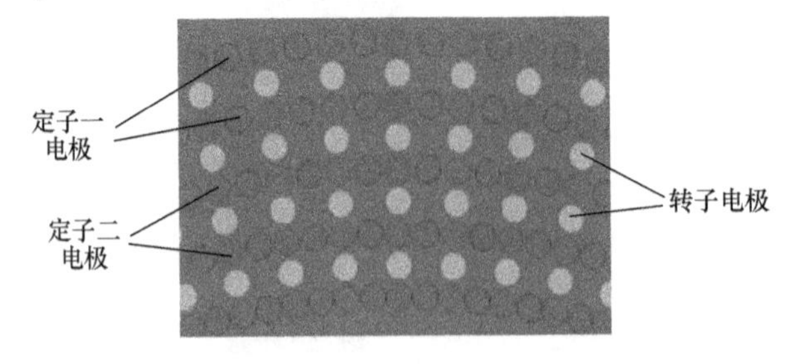

图 6-5　电极分布拓扑图(见书末彩图)

表 6-2　电机初始参数(圆形电极)

参　　数	数　　值
定子电极层数	5
转子电极层数	4
电极直径	3. 2mm
定转子电极交叉部分长度	25mm
定转子相邻两层之间气隙	0. 5mm
定(转)子相邻两层电极之间气隙	3. 7mm
定子第一层电极距圆心位置	100mm
定子外径	165mm

设计过程中,利用有限元软件建立了电机的三维有限元模型。为了分析电机极数对电容的影响规律,对比了不同定转子极数组合(分别为 96/96、96/80、96/64、96/48,如图 6-6 所示)下定子和转子之间的电容。

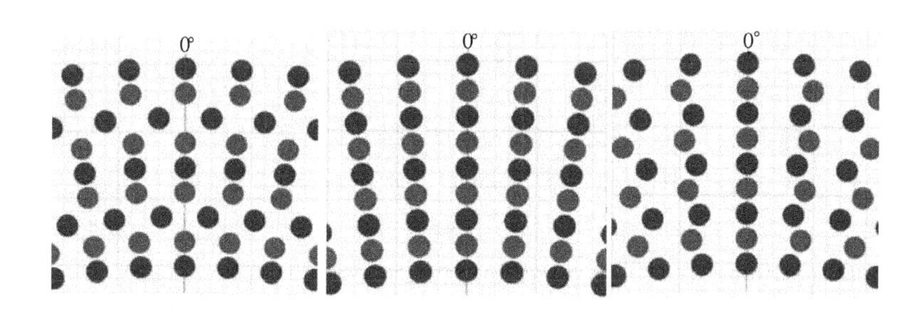

(a) 定转子极数组合96/96(1)　(b) 定转子极数组合96/96(2)　(c) 定转子极数组合96/80

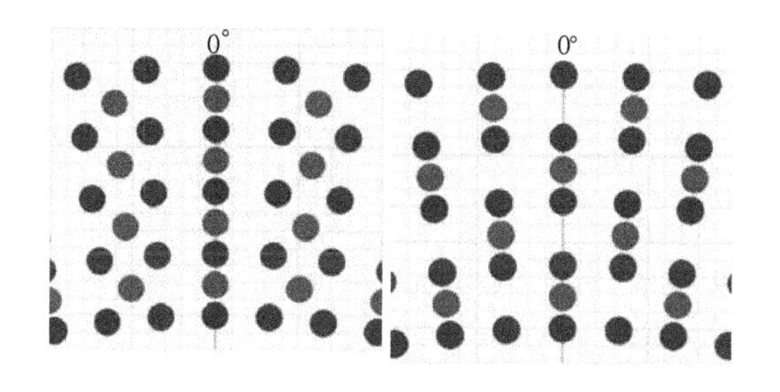

(d) 定转子极数组合96/64　(e) 定转子极数组合96/48

图 6-6　定转子极数组合(见书末彩图)

不同定转子极数组合的电容如图 6-7 所示(图中没有显示定子 2 和转子之

间的电容)。由于两个定子在空间位置上沿着转子的旋转方向上相差 180°电角度,定子 2 和转子之间的电容与定子 1 和转子之间的电容相比,相位偏移了 180°电角度,即定子 1 和转子之间的电容达到最大值时,定子 2 和转子之间的电容为最小值,保证了两电容之差为最大,有效提高了电机的输出转矩。为了研究相邻两排定子电极相对位置对电容的影响,比较了定转子极数组合为 96/96 下两种不同拓扑结构电机的电容,如图 6-6(a)和图 6-6(b)所示。图 6-6(a)中相邻两排电极之间在空间位置上相差 180°电角度,图 6-6(b)中相邻两排电极之间在空间位置上相差 0°电角度。5 种拓扑结构电机处于图中 0°位置时,相邻两排定转子电极之间的气隙最小,定转子之间的电容最大。5 种拓扑结构电机分别处于图中 0.9375°、1.875°、0.375°、0.9375°和 1.875°位置时,定转子之间的电容最小。图 6-6(a)所示 96/96(1)拓扑结构电机,最大电容位置和最小电容位置之间的距离小于图 6-6(b)所示 96/96(2)拓扑结构电机的,导致 96/96(1)拓扑结构电机的电容变化量小于 96/96(2)拓扑结构电机的电容变化量。96/96(2)拓扑结构电机和 96/48 拓扑结构电机在相同位置达到电容的最大值和最小值,但是,96/48 拓扑结构电机位于最大电容位置的定子电极数仅为 96/96(2)拓扑结构电机的一半,导致 96/48 拓扑结构电机的电容幅值和变化量小于 96/96(2)拓扑结构电机。96/96(1)拓扑结构电机与 96/64 拓扑结构电机的对比可以得出类似的结论。由于相互作用电极数的增加,96/96 拓扑电机的电容幅值高于 96/80 拓扑电机、96/64 拓扑电机和 96/48 拓扑电机。因此,可以得出电容可变式静电电机的设计规律:相互作用电极的数量会影响电容的幅值;定转子的极数组合及相邻两排电极之间的空间位置会影响最大电容位置和最小电容位置,进而影响电机的电容变化量。由图 6-7 的电容对比结果可知,定转子极数相同且电极排列方式如图 6-6(b)所示的拓扑结构电机的电容变化量最大。

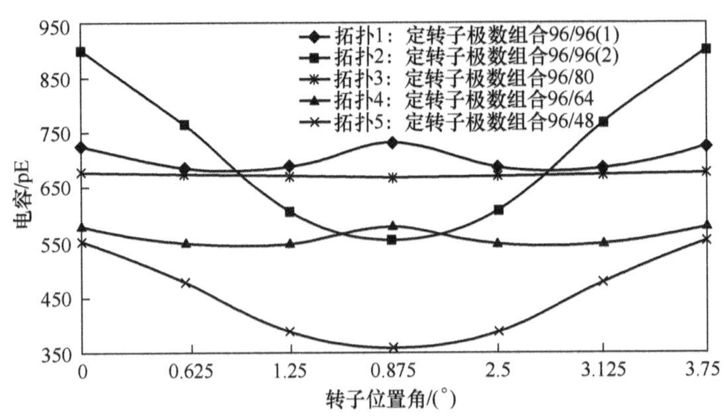

图 6-7　不同定转子极数组合的电容(见书末彩图)

6.3.2 电机优化

在设计过程中缩小了电极尺寸，以提高功率密度，节省材料及成本。优化过程中以电容变化量和转矩密度为优化目标，定子半径由165mm减小到110mm。分析过程中，通过比较不同拓扑结构电机(电极极数/电极形状/定转子电极交叉长度/扇形电极圆心角 α 分别为60/圆形/25mm/N/A、60/扇形/35mm/3°、48/扇形/35 mm/3°、40/扇形/35mm/4.5°)的电容变化量，对电机进行优化设计。图6-8显示的是拓扑结构为电极极数为40、扇形电极、扇形电极圆心角为4.5°的电机。扇形电极的尖端设计成圆角，以避免尖端放电现象。不同拓扑结构电机的定子1和转子之间的电容变化量如图6-9所示，其中拓扑结构为：电极极数为40、扇形电极、定转子电极交叉长度为35mm、扇形电极圆心角为4.5°的电机电容变化量最大。因此，将其确定为最终的优化方案，具体参数见表6-3。通

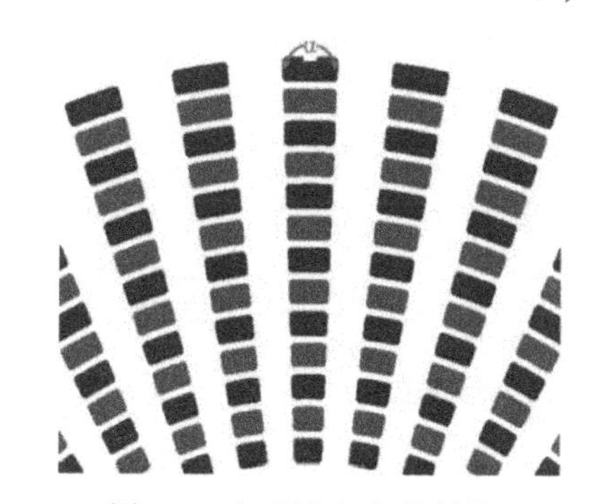

图6-8　矩形电极拓扑结构

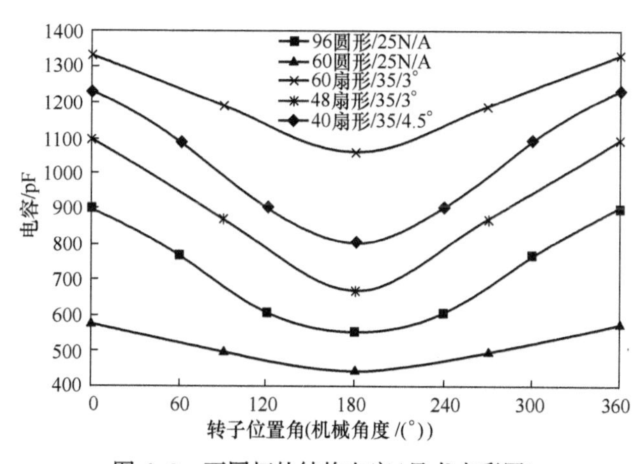

图6-9　不同拓扑结构电容(见书末彩图)

过对比可以看出,与初始的电极极数为96、圆形电极、定转子电极交叉长度为25mm的电机方案相比,优化后的电机方案虽然减小了电机的尺寸和电极数量,并增大了气隙以方便安装,但通过改进电极形状(圆形优化为扇形),增加定转子电极之间的有效作用面积(增大定转子电极交叉长度和扇形电极圆心角),可以获得更大的电容变化量和转矩密度。

表6-3　电机优化后参数(扇形电极)

参　数	数　值
定子电极层数	5
转子电极层数	4
电极直径	3.2mm
定转子电极交叉部分长度	25mm
定转子相邻两层之间气隙	0.5mm
定(转)子相邻两层电极之间气隙	3.7mm
定子第一层电极距圆心位置	100mm
定子外径	165mm

基于优化后电机的电容变化量,电机的转矩可以推导为

$$T = V^2 \frac{\mathrm{d}}{\mathrm{d}x}C(x) = 4 \times 10^6 \times \frac{400 \times 10^{-12}}{6.28 \times 10^{-3}} = 0.25\mathrm{Nm} \qquad (6-4)$$

其中电机所施加的电压为2000V。

电机的转速为

$$n = \frac{60f}{P} = \frac{60 \times 5000}{40} = 7500\mathrm{rad/min} \qquad (6-5)$$

其中频率为5000Hz。

电机的功率:

$$P = \omega CV^2 = 2 \times 3.14 \times 5000 \times 400 \times 10^{-12} \times 4 \times 10^6 = 50\mathrm{W} \qquad (6-6)$$

从上述公式可以看出,提高电机所施加的电压和频率,有利于提高电机的转矩和功率。但是,需要注意的是,电压的升高不能超过电介质的击穿电压,可以通过改变电介质为真空或者绝缘气体电介质提高击穿电压,进而提高电机的转矩和功率。另外,电机的介质损耗产生的机理及计算模型也有待进一步研究。

6.3.3 电机性能验证

3D打印技术是快速成型技术的一种,它是一种以数字模型文件为基础,运用粉末状金属或塑料等可黏合材料,通过逐层打印的方式来构造物体的技术。常在模具制造、工业设计等领域被用于制造模型,后逐渐用于一些产品的直接制

造。目前,该技术在工业设计、建筑、工程和施工、汽车,航空航天、牙科和医疗产业、教育、地理信息系统、土木工程以及其他领域都有所应用。作为试验用样机,为了避免电机昂贵的模具加工过程,采用了3D打印技术制作样机。样机采用PLA塑料材料经过3D打印成型,然后在表层镀一层金属镍使其导电。利用PLA塑料材料经过3D打印的定转子和镀镍以后的样机如图6-10所示。

图6-10　样机

通过对比可以看出,电机的电容仿真结果及测量结果基本吻合,产生的误差可能是由测量误差及电机的加工工艺引起的。对比结果验证了电容可变式静电电机的设计及优化过程,具体如图6-11所示。

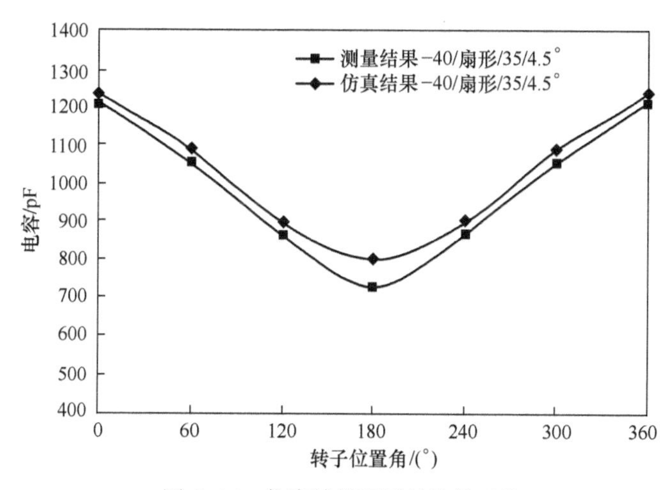

图6-11　仿真结果及测量结果对比

6.4 电容可变式静电电机应用及展望

目前静电电机已经在一些基本上不需要功率输出的场合得到了应用，如光、磁领域。日本丰田中央研究所研究的利用表面微机械加工的静电电机被用于驱动微机械光学斩波器，通过在电机电极间施加 100V 电压产生 0.4μN 的对应拉力，从而使栅格偏移 2.5μm。随着微机电系统（MEMS）的不断发展以及微观领域的基础理论的不断深入研究，作为微型机械的动力，静电电动机将会发挥其优势，在各种纤细复杂的微环境里有着广阔的应用前景。例如，在医疗领域，静电电机可用在集电子发射器、自动记录仪及电脑等于一体的超小型机械上，这种机器可进入人的肠胃、血管；在航天航空领域，静电电机可用在带摄像装置进入卫星、宇航飞机内检查故障的机器上；在军事领域，超微静电电动机可以作为微型空中机器人的动力构件，这种机器人装有红外线感应器，能完成规定的侦察任务。

进入 21 世纪，信息技术的高速发展，为超微型电机的开发应用展现出一幅激奋人心的美好前景。主要有以下 8 个方面。

(1) 信息机器（含家电、仪表）。今后信息机器和家电的主流是趋于小型化、薄型化、微型化，包括音频、视频、办公产品、智能检测、便携式电脑及附件等。其中驱动电机的微型化是至关重要的环节。

(2) 光学机器。光纤产品、光学仪器、各种视盘机及光刻机、激光设备及激光刀等都需要精密微型的电机驱动和控制。

(3) 微机器人。目前微型机器人开发的最大问题是很难找到一个体积很小、功率又足够大的电机来驱动。微型电机的发展必将极大推动微机器人的开发与应用。

(4) 医疗机器。医疗领域是微机械技术应用的最具代表性的领域。微创伤内窥诊疗、精密显微外科、体内局部微量给药都需要高度灵巧、高度柔顺的微电机。国外内窥镜已经做得很细了，最小的内窥手术钳外径为 0.8mm，头部可作二自由度偏摆的主动内窥镜外径为 1mm，脑动脉瘤治疗用内窥镜外径 0.25mm。据预测，$\phi(3\sim5)$ mm 的万能型智能内窥镜将在 2050 年前投入实际使用。这对超微型电机提出了挑战。

(5) 军事（公安）探测。各种军事昆虫、内窥器械等，将会在今后的反恐、救援、战争前线侦察、考古、司法取证、科学探索等方面大显身手，而每一个微型的探测器内部都装有大量的微电机以完成各种需要的动作。

(6) 生物机器。遗传工程和转基因技术是未来农业的支点。人们对于细胞

的自动化操作离不开精细的高分辨率的微电机。

（7）微型飞机。在去年召开的可持续性发展世界首脑会议期间，约翰内斯堡动用了先进的无人微型飞机担任警戒任务。这表明微型飞机的时代离我们不远了。而微型飞机上必须装有轻量的多自由度的微电机。

（8）精密加工。为配合微电子机械系统的制造，国外已经有“桌上加工中心”出现，其驱动电机大多是毫米级的。

就目前而言，静电电机的研制和开发还是属于探索阶段，在以下几个方面可以进一步开展研究：

随着静电电机的外形尺寸越做越小，摩擦问题成为制约静电电机寿命与性能的最大因素（目前静电电机的寿命一般是以小时为单位来计算），同时摩擦力还直接影响着静电电机的效率。对于超微型的静电电机来讲，摩擦力主要是由于表面间的相互作用力而不再是载荷压力，传统的宏观摩擦理论和研究方法已不再适用。研究微观摩擦理论来获得在质量很小、压力很轻的条件下无摩擦、无磨损的边界条件对于解决以上问题是十分必要的。极小的运动间隙需要严格的防尘技术。发热和耐久性问题也是值得关注的课题。

静电电机的驱动力矩过小，这使它的应用范围受到限制。要实现静电电机长距离重负载的运动，需要采用新的制造材料和新型结构，同时也要研究静电电机与被驱动对象之间的传动机构。

静电电机外形尺寸比较小，特别是由于其结构多为扁平（径向直径大于轴向长度），所以对静电电机需要进行三维场的分析，一般情况下是采用有限元法（FEM）或边界元法（BEM）。通过三维静电场的计算，建立解析模型（也称集总参数模型），结合电压激励方式的优化和外形尺寸的优化，以实现静电电机设计的优化和自动化。

微机械性能评测技术。微型电机建模、仿真、优化设计的正确性、有效性，需要微机械性能评测技术加以评价。然而微型电机的主要零部件十分微小，产生的运动、位移微乎其微，无法用常规方法测得。微机械量传感器开发滞后。微机械性能评价和控制用传感器的缺乏是微型电机开发和推向实用化的巨大障碍。

模态实验技术。微型电机是一个机电一体化的动态系统，模态实验和系统识别对于把握该系统的动态性能、提高机电转换效率具有重要的意义。

降低功耗与低电压驱动。微型电机在大多数应用场合下不希望有一根长长的供电电缆。微机器人的无缆化、自立化需要用电池或无线能量传输解决供电问题。所以必须研究更简单高效的驱动电路和控制电路，低功耗、低电压驱动的电机结构、原理开发也要相继进行。

参考文献

[1] 杨朝辉.扁平驻极体微电机的研究与仿真[D].西安:西北工业大学,2004.

[2] LU F, ZHANG H, HOFMANN H,et al.An Inductive and Capacitive Combined Wireless Power Transfer System[J].IEEE Trans. Power Electron. , 2016,31(12):8471-8482.

[3] LU F, ZHANG H, HOFMANN H,et al.A Double-Sided LCLC-Compensated Capacitive Power Transfer Systemfor Electric Vehicle Charging[J].IEEE Trans. Power Electron. ,2015,30(11):6011-6014.

[4] SUN B Q, HAN F T, Li L L,et al.Rotation Control and Characterization of High-Speed Variable-Capacitance Micromotor Supported on Electrostatic Bearing[J].IEEE Trans. Ind. Electron. ,2016,63(7):4336-4345.

[5] KETABI A,NAVARDI M J.Optimization of variable-capacitance micromotor using genetic algorithm[J]. J. Microelectromech Syst. , 2011, 20(2):497-504.

[6] GE B,LUDOIS D C.Design Concepts for a Fluid-Filled Three-Phase Axial-Peg-Style Electrostatic Rotating Machine Utilizing Variable Elastance[J]. IEEE Trans. Ind. Appl. ,2016,52(3):2156-2166.

[7] GE B,LUDOIS D C.Dielectric Liquids for Enhanced Field Force in Macro Scale Direct Drive Electrostatic Actuators and Rotating Machinery[J].IEEE Trans. Dielectr. Electr. Insul. , 2016,23(4):1924-1934.

[8] GE B, LUDOIS D C,GHULE A N.A 3D printed fluid filled variable elastance electrostatic machine optimized with conformal mapping[C].in IEEE 2016 Energy Conversion Congress and Exposition (ECCE), 2016.

[9] GE B,LUDOIS D C.A 1-phase 48-pole axial peg style electrostatic rotating machine utilizing variable elastance[C].in IEEE 2015 International Electric Machines Drives Conference (IEMDC), 2015.

[10] GE B,LUDOIS D C.Evaluation of dielectric fluids for macro-scale electrostatic actuators and machinery[C].in IEEE 2014 Energy Conversion Congress and Exposition (ECCE), 2014.

[11] O'DONNELL R, SCHOFIELD N, SMITH A C,et al.Design concepts for high-voltage variable-capacitance DC generators," IEEE Trans。Ind. Appl. ,2009,45(5):1778-1784.

[12] T. Sashida,"Electrostatic motor," U. S. Patent 8278797 B2, Oct. 2, 2012.

[13] "Technology: High Power Electrostatic Motor-SHINSEI CORPORATION. " [Online]. Available:http://www. shinsei-motor. com/English/techno/index. html.

[14] ZHAO N, SONG Z, Li Z,et al.Development of a dielectric-gas-based single-phase electrostatic motor[J]. IEEE Transactions on Industry Applications, IEEE Trans. Ind. Appl. , 2019,55(3):2592-2600.

第7章

直线电机

7.1 直线电机简介

7.1.1 直线电机定义

运动物体通过的路径称为物体的运动轨迹。物体运动轨迹是一条直线的运动,叫作直线运动;物体运动轨迹围绕一个点或一个轴做圆周运动,叫作旋转运动。运动轨迹是圆周的电机叫旋转电机,简称电机;运动轨迹是直线的电机叫直线电机(linear motors,LM)[1-4],如图7-1所示。

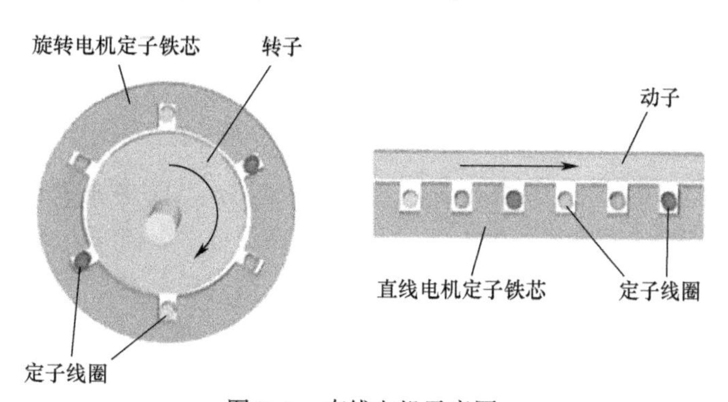

图7-1 直线电机示意图

直线驱动技术是指能够实现物体直线(加速)运动的技术[5]。传统的直线驱动系统一般是通过旋转电机驱动,其直线运动是由旋转运动转换而来,典型高铁及其旋转牵引电机如图7-2所示。

直线驱动技术具有技术成熟、运载能力大等优点,也具有如下缺点[6-7]:一是由于需要将旋转运动转换为直线运动的中间机构,故系统的整体建造费用较高,且不利于系统的小型化;二是由于普通旋转电机受到离心力的作用,其圆周

图 7-2　高铁及牵引旋转电机系统

速度受到限制,故转换后的直线速度也同样受到限制;三是由于传统的直线驱动依赖于轮轨(轮带)间的黏着力,极大地限制了直线加速性能的提高。

因此,突破传统直线驱动模式的技术局限,开发一种小型化、非黏着驱动方式的直线驱动技术成为必然的趋势。在这种背景下,直线电机技术应运而生。直线电机是一种将电能直接转换成直线运动机械能,而不需要任何中间转换机构的传动装置。

直线电机也称线性电机、线性电机、直线电机、推杆电机。

7.1.2 直线电机简史

电机的发展史可以追溯到 1831 年,当时英国科学家法拉第发现了电磁感应现象,电磁感应定律是目前各类电机工作的基础原理,直线电机工作也是利用了这一基本原理。

直线电机发展史可大致分为 3 个阶段:探索实验阶段、开发应用阶段和实用商品化阶段。

1. 探索实验阶段

1840 年,英国人惠斯登最早提出直线电机概念、基本原理和设计方案。虽然因为电机气隙过大导致实验失败,但直线电机已经引起研究人员的注意,在理论、实践方面做了大量探索工作。

1890 年,一位美国市长最早公开发表将直线电机应用于纺织机梭子驱动的专利。由于当时的制造技术、工程材料以及控制技术的水平,在经过断断续续 20 多年的顽强努力后,最终却未能获得成功。

1905 年,出现了将直线电机作为火车推进机构的建议,一种方案是将初级放在轨道上,另一种方案是将初级放在车辆底部。

1917 年,出现了第一台真正意义上的直线电机,这是一台通过换接初级线圈方式实现的直流磁阻直线电机。

1923 年,有人提出用扁平感应直线电动机去驱动一种连续运行的站台系统,打算把它敷设在街道上,当时建造了试验轨道,但没有获得成功。

1945年,美国西屋电气公司成功研制了电力牵引飞机弹射器,它以7400kW的直线电机为动力,成功地用4.1s的时间将一架重4535kg的喷气式飞机在165m的行程内由静止加速到188km/h的速度。试验的成功使直线电机受到了更多的重视。随后,美国利用直线电机制成的用作抽汲钾、钠等液态金属的电磁泵,可满足核动力的需要。

1954年,英国皇家飞机制造公司利用双边扁平型直线直流电机制成了导弹发射装置,其速度可达1600km/h。在这个阶段中,直线电机作为高速列车的驱动装置得到了各国的高度重视并计划予以实施。

从1840年到1955年的116年期间,直线电机从设想到实验到部分实验性应用,经历了一个不断探索、屡遭失败的过程。由于直线电机在成本和效率方面没有能够战胜旋转电机,以及直线电机在设计方面没有突破性的成功,所以直线电机在这一时期始终未能得到真正的应用。但在此期间,研究人员通过不断的实验总结获得了大量的基础数据,对直线电机理论进行了深入研究,奠定了直线电机发展和应用的基础。

2. 开发应用阶段

随着自动控制技术和微型计算机的高速发展,对各类自动控制系统的定位精度提出了更高的要求。在这种情况下,传统的旋转电机加变换机构组成的直线运动驱动装置,已不能完全满足现代控制系统的要求。为此,从20世纪60年代开始,由于控制技术、材料技术的发展,基础研究的进步与突破,世界上许多国家大力研究、发展和应用直线电机,直线电机进入全面开发应用阶段。

1956年,莱斯韦特开始公开发表直线电机理论分析的文章。

1962年,West和jayawant设计了作为铁磁谐振器的单相直线电动机。

1966年,英国莱斯韦特教授出版了比较系统地介绍直线电机的专著"Induction Machines for Spesial Purposes",为直线电机的发展做出了突出贡献。

在此阶段,随着控制技术和材料性能的显著提高,逐步开发出来应用直线电机的实用设备,例如采用直线电机的自动绘图仪、磁头定位驱动装置、电唱机、缝纫机、空气压缩机、输送装置等。同时,研究人员在直线电机领域取得了较大的研究成果,发表了一些比较系统的直线电机类著作和文章,很大程度上推进了直线电机的发展[8-13]。

3. 实用商品化阶段

这个阶段,直线电机研究人员通过对直线电机在历史发展中多次起落的分析,终于选择了一条适合直线电机自身发展的独特思路。直线电机终于不再与旋转电机直接对抗,不以单台直线电机的形式与旋转电机竞争,而以直线电机系统与旋转电机系统相比,在旋转电机无能为力的地方寻找自己的位置,从而找到适合于直线电机系统的应用场景与旋转电机展开竞争。

直线电机领域的研究人员找到了一些适合直线电机应用的工程领域，例如直线电机驱动的钢管输送机、运煤机、起重机、空压机、冲压机、拉伸机、各种电动门、电动窗、电动纺织机等。尤其是利用直线电机驱动的磁悬浮列车，其速度已超500km/h，接近了航空器的飞行速度，且试验行程累计已达数十万千米。

美国、英国、日本、法国、德国、瑞典、俄罗斯、中国等世界主要国家均在研究直线电机技术产品，美国的Westinghouse公司、德国的SIEMENS公司、意大利的JOBS公司、法国的ForestLine公司、Renault Automation公司、瑞士的ETELSA公司等世界著名电气公司也在研究和开发直线电机产品。直线电机获得长足发展，涌现出大量的直线电机产品（详见7.4直线电机应用）。

7.2 直线电机工作原理

7.2.1 直线电机基本结构

对于直线电机，由旋转电机定子演变而来的一侧称为初级，由转子演变而来的一侧称为次级。初级与次级之间的距离为气隙，简述如下：

1. 初级

直线电机的初级相当于旋转电机的定子沿圆周方向展开，初级铁芯由硅钢片叠成，表面有开槽，绕组嵌置于槽内。旋转电机的定子铁芯和绕组沿圆周方向是连续的，而直线电机的初级则是断开的，形成了两个端部边缘，铁芯和绕组无法从一端直接连接到另一端，对电机的磁场有一定的影响，即纵向边缘效应。

2. 次级

直线电机的次级相当于旋转电机的转子。直线电机中常采用的次级有3种，如图7-3所示。第一种次级是钢板，称为钢次级或磁性次级，这时钢既起导磁作用，又起导电作用，但由于钢的电阻率较大，故钢次级的电磁性能较差。第二种为钢板上复合一层铜板（或铝板），称为钢铜（或钢铝）复合次级。在复合次级中，钢主要用于导磁，铜或铝主要起导电作用。第三种是单纯的铜板（铝板），称为铜（铝）次级或非磁性次级。这种次级一般用于双边型电机中，使用时必须使一边的N极对准另一边的S极，从而使非磁性次级中磁通路径最短。

3. 气隙

直线电机的气隙通常比旋转电机的大得多，主要是为了保证在长距离运动中，初、次级不至于相互摩擦。对于复合次级或铜（铝）次级来说，还要引入电磁气隙的概念。由于铜或铝等非导磁材料的导磁性能和空气相同，故在磁场和磁

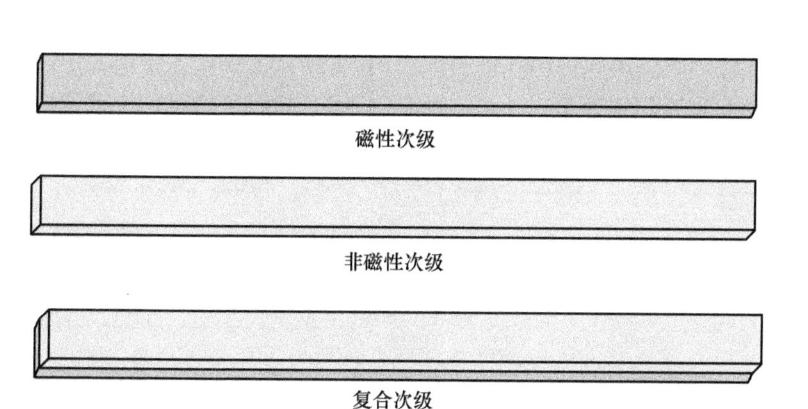

图 7-3　直线电机次级示意图

路的计算时，铜板或铝板的厚度要归并到气隙之中，这个总的气隙称为电磁气隙，用 δ_e 表示。为了区别起见，单纯的空气隙称为机械气隙，用 δ 表示。

由于在运行时初级和次级之间要做相对运动，如果在运动开始时，初级与次级正巧对齐，那么在运动中，初级与次级之间相互耦合的部分将越来越少，会造成不能正常工作等后果，为了保证在所需的行程范围内，初级与次级之间的耦合始终能保持不变。在实际工作时，必须将初级与次级制造成不同的长度。

直线电机仅在一边安放初级，这种结构的直线电机称为单边型直线电机，如图 7-4 所示。单边型直线电机的显著特点是在初、次级之间存在着很大的法向磁拉力。在大多数情况下，研究者是不希望存在这种磁拉力的。若在次级两边都装上初级，就能使两边的法向磁拉力相互抵消，即次级上受到的法向合力为零，这种结构称为双边型直线电机，如图 7-5 所示。在实际应用时，根据初级与次级之间的相对长度，直线感应电机可分为短初级（长次级）直线电机与长初级（短次级）直线电机两种结构，分别如图 7-4（a）、图 7-5（a）和图 7-4（b）、图 7-5（b）所示。

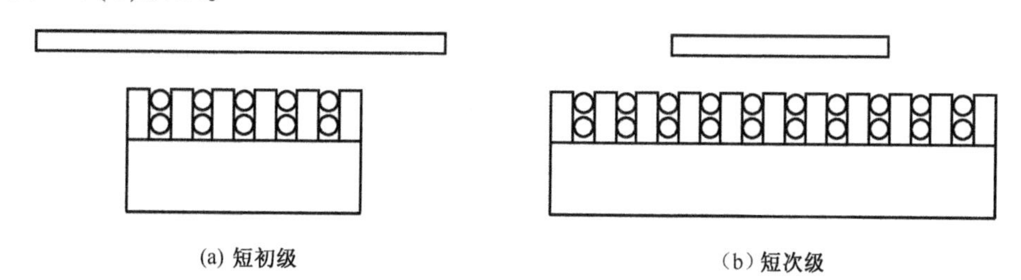

图 7-4　单边型直线电机

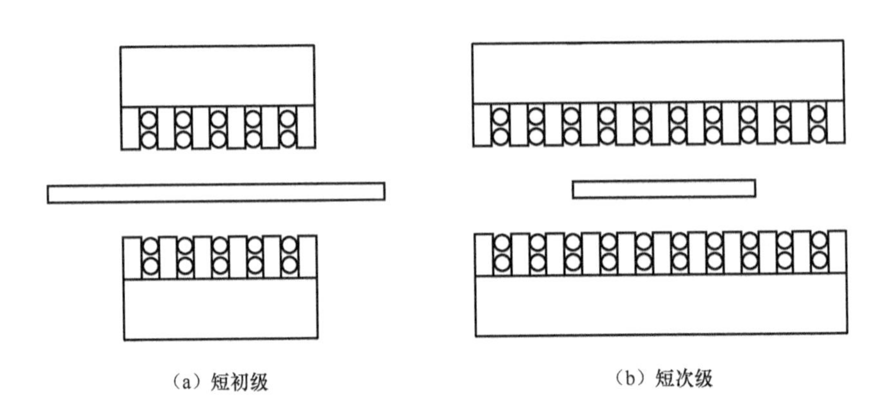

（a）短初级　　（b）短次级

图 7-5　双边型直线电机

短初级结构由于制造成本和运行费用低、能量消耗少,因而应用最为广泛。例如:由直线感应电机驱动的轨道交通车辆。而在电磁弹射系统中,长初级结构却更有优势,因为在弹射过程中需采用大功率脉冲方式供电,如果采用短初级结构,则高速运行的初级绕组必须通过移动电缆或通过大电流滑动电刷馈电,因此这种方案成本高,安全性和可靠性较低,而长初级结构不存在这样的问题。为了在有限的时间和距离内将舰载机加速至最大速度,运动部件应越轻越好,仅由导电板构成的次级相对于铁芯和绕组构成的初级重量更轻、次级结构简单、散热与冷却更容易。

7.2.2 直线电机分类

直线电机可以看作是由常见的旋转电机转化而来的,设想将旋转电机沿径向剖开,并将电机展开成直线形式,这就得到了由旋转电机演变而来的最原始的扁平型直线电机,原则上对于每一种旋转电机都有与之相应的直线电机。

从功能和用途看,直线电机可分为功电机、力电机和能电机 3 类。能电机可以在短时间和短距离内提供巨大直线运动形式动能的驱动电机,例如用于炮弹与导弹发射、飞机弹射、车辆碰撞试验台、加速器和冲压机等,其主要性能指标是能量效率,即输出动能与电源提供的电能之比。

直线电机按结构型式来区分,主要包括平板型直线电机、U 形槽型直线电机、圆筒型直线电机、圆盘型(圆弧型)直线电机 4 种。

1. 平板型直线电机

平板型直线电机的初级可简单理解成剖开的旋转电机。有 3 种类型的平板型直线电机:无槽无铁芯平板型直线电机、无槽有铁芯平板型直线电机和有槽有铁芯平板型直线电机[14]。

无槽无铁芯平板型直线电机是一系列线圈安装在一个铝板上。由于没有铁芯，电机没有吸力和接头效应。动子可以从上面或侧面安装以适合大多数应用。这种电机对要求控制速度平稳的应用是理想的，如扫描应用。但是平板磁轨具有高的磁通泄露，通常平板磁轨设计产生的推力输出最低。

无槽有铁芯平板型直线电机在结构上和无槽无铁芯电机相似。除了铁芯安装在钢叠片结构然后再安装到铝背板上，钢叠片结构用在指引磁场和增加推力。磁轨和动子之间产生的吸力和电机产生的推力成正比，叠片结构导致产生接头力。

有槽有铁芯平板型直线电机，铁芯线圈被放进一个钢结构里以产生铁芯线圈单元。铁芯有效增强电机的推力输出通过聚焦线圈产生的磁场。铁芯电枢和磁轨之间强大的吸引力可以被预先用作气浮轴承系统的预加载荷。这些力会增加轴承的磨损，磁铁的相位差可减少接头力。

双向交链横向磁通永磁直线同步电机，能够利用次级永磁体，减小极间漏磁，增加与绕组相交链的磁链，降低电机的铁耗，如图7-6所示[15]。

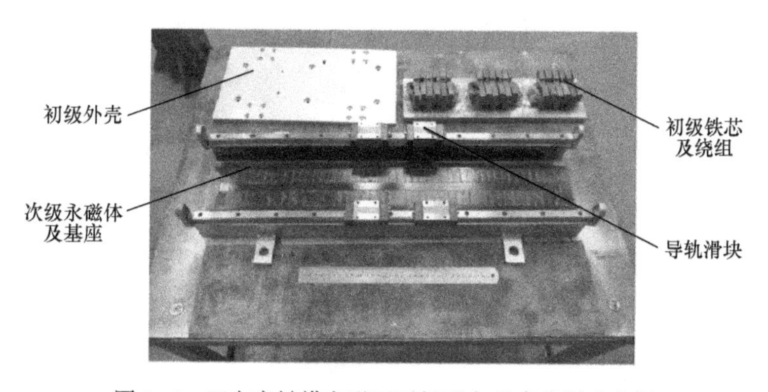

图7-6　双向交链横向磁通平板型永磁直线同步电机

2. U形槽型直线电机

U形槽型直线电机是按结构形式划分的一种直线电动机，主要是因为其固定的磁轨组件类似于一个U字形。由于此种U形直线电动机的线圈通常设计为无铁芯，使得该电动机无齿槽效应，又由于其是无刷的，而且直接使用交流电供电，所以也称为无刷无齿槽效应交流直线电动机。这种电动机适合用于要求无齿槽效应的平滑运动中。

U形槽型直线电机结构如图7-7所示，主要由U形磁轨组件和线圈组件两部分构成。U形磁轨组件由极性交替变换的、形状大小相同的磁块黏在镀硬铬的两块相对的冷轧钢板上以及一块一定宽度的间隔条组成，U形磁轨组件通常是固定的；线圈组件通常由环氧树脂封装的一个铜线圈和上面的一块铝条块以及连接电源的接口件组成,线圈组件通常为运动的,铝条块一般直接与运动平台相连,用于驱动负载[16]。

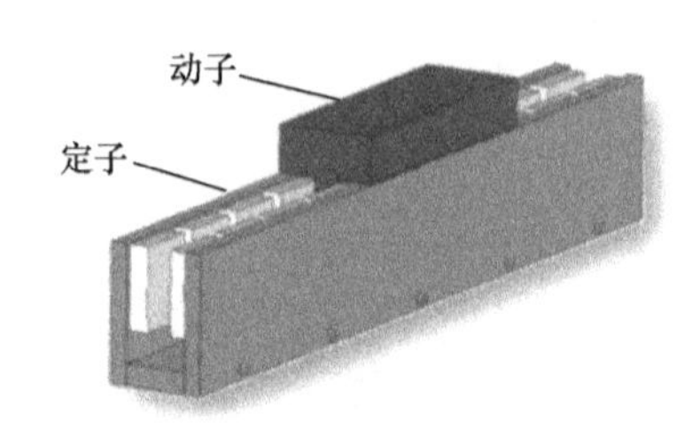

图 7-7　U 形直线电动机结构图

北京信息科技大学设计了一种应用于龙门五轴加工中心的大推力 U 形永磁同步直线电机[17],如图 7-8 所示。该电机的初级是由两块安装板并联在一起形成两个 U 形电机并联,初级线圈与安装板之间加装由铸铝制成的水冷板并内嵌铝管,用于通水以冷却初级线圈绕组,直线电机底部为次级板,其结构呈 U 形。

（a）次级绕组

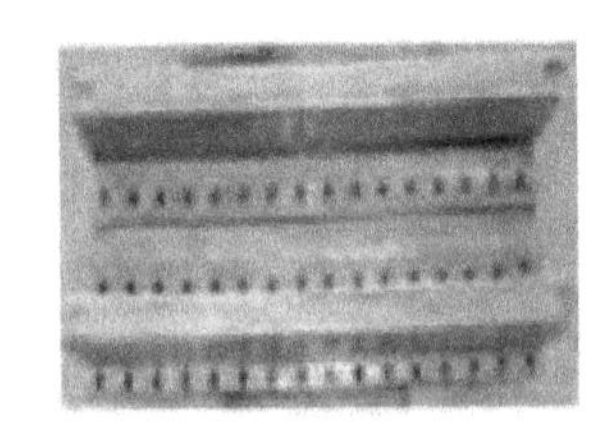

（b）初级磁钢

（c）实物

图 7-8　大推力 U 形永磁同步直线电机

3. 圆筒型直线电机

圆筒型直线电机又称管型直线电机,也是由旋转电机演变而来的。当把平板型直线电机中扁平的初级和次级绕在一根与磁场运动方向平行的轴上,就得到了圆筒型直线电机。

与直线感应电机相比,圆筒型直线电机具有结构简单、无励磁线圈、损耗小、效率高、功率密度高等优点;与平板型直线电机相比,具有结构对称、无电磁径向力、无横向端部效应、绕组利用率高等特点,如图 7-9 所示。从图中可以看出,在往复运动的动子上放置永磁体,动子通过原动机的带动做往复直线运动,从而在定子绕组里产生感应电动势。自由活塞式永磁直流直线发电机定位力小,控制简单、可靠,能够正常发电[18-20],如图 7-10 所示。

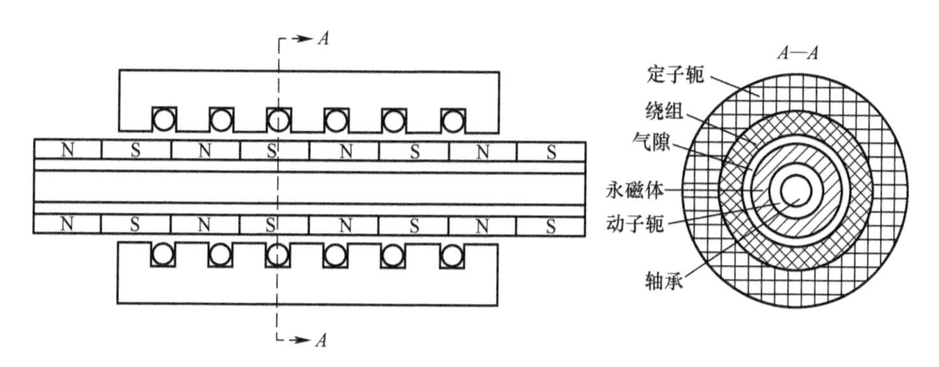

图 7-9 圆筒型直线电机

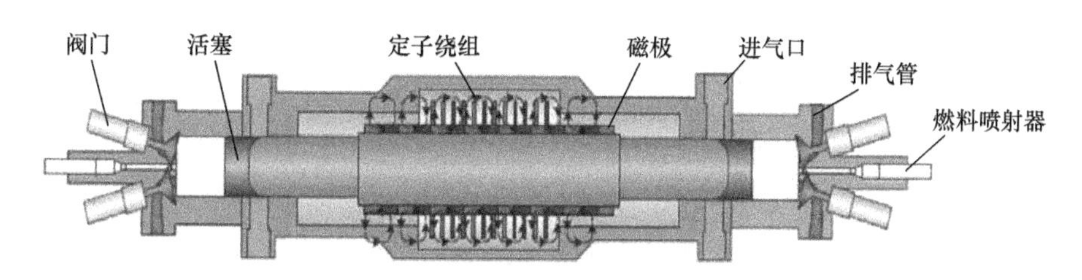

图 7-10 自由活塞式永磁直流直线发电机

4. 圆盘型(圆弧型)直线电机

除了上述结构的直线电机之外,还有圆盘型(圆弧形)直线电机。圆弧型结构是把平板型直线电机的初级沿着动子的运动方向变为圆弧型,并放置于圆柱形次级表面的外侧,圆柱形次级上放置的永磁体、次级动子通过原动机的带动做圆周运动,在定子绕组里产生感应电动势;或者定子绕组通入三相对称电流,从而带动次级定子运动,如图 7-11(a)所示。圆盘型直线电机就是把直线电机的初级做成圆盘片状的形式,次级放置在圆盘型初级靠近外边缘平面的位置上,如图 7-11(b)所示。

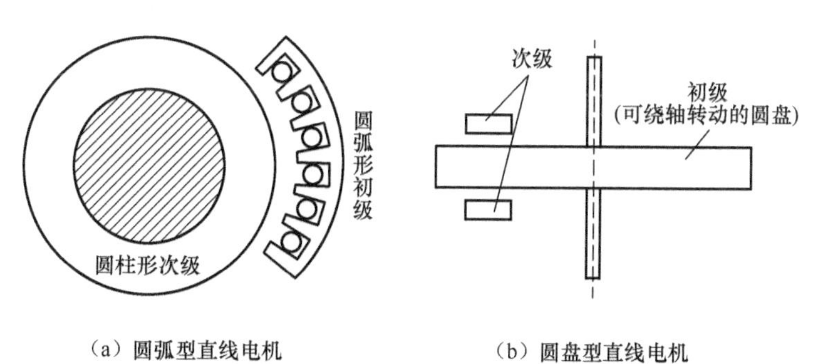

(a) 圆弧型直线电机　　(b) 圆盘型直线电机

图 7-11 圆盘型直线电机

7.2.3 直线电机工作原理

直线电机按工作原理来分，主要分为直线感应电机（linear induction motor）、直线同步电机（linear synchronous motor）、直线直流电机（linear DC motor）、直线步进电机（linear stepper motor）、混合式直线电机（hybrid linear motor）5 种，如图 7-12 所示。5 种不同的工作原理，简述如下：

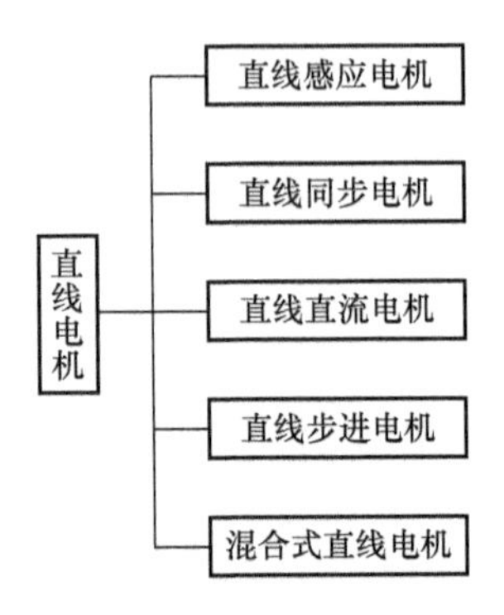

图 7-12　5 种工作原理直线电机

1. 直线感应电机

直线感应电机是由普通旋转交流感应电机演变而来的，从结构类型看虽然它与普通交流感应电机不同，但是它们的基本原理是一样的。在直线电机的初级绕组中通入三相对称正弦电流后会产生一个气隙磁场，当不考虑由铁芯两端开断而引起的纵向边端效应时，这个气隙磁场的分布情况与旋转电机的类似，即可看成沿直线方向呈正弦形分布，如图 7-13 所示。当三相电流随时间变化时，气隙磁场将按 A,B,C 相序沿直线移动，与旋转电机不同的是：这个磁场是平移的，而不是旋转的，因此称为行波磁场。把次级导体看成是无限多根导条并列放置，这样在行波磁场的切割下，次级产生感应电动势并产生电流，电流与气隙磁场相互作用便产生电磁推力[21]。

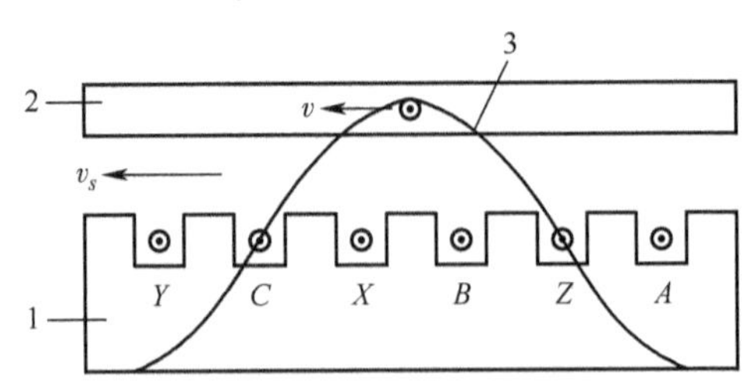

1—初级；2—次级；3—行波磁场。

图 7-13　直线感应电动机运行原理

由旋转电机的理论可知，当绕组中的电流交变一次，多相对称绕组所产生的合成磁场在空间将移动过一对极距，若电机的极距为 τ，电源的频率为 f，则移动磁场的速度为

$$v_s = 2f\tau \tag{7-1}$$

此速度称为移动磁场的同步速。由此可见，在工频条件下，要将直线电机的速度做得过低或过高都是有困难的，因为要将齿槽做得过窄，或者是极距做得过大，在制造工艺上都是有困难的。

在移动磁场的作用下，次级中会产生感应电动势，由于次级是由整个钢板或整块铜（铝）板制成，因此在导电板中会产生感应电流，这个感应电流和移动磁场相互作用，就会产生电磁推力，使初级和次级之间产生相对运动。如果将初级固定，则次级将会跟随移动磁场移动的方向运动，反之，若将次级固定，则初级会朝着移动磁场移动的方向运动，与旋转电机一样，运动部分的稳定速度 v 总是低于移动磁场的同步速 v_s。它们之间的关系也用滑差率 s 表示：

$$s = (v_s - v) \div v_s \tag{7-2}$$

$$v = (1 - s)v_s \tag{7-3}$$

与旋转电机一样，在电动机状态下运行时 s 在 0~1 之间。在旋转电机中对换任意两相的电源，可以改变旋转磁场的转向从而实现转子运动方向的反转。同理，直线电机初级三相电源对换任意两相后，运动方向也会反向。根据这一原理，可以实现直线感应电动机的往复直线运动。与旋转电机不同的是，直线电机的初级是开断的，形成了两个边缘端部，使得铁芯和绕组无法从一端直接连接到另一端，从而形成了旋转电机所没有的边端效应。

直线感应电机一方面有普通旋转感应电动机的特点，另一方面由于直线电机铁芯两端断开，产生独特的边缘效应现象，影响了它的性能，使得直线电机的效率和功率因数低于同容量的旋转电动机。所以人们总在通过各种方法来研究直线电机的结构和性能，力求把直线电机的缺点降到最低。按照其运行速度和运行方式，直线感应电动机可分为两大类：第一类运行于低速高滑差的电机，其运行方式为间断的或往复的；第二类运行于高速低滑差的电机，其运行方式为连续的。

电枢绕组和永磁体都置于初级的开关磁链横向磁通直线感应电机[22]，如图 7-14 所示，具有较高的推力密度，利于同时实现电枢绕组和永磁体的冷却，次级结构简单，缺点是绕组和永磁体用量大，初级结构复杂，电机推力波动大。

2. 直线同步电机

直线同步电机也是由相应的旋转电机演化而成，其工作原理与普通的旋转同步电机基本一致。

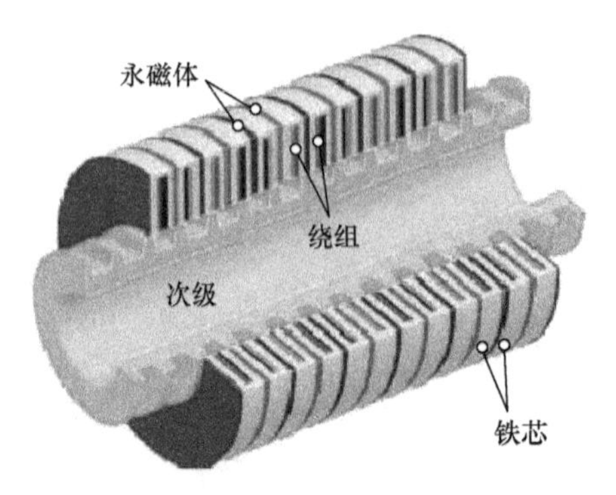

图 7-14　开关磁链横向磁通直线感应电机

电励直线同步电机的磁极一般由直流励磁绕组励磁，而永磁直线同步电机则由永磁磁体励磁。在电机初级绕组产生的气隙行波磁场与次级磁场的共同作用下，气隙磁场对次级产生电磁推力。在这个电磁推力的作用下，如果电机初级是固定不动的，那么次级就沿着行波磁场运动的方向作直线运动。次级速度与行波磁场的移动速度是相一致的。上述就是直线同步电机的基本工作原理，永磁直线同步电机如图 7-15 所示。

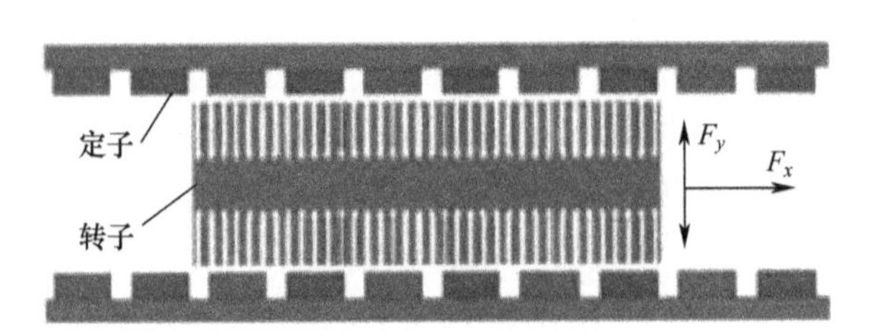

图 7-15　永磁直线同步电机的基本结构

与直线感应电机相比，直线同步电机具有较大的驱动力，通过对驱动电源的调节，其可控性更优、精度更好。直线同步电机在高精度直线驱动中获得了相当广泛的应用，近年来把直线同步电机作为高速地面运输系统和直线提升装置的驱动系统而更加受到重视。各种类型的直线同步电机成为直线驱动的主要选择。

根据其次级励磁的不同，直线同步电机可分为次级磁极由直流电流励磁的常规直线同步电机和次级磁级由永磁体励磁的永磁直线同步电动机。前者的次级磁场是由励磁电流励磁产生的，励磁磁场的大小由直流电流的大小决定。通过控制励磁电流可以改变电动机的切向牵引力和侧向吸引力。这种结构的电动机使得电动机的切向和侧向力可以分别控制。高速磁悬浮列车的长初极直线同

步电动机即采用这种结构。

直线同步电动机的磁极由铁磁材料制成，磁极磁场由永磁体提供，磁极次极无需外加电源励磁。这样就会使得电动机的结构得到简化，电动机的整体效率得到较大的提高。

从基本原理上来说，还有许多电机可以归入直线同步电机的范围。比如一些次级上没有任何励磁的直线同步电动机，当多相初极绕组依次输入直流电源的时候，就称作开关磁阻电动机。当每相绕组的电源开关时间由次级位置反馈控制时，就称作直线直流无刷电动机。

直线同步电机具有如下特点：

(1) 直线同步电机可以同时产生推力和法向力。这一特点尤为符合交通运输的要求，因为高速车辆既要有足够的推力，同时也要在高速时将车身浮起以实现无接触运行。不像用直线异步电动机作推进器的车辆，其悬浮法向力需由辅助设备提供。

(2) 直线同步电机的气隙公差要求不像其他异步电动机那样严格。即使存在较大气隙时，仍然可以通过调节励磁电流，在空间产生励磁磁场推动直线电机运行。

(3) 由于直线同步电机的起动、失步问题，直线同步电机需要一个相对比较完善的驱动控制系统才能使电机在所有的指定速度下均保持同步运行。

(4) 直线同步电机不同于旋转电机转子铁芯是封闭的，它的电枢与磁极沿磁场移动方向是开断的、不连续的。因此对于行波磁场来讲，出现了一个“进入端”和一个“离开端”。这就形成了直线电机所特有的动态边端效应，加之铁芯及绕组开断、各相互感不等引起的其他边端效应，使得电机的推力减小、损耗增加、发热增加。

3. 直线直流电机

直线直流电机最简单的工作原理，如图 7-16 所示。线圈可沿铁棍轴向自由移动。在线圈的行程范围内，永久磁铁给予它大致均匀的磁场 B。当线圈中通入直流电源 I 时，导体线圈处于磁场中的部分就会受到电磁力的作用。这个电磁力的方向可由电磁感应左手定则来确定。左掌心正对着 B 方向，四指尖顺着电流方向，则拇指所指的方向即为线圈所受电磁力作用的方向。因此，可以很容易判断出，只要改变直流电流 I 的方向，就可改变线圈受力的方向，进而改变线圈运动方向。只要线圈受到的电磁力大于线圈支架上存在的静摩擦阻力 F_s，就可使线圈产生直线运动。这就是直线直流电机工作的基本原理。

直线直流电机和直线交流电机相比，明显的优点是：运行效率高，没有功率因数低的问题；控制比较方便、灵活。直线直流电动机和闭环控制系统结合在一

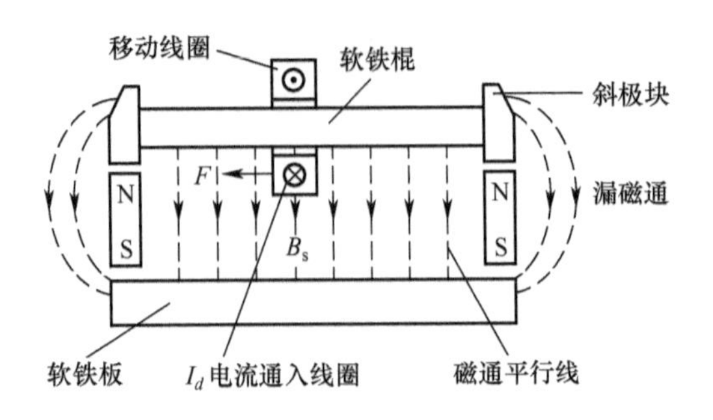

图 7-16　直线直流电机工作原理图

起,可精密地控制位移,速度和加速度控制范围广,调速的平滑性好。

以永磁无刷直线直流电机为例,描述其数学模型。假设永磁无刷直线直流电机采用方波供电,三相星型六状态工作方式。

换相过程以 A 相为例,从 A 相关断开始,到 A 相电流降为零,此过程的等效电路如图 7-17 所示。

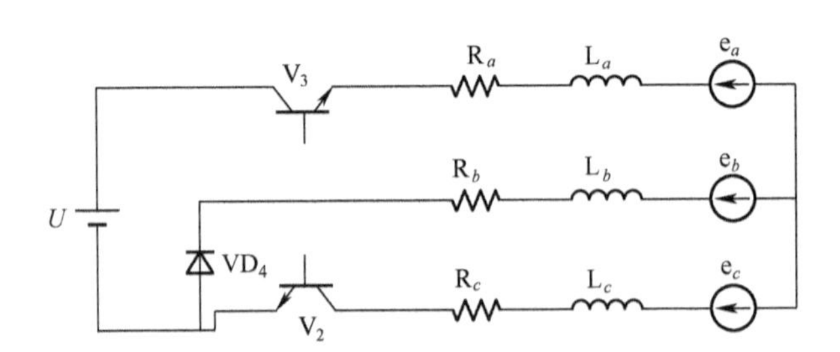

图 7-17　换相期间电机等效电路

在换相期间,直线电机的数学模型为

$$\begin{cases} 0 = Ri_a + L\dfrac{\mathrm{d}i_a}{\mathrm{d}t} - Ri_c - L\dfrac{\mathrm{d}i_c}{\mathrm{d}t} + 2E - \dfrac{2E}{T}t \\ u = Ri_b + L\dfrac{\mathrm{d}i_b}{\mathrm{d}t} - Ri_c - L\dfrac{\mathrm{d}i_c}{\mathrm{d}t} + 2E \\ i_a + i_b + i_c = 0 \end{cases} \tag{7-4}$$

式中:$E = kv$;k 为绕组反电动势系数;R 为绕组电阻;i_a、i_b、i_c 分别为相电流;L 为绕组等效电感;u 为端电压。

在 B/C 相导通的换流过程中,三相绕组的反电动势分别为

$$\begin{cases} e_a = E - \dfrac{2E}{T}t \\ e_b = E \\ e_b = -E \end{cases} \tag{7-5}$$

永磁无刷直线直流电机的推力方程为

$$f = \frac{i_a e_a + i_b e_b + i_c e_c}{v} \tag{7-6}$$

推力波动定义为

$$f_{\text{rippld}} = \frac{\max(|f(t) - f|)}{v} \tag{7-7}$$

式中：$f(t)$ 为换相期间的推力；f 为要求的推力。

在非换相期间，任意时刻只有两相导通，第三相截止。

导通两相绕组上的反电动势大小相等，方向相反；电流大小相等，方向相反。不考虑非导通相续流的影响，采用 PWM 调制方式，以 A、B 两相导通为例，其等效电路如图 7-18 所示。

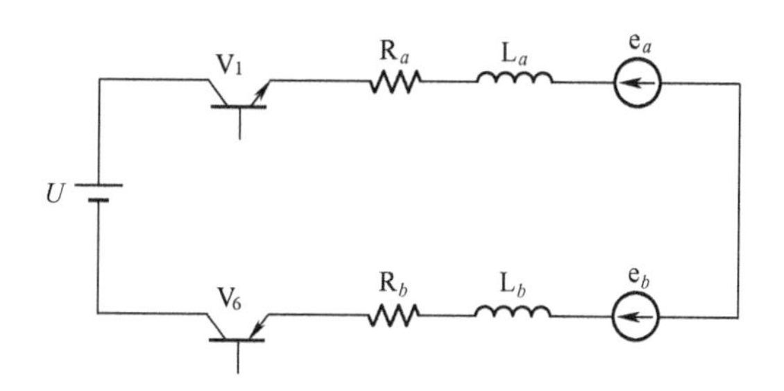

图 7-18　等效电路

其数学模型为

$$\begin{cases} us = Ri_a + L\dfrac{\mathrm{d}i_a}{\mathrm{d}t} + e_a - Ri_b - L\dfrac{\mathrm{d}i_b}{\mathrm{d}t} - e_b \\ i_a + i_b = 0, e_a = -e_b = E \end{cases} \tag{7-8}$$

式中：当 PWM 信号为 ON 时，$s=1$；当 PWM 信号为 OFF 时，$s=0$；u 为端电压；v 为电机运动速度；反电动势与速度的关系 $E=kv$，k 为反电动势系数。

短行程直线直流电机的物理模型[23-24]如图 7-19 所示。电机采用动圈方式，其中定子采用双面永磁阵列方式，由两块钢轭和若干对永磁体组成；动子由两个串联线圈组成，线圈的外形类似跑道形状。阵列永磁体产生的永磁磁场中，形成两个封闭的主磁路，另外两个串联的线圈中主要有 4 条直导线部分为受力区域。当给线圈通入直流电时,线圈会受到洛伦兹力的作用,从而推动动子产生运动。

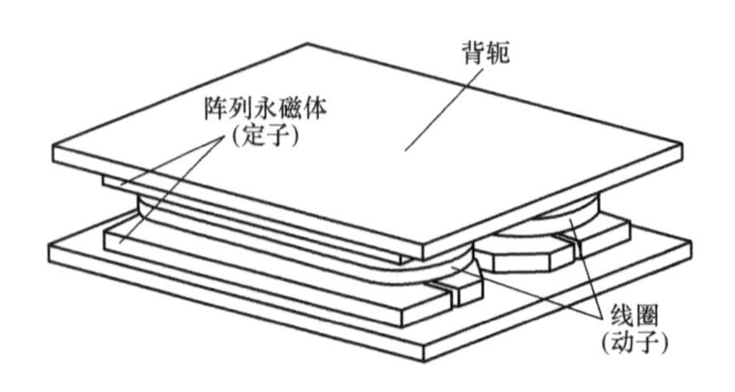

图 7-19　短行程直线直流电机的结构图

4. 直线步进电机

直线步进电机,或称线性步进电机,其实就是一种将输入的电脉冲信号直接转换成相应的直线的位移输出的机电元件。在使用直线步进电机的时候,给它的绕组通上一个幅度合适的电脉冲,直线步进电机就会沿着直线向前平移一步。

直线步进电机是将电脉冲信号转变为角位移或线位移的开环控制元部件。在非超载的情况下,电机的转速、停止的位置通常只取决于脉冲信号的频率与脉冲数,且不受负载变化的影响,即给电机加一个脉冲信号,电机会转过一个步距角。这种线性关系的存在,加上直线步进电机只有周期性的误差且无累积误差等特性,促使在速度、位置等控制领域采用直线步进电机来控制变得非常方便快捷。尽管直线步进电机现已被广泛地应用,但直线步进电机并不能像普通的直流电机、交流电机在常规的条件下使用。它必须由双环形脉冲信号、功率驱动电路等组成控制系统方可使用。所以做好直线步进电机却非易事,其涉及机械、电机、电子及计算机等许多专业知识领域[25-26]。

在要求用精确直线运动运行的地方,直线步进电机凭借其高效的高速定位、高可靠性以及高密度性的数字式直线运动随动系统而得到广泛应用。它能够替代间接性地通过旋转步进电机经由一套中间转换设备从而实现直线运动的机械装置。并且直线步进电机的结构比较简单,它没有中间转换结构,进行运动的部分的质量轻,惯性很小,不存在漂移现象,无累计的定位误差出现。

直线步进电机借鉴直接联接式结构,但省去了联轴器,支撑固定轴承,其中常见的设计是将螺母内置于机体内部,与转子轴整合,运作时螺母旋转,螺杆直线运动。直线步进电机采用高精度消隙滚珠丝杆副,合理匹配各部件刚度,加上高分辨率电机,确保了电机高精度、高寿命的性能。其具有整体结构紧凑,安装使用方便的特点,如图 7-20 所示。

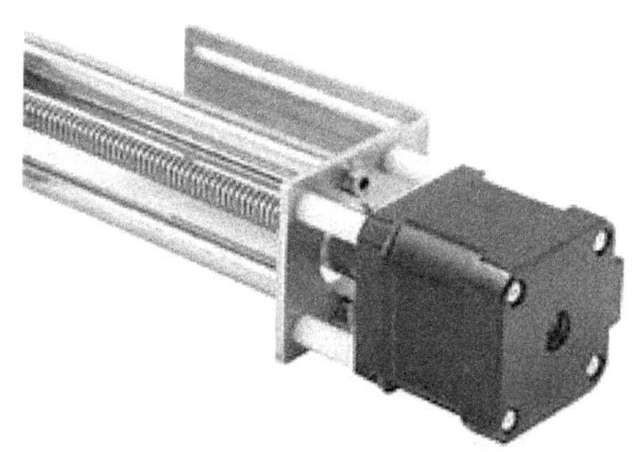

图 7-20　滚珠丝杆直线步进电机

5. 混合式直线电机

目前常见的混合式直线步进电机结构都是由 Sawyer 电机结构演变而来。在 20 世纪 70 年代，Xynetics 公司得到 Sawyer 双轴直线步进电动机发明者授权，开始专门制造此机型系列的电机，并且 Xynetics 系列自动绘图系统因速度快、精度高等优点，得到迅速推广。

随着科学技术的发展和材料的更新换代，混合式直线步进电机也在不断发展和更新。为了满足不同应用场合对混合式直线步进电机的要求，也为了从满足实际需要出发，在电机的性能、形状、体积等方面进行改善，混合式直线步进电机发展到现在，逐渐形成了能适应各种工作环境的不同的电机结构。常见的 6 种结构形式的两相混合式直线步进电机如图 7-21 所示，其中图 7-21(a)、(b)、(c)分别为单边平板型混合式直线步进电机、双边平板型混合式直线步进电机、圆筒型混合式直线步进电机。单边平板型混合式直线步进电机的优点有：涡流损耗小，便于制造且制造成本较低；但其缺点也很明显：虽然电机的平板型结构导致涡流损耗小，但是也造成了动定子间存在比轴向力大十倍以上的单边径向磁拉力，影响动定子间的气隙均匀程度。径向磁拉力会导致单边平板型混合式直线步进电机运行时，存在较大的阻力、震动和噪声。而双边平板型混合式直线步进电机只是以单边平板型混合式直线步进电机为参考，使动子在定子两侧进行镜像安装。双边平板型混合式直线步进电机，如图 7-21(b)所示，理论上可以使定子上下两侧的单边径向磁拉力相互抵消，但制造成本比单边平板型混合式直线步进电机要高。圆筒型与单边和双边平板型混合式直线步进电机相比，漏磁少、推力密度大、无径向磁拉力。图 7-21(d)、(e)与(a)、(c)相比，采用电励磁来提供电机所需的磁动势。虽然采用电励磁来对电机进行励磁，可提高电机可控性，但是加大了电机的耗能。图 7-21(f)表示通过改变定子机械结构，运动方式为直线的电机，斜槽式直线步进电机。

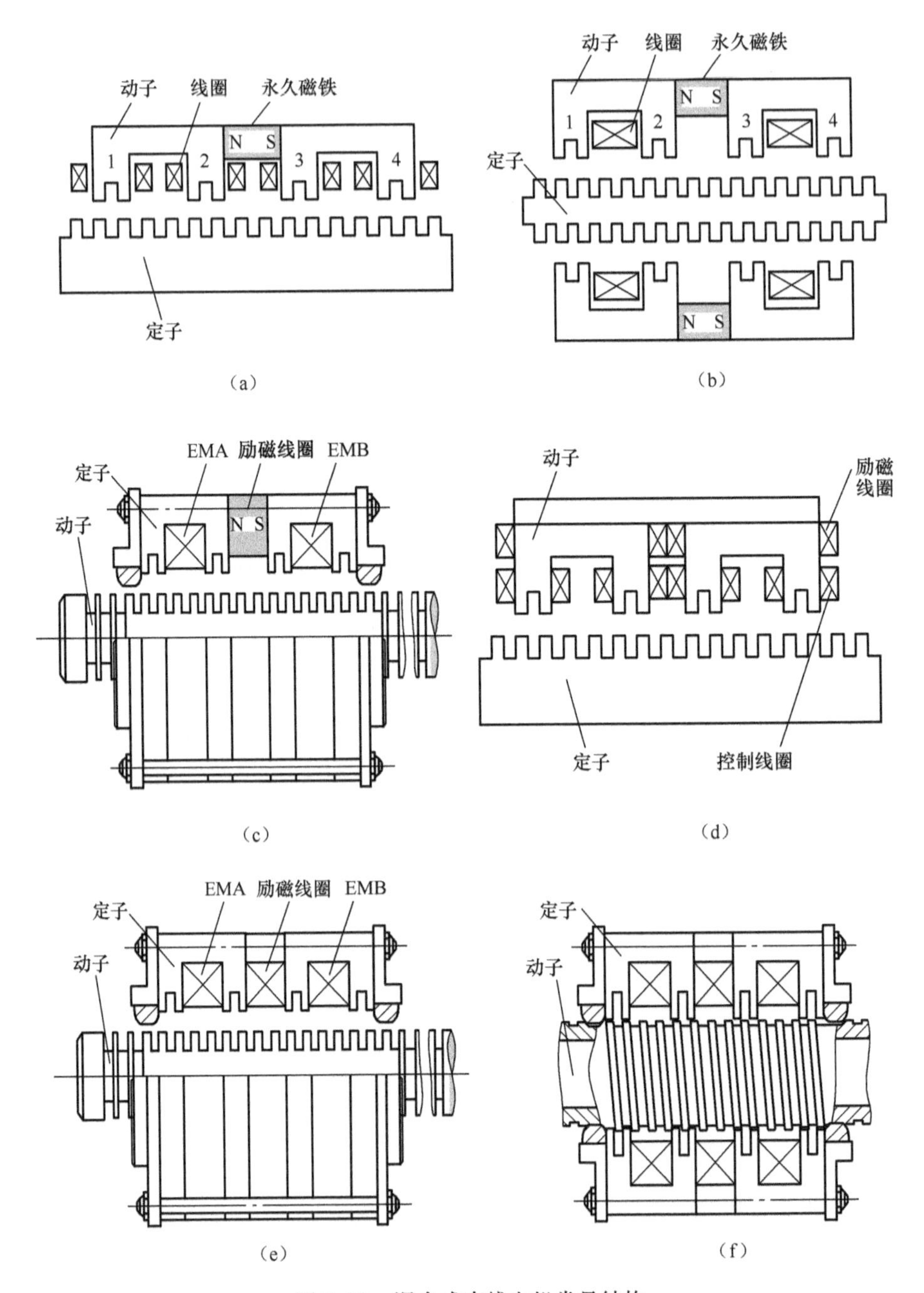

图 7-21 混合式直线电机常见结构

两相圆筒型混合式直线步进电机,具有高效率和可智能化程度高等特点,如图 7-22 所示。

图 7-22 两相圆筒型混合式直线步进电机

7.2.4 特种直线电机

电磁发射技术是机械能发射、化学能发射之后的一次发射方式的革命,是利用电磁能将物体推进到高速或超高速的发射技术[27-30]。它通过将电磁能变换为发射载荷所需的瞬时动能,可在短距离内实现将克级至几十吨级负载加速至高速,可突破传统发射方式的速度和能量极限,是未来发射方式的必然选择。电磁发射装置主要有电磁轨道炮、电磁线圈炮、电磁重接炮等,其本质都是特种直线电机。

1. 电磁轨道炮

电磁轨道炮采用电磁能推动电枢高速运动,具有初速高、射程远、发射弹丸质量范围大、隐蔽性好、安全性高、适合全电战争、结构不拘一格、受控性好、工作稳定、性能优良、效费比高、反应快等特点,被美军评为可以 5 种能改变战争的“未来武器”之一(其余 4 种“未来武器”是“超级隐形”或“量子隐形”材料、太空武器、高超声速巡航导弹、“有感知能力”的无人驾驶载具)。

电磁轨道炮由两条平行连接着大电流的固定轨道和一个与轨道保持良好电接触、能够沿着轨道轴线方向滑动的电枢组成,如图 7-23 所示。当接通电源时,电流沿着一条轨道流经电枢,再由另一条轨道流回,从而构成闭合回路。当大电流流经两平行轨道时,在两轨道之间产生强磁场,这个磁场与流经电枢的电流相互作用,产生电磁力,推动电枢和置于电枢前面的弹丸沿着轨道加速运动,从而获得高速度。发射过程中,两轨道间存在巨大的电磁扩张力。

由电磁定律可知,电枢受力为

$$F_a = BlI \tag{7-9}$$

式中:B 为磁感应强度;l 为导体的长度;I 为通过电枢的电流。

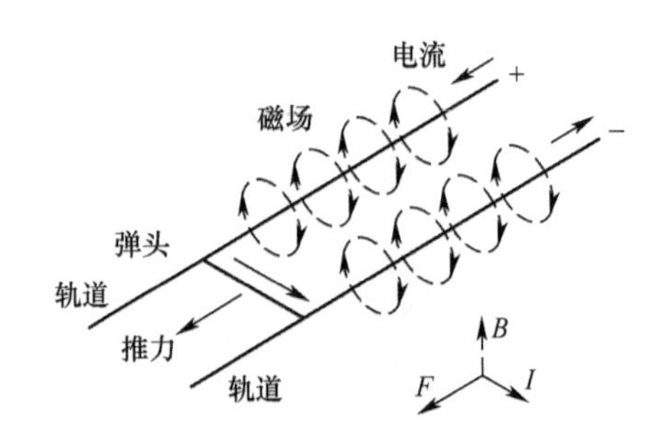

图 7-23　轨道炮原理图

假设 V 为电源电动势，$\mathrm{d}x$ 为电枢位移，I 为流入轨道炮的电流（假定电流 I 为常量，不随时间和距离变化），$\mathrm{d}t$ 为经历时间，L' 为电感梯度，表示单位长度轨道的电感值，$\mathrm{d}L$ 为轨道的电感增量，也可表示为 $L'\mathrm{d}x$ 。

电枢受力 F_a 所做的机械功为

$$W_m = F_a \mathrm{d}x \tag{7-10}$$

轨道炮的感应磁能增量为

$$W_i = \mathrm{d}LI^2/2 = L'\mathrm{d}xI^2/2 \tag{7-11}$$

根据法拉第定律，电路中所需的电压等于电路磁通量 Φ 的变化率，

$$V = \mathrm{d}\Phi/\mathrm{d}t \tag{7-12}$$

$$V = \mathrm{d}(LI)/\mathrm{d}t = L'\mathrm{d}xI/\mathrm{d}t = L'Iv \tag{7-13}$$

传递给电路的功为

$$W_g = VI\mathrm{d}t = L'I^2v\mathrm{d}t = L'I^2\mathrm{d}x \tag{7-14}$$

根据能量守恒定律，

$$W_g = W_m + W_i \tag{7-15}$$

联立各式得到轨道炮作用力，即

$$F_a = L'I^2/2 \tag{7-16}$$

由式(7-16)可知，电枢所受前向推力仅与轨道炮电感梯度和通过电枢电流的平方成正比，式(7-16)也称为电磁轨道炮作用力定律。

2. 电磁线圈炮

电磁线圈炮具有弹丸和炮管无机械接触、力学结构合理、效率高、适于发射大质量载荷等优点。20 世纪 90 年代以来美国在多个方向开展了电磁线圈发射技术的研究。

电磁线圈发射器是指用序列脉冲或交变电流产生变化的磁场驱动带有线圈的弹丸或磁性材料弹丸的发射装置。它利用驱动线圈和被加速物体之间的磁耦合机制工作，本质上是一台直线电动机。早期称为“同轴发射器”“质量驱动器”

或“行波加速器”。

线圈炮一般是指用脉冲或交变电流产生磁行波来驱动带有线圈的弹丸或磁性材料弹丸的发射装置,它利用驱动线圈和弹丸线圈之间的磁耦合对弹丸线圈产生电磁力。

线圈炮由若干个驱动线圈和一个或多个弹丸线圈组成。驱动线圈与电源连接,弹丸线圈绕在发射载荷之上,若驱动线圈和弹丸线圈中同时存在电流且方向相同,则两线圈间存在相互吸引的电磁力作用;若电流方向相反,则两线圈存在相互排斥的电磁力作用。由于驱动线圈一般固定不动,所以弹丸线圈及发射载荷受电磁力作用而运动。线圈炮驱动线圈和弹丸线圈相对位置的排列有两种形式:一种是轴线平行排列,弹丸线圈在驱动线圈上面平行运动,载荷较大时多采用此种方式,如磁悬浮发射、电磁弹射器等;第二种是轴线重合地同轴排列,这种方式多用于发射较小的弹丸,如多级感应线圈炮等。

同步感应线圈炮的工作原理类似于圆筒型直线异步感应电动机,定子线圈产生的磁场因施加的脉冲电流而发生变化时,抛体线圈产生感应电流,抛体线圈电流产生的磁场与定子线圈的磁场相互作用,产生轴向的力推动抛体前进,产生的径向力使弹丸悬浮。单级感应线圈炮的工作原理如图 7-24 所示。

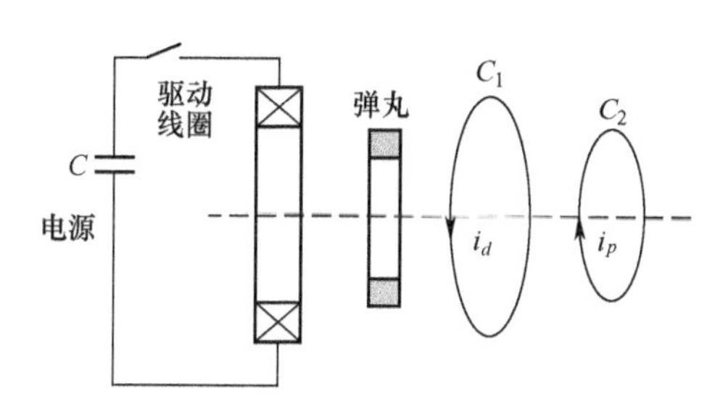

图 7-24　单级感应线圈炮工作原理

感应线圈炮的电源目前多选取具有高储能密度的电容器,通过放电开关控制向驱动线圈供电,驱动线圈产生圆环电流 C_1 ,变化的电流在炮管内产生变化的磁场,从而使金属性质的弹丸产生了与驱动线圈同轴的环形电流 C_2 ,圆环电流 C_1 和 C_2 产生的磁场相互作用,从而推动弹丸前进。

多级感应线圈炮利用脉冲功率电源依次对多个串列的线圈进行放电,实现多级加速。多个线圈采用相同的内径,炮管采用非导磁材料。弹丸依次经过多级线圈的逐级加速,最终将弹丸加速到发射速度。

线圈炮的工作过程比较复杂,电、磁、机械联系比较紧密,影响的因素比较多,为了简化分析,可以忽略弹丸与炮管之间的摩擦、弹丸的空气阻力、回路的固有电感、线圈发热引起的结构变化等。

在上述的简化条件下单级感应线圈炮的电路模型如图 7-25 所示。

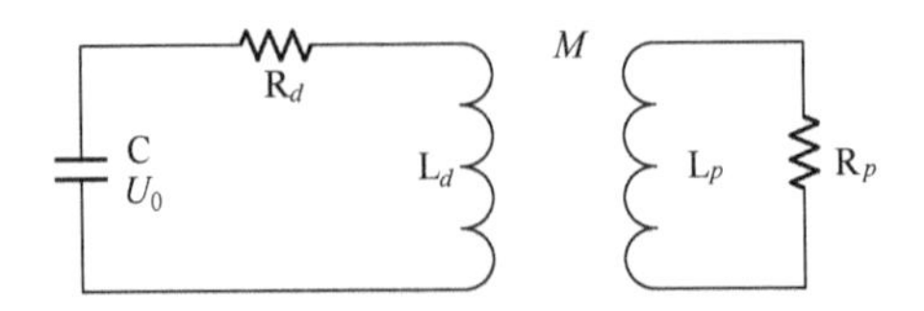

图 7-25 单级感应线圈炮电路模型

图中：U_0 为储能电容器 C 的初始电压；R_d 为放电回路的总电阻；L_d 为驱动线圈的电感；L_p 为弹丸的总电感；R_p 为弹丸的总电阻；M 为驱动线圈和弹丸之间的互感，是位置的函数。

通过以下两个方程将两个闭合回路联系起来：

$$u_d = i_d R_d + L_d \frac{\mathrm{d}i_d}{\mathrm{d}t} + M \frac{\mathrm{d}i_p}{\mathrm{d}t} + i_p \frac{\mathrm{d}M}{\mathrm{d}x} v_p$$

$$u_p = i_d R_d + L_d \frac{\mathrm{d}i_d}{\mathrm{d}t} + M \frac{\mathrm{d}i_p}{\mathrm{d}t} + i_d \frac{\mathrm{d}M}{\mathrm{d}x} v_p \tag{7-17}$$

由初始条件可得

$$\frac{\mathrm{d}u_d}{\mathrm{d}t} = \frac{i_d}{C}$$

$$u_p |_{t=0} = 0$$

$$u_d |_{t=0} = U_0 \tag{7-18}$$

运动方程为

$$m \frac{\mathrm{d}v_p}{\mathrm{d}t} = \frac{\mathrm{d}M}{\mathrm{d}x} i_d i_p \tag{7-19}$$

通过联立以上方程，就可以得到所要求的结果。

多级感应线圈炮利用多个脉冲电源对各级线圈同步放电和电枢内的磁通交变感应加速导弹运动。电枢安装到初始位置，第 1 级驱动线圈放电，其磁场在电枢内变化，电枢感应产生电流，磁场与感应电流相互作用，推动电枢带动载荷前进；然后经第 2、3、4…级线圈逐级加速导弹，直至经最后一级线圈加速，载荷达到额定初速出膛，如图 7-26 所示。

3. 电磁重接炮

重接炮是一种特殊的感应式线圈炮。重接炮与线圈炮的主要差别在于：一是驱动线圈的排列和极性与线圈炮不同；二是弹丸为实心的非铁磁材料的良导体；三是以“磁力线重接”原理工作。

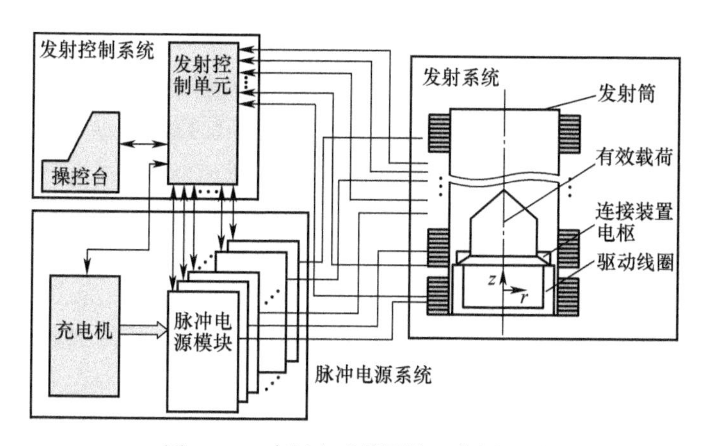

图 7-26　多级电磁线圈炮工作原理图

重接式电磁发射的研究历史较短,技术很不成熟,系统涉及电磁学、热力学、材料学等很多学科,对系统设计、大功率电源、结构材料有很高的要求。尤其是多级发射系统的总体集成与控制技术,是获得高速发射、保证系统正常运转的关键。

重接式电磁发射的原理是通过电磁感应的作用,驱动线圈的交变电流在其内部空间产生一个交变的磁场,位于驱动线圈内部的发射体在交变磁场作用下,产生感应电流,发射体内的涡流在驱动线圈内的磁场中受到电磁力作用,从而推动发射体前进。磁力线重接如图 7-27 所示。

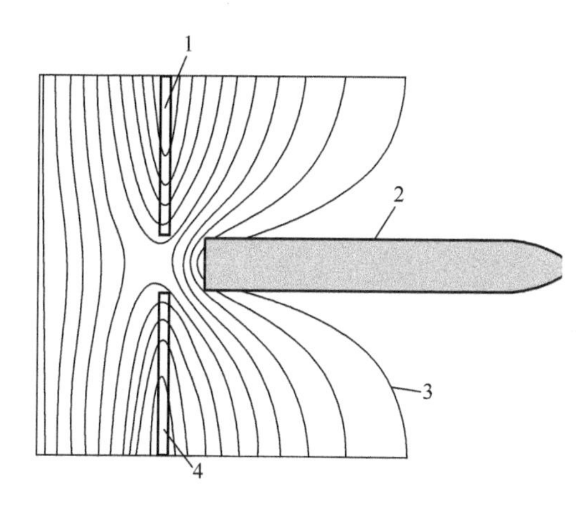

1—线圈;2—发射体;3—磁力线;4—线圈。

图 7-27　磁力线重接示意图

7.2.5 直线电机驱动控制

直线电机像无刷旋转电机,动子和定子无机械连接(无刷),不像旋转电机动子旋转和定子位置保持固定,直线电机系统可以是磁轨动或推力线圈动(大部分定位系统应用是磁轨固定,推力线圈动)。用推力线圈运动的电机,推力线圈的重量和负载比很小。然而,需要高柔性线缆及其管理系统。用磁轨运动的电机,不仅要承受负载,还要承受磁轨质量,但无需线缆管理系统。

一个直线电机应用系统不仅要有性能良好的直线电机,还必须具有能在安全可靠的条件下实现技术与经济要求的控制系统,随着自动控制技术与微计算机技术的发展,直线电机的控制方法越来越多。

对直线电机控制技术的研究基本上可以分为3个方面:一是传统控制技术;二是现代控制技术;三是智能控制技术。传统的控制技术如PID反馈控制、解耦控制等在交流伺服系统中得到了广泛的应用,其中PID控制蕴涵动态控制过程中的过去、现在和未来的信息,而且配置几乎为最优,具有较强的鲁棒性,是交流伺服电机驱动系统中最基本的控制方式,为了提高控制效果,往往采用解耦控制和矢量控制技术。

在对象模型确定、不变化且是线性的以及操作条件、运行环境是确定不变的条件下,采用传统控制技术是简单有效的,但是在高精度微进给的高性能场合,就必须考虑对象结构与参数的变化、各种非线性的影响、运行环境的改变及环境干扰等时变和不确定因素,才能得到满意的控制效果。常用控制方法有:自适应控制、滑模变结构控制、鲁棒控制及智能控制。主要是将模糊逻辑、神经网络与PID控制等现有的成熟的控制方法相结合,取长补短,以获得更好的控制性能。

7.3 直线电机特点

直线电机完成直线运动只需电机无需齿轮、联轴器或滑轮,与机械系统相比具有很多独特的优势,如适合直线运动、具有“零传动”特性,速度快、加减速过程短、精度高、结构简单、体积小、行程长度不受限制、速度范围宽、工作安全可靠、寿命长、维护简单、反应速度快、灵敏度高,随动性好、运动安静、噪声小、适应性强等优点,简述如下。

7.3.1 直线电机的优点

(1) 适合直线运动。直线电机初次级可以直接成为机构的一部分,这种独特的结构使得这种优势进一步体现出来。直线电机通过调节电压或频率,或更

换次级材料,可以得到不同的速度、电磁推力,适用于直线往复运动。因为不存在离心力的约束,普通材料可以达到较高速度,因此直线电机适合高速直线运动。

（2）具有“零传动”特性,速度快、加减速过程短。采用直线电机直接驱动与原旋转电机传动的最大区别是取消了从电机到工作台之间的机械传动环节,把传动链的长度缩短为零,因而这种传动方式又称为“零传动”。由于“零传动”的高速响应性,使直线电机加减速过程大大缩短。可以实现启动时瞬间达到高速,高速运行时又能瞬间停止。可获得 $10g$ 以上的高加速度。

（3）精度高。在需要直线运动的地方,直线电机可以实现直接传动,因而消除了影响精度的中间环节。直线电机的精度只受反馈分辨率、控制算法以及电机结构的限制,采用前馈控制的直线电机系统可以减少跟踪误差 200 倍以上。直线电机的精度取决于位置检测元件,通过直线位置检测反馈控制,可以提高整个系统的精度。

（4）结构简单、体积小。直线电机是一个电磁执行机构,由两个支承在一个直线导轨上的刚体零件组成。可以最少的零部件数量实现直线驱动只有一个运动的部件。由于直线电机不需要把旋转运动变成直线运动的附加装置可以直接产生直线运动,因而相比传统直线运动系统,具有结构简单、体积小的特点。

（5）行程长度不受限制。理论上在导轨上通过串联直线电动机,就可以无限延长其行程长度,而且性能不会因为行程的改变而受到影响。

（6）速度范围宽。直线电机可以提供从几微米每秒到几千米每秒的速度,特别是高速直线运动是其一个突出的优点。

（7）工作安全可靠、寿命长、维护简单。直线电机可以实现无接触传递力,机械摩擦损耗几乎为零,所以故障少,免维修,因而工作安全可靠、寿命长。由于部件少,运动时无机械接触,从而降低了零部件的磨损,只需很少甚至无需维护。

（8）反应速度快、灵敏度高,随动性好。由于直线电机直接取消了一些响应时间常数较大的机械传动件(如丝杠等),使整个闭环控制系统动态响应性能大大提高,反应异常灵敏快捷。同时直线电机容易做到其动子用磁悬浮支撑,使动子和定子之间始终保持一定的空气隙而不接触,消除了定、动子间的接触摩擦阻力,因而大大地提高了系统的灵敏度、快速性和随动性。

（9）运动安静、噪声小。由于取消了传动丝杠等部件的机械摩擦,且不存在离心力的约束,初、次级间用气垫或磁垫保存间隙,运动时无机械接触,因此其运动时噪声将大大降低。

（10）适应性强。直线电机的初级铁芯可以用环氧树脂封成整体,具有较好的防腐、防潮性能,便于在潮湿、粉尘和有害气体的环境中使用;而且可以设计成多种结构形式,满足不同情况的需要。

7.3.2 直线电机的不足

直线电机也存在一些不足,主要包括:

(1) 设计、控制复杂。端部效应使直线电机无论从设计角度还是控制角度都比旋转感应电机更加复杂,尤其在高速运行时其影响更加明显。

(2) 效率、功率因数和功率密度低。直线电机的气隙通常较大,加之端部效应产生的损耗,使其效率、功率因数和功率密度均低于同容量的旋转电机。

(3) 对控制系统高鲁棒性要求高。直接驱动系统的负载及外部扰动无缓冲地加载在电机上,成为系统内部扰动,因此对控制系统的鲁棒性要求较高。

(4) 存在法向磁拉力。对于单边平板型直线电机,在垂直于直线运动的方向存在法向磁拉力,使得动子运动过程中轴承摩擦力增大,同时对电机安装结构的刚度提出了更高要求。

(5) 耗电量大。直线电机在进行高荷载、高加速度的运动时,瞬间电流对供电系统带来沉重负荷。

(6) 振动大。直线电机的动态刚性低,不能起缓冲阻尼作用,在高速运动时容易引起其他部分共振。

(7) 发热量大。直线电机动子是高发热部件,发热量大,如果安装位置不利于自然散热,将对恒温控制造成挑战。

(8) 不能自锁紧。为了保证操作安全,直线电机驱动的运动轴,尤其是垂直运动轴,必须额外配备锁紧机构,增加了机床的复杂性。

7.4 直线电机应用

直线电机以速度快、加减速过程短、精度高、结构简单,体积小、行程长度不受限制、速度范围宽、工作安全可靠、寿命长、维护简单、反应速度快、灵敏度高,随动性好、运动安静、噪声小、适应性强等突出优点使其在各领域应用广泛。直线电机在轨道交通、航空航天、电磁弹射、电磁炮、数控、工业等军事、民用行业中都得到广泛应用。为此,近年来许多国家在积极研究直线电机的应用,这让直线电机的应用推广越来越广泛。

7.4.1 直线电机在轨道交通业的应用

直线电机车辆是当今世界先进的城市轨道交通移动装备,因其采用直线电机牵引技术而得名。相对传统旋转机车,直线电机车辆是一种非黏着直驱的新

型交通模式，具有爬坡能力强、盾构面小、转弯半径小等特点，近年来在低速磁悬浮列车、地铁、电动车与轻轨中得到广泛应用，各国在大力开展多种多样的智能交通运输系统研究。

直线电机车辆的原理是固定在转向架的定子（一次线圈）通过交流电流，产生移动磁场，通过相互作用，使固定在道床上的展开转子（二次线圈，通常称为感应板）产生磁场，通过磁力（吸引、排斥），实现轨道车辆的运行和制动。轨道交通直线电机结构如图7-28所示；直线电机驱动列车示意图如图7-29所示。

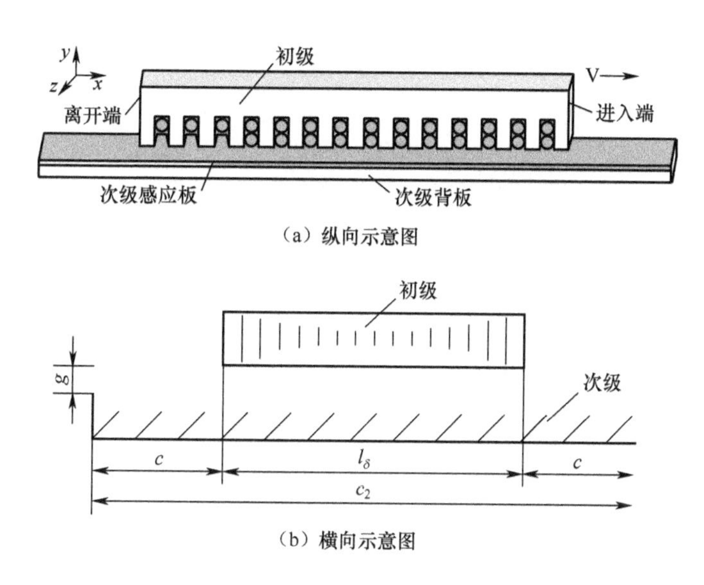

图7-28　轨道交通直线电机结构示意图

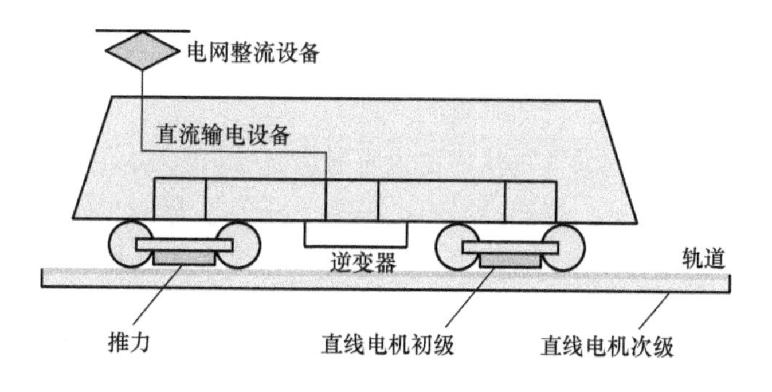

图7-29　直线电机驱动列车示意图

直线电机初级装在车厢底部转向架上，直线电机次级采用复合材料并直接铺设在轨道上。轨道旁直流电源通过受流器(或受电弓)送到逆变器入端,经DC/AC变换为直线电机所需的三相电源。不断变化三相交流电在气隙中产生行波磁场,并在次级导体板中感应出涡流,于是涡流和气隙磁链相互作用产生水平推力驱动列车前进。我国首都国际机场就采用了直线电机车辆,如图7-30所示。

图7-30 首都国际机场线直线电机车辆

直线电机车辆具有鲜明的特点,具有旋转电机车辆不可替代的优势,非常适合于线网复杂的多层次立体化轨道交通建设,也非常适用于地形复杂、坡度大、转弯半径小的地理环境条件。直线电机车辆作为轨道交通车辆的一种选择,值得进一步深入研究和推广应用。

此外,还在开展直线电机推进船、直线电机驱动的潜艇、直线电机驱动地铁车和高速公路车研究,美国计划将其应用于军事舰艇,日本则成功试航世界上第一艘载人超导直线电磁推进船。

7.4.2 电磁弹射

电磁弹射技术是电磁发射技术在大质量、低速物体方面的重要应用,是对传统弹射技术的重大突破。电磁弹射对小到几千克的模型,大到导弹、航母舰载机都可以进行有效的弹射,在军事、民用和工业领域具有广泛的应用前景。

电磁弹射一般要求弹射质量从100kg到数十吨,弹射速度从10~100m/s。电磁弹射技术是电磁发射技术在弹射领域的具体应用,既可提高导弹的命中精度、作战半径、战场隐蔽性,解决发射系统烧结问题,又能实现一部弹射器满足多种型号导弹任务,应用前景广阔。

广义电磁弹射系统由目标探测跟踪定位系统、武器控制系统、发射控制系

统、电源系统、电磁弹射器组成,如图 7-31 所示。狭义电磁弹射系统仅包括发射控制系统、电源系统、电磁弹射器三部分,如图 7-31 中虚线所示。

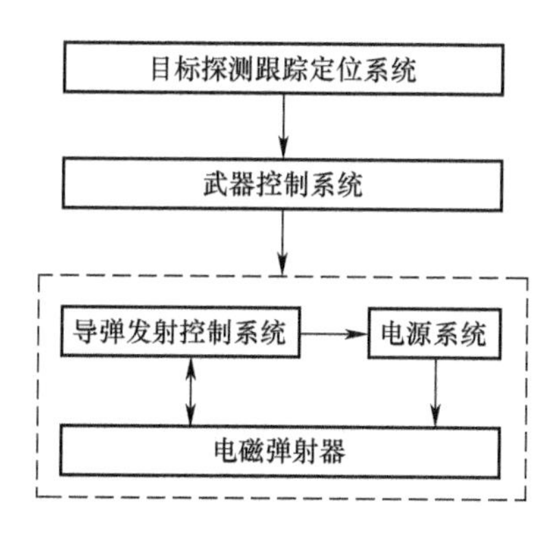

图 7-31 电磁弹射系统组成框图

电磁弹射系统的工作过程一般为:根据目标探测跟踪定位系统输入的相关信息与参数,武器控制系统进行信息处理后向导弹发射控制系统发送相应的控制信号,发射控制系统根据武器控制系统对弹射速度、行程要求进行结算并形成控制信号,控制电源系统按要求发送脉冲电源波形,电磁弹射器将电能转化为动能,带动抛体做直线运动,在一定距离内使导弹达到要求的弹射速度。

与传统依靠导弹自身发动机燃烧的反冲推力或辅助热弹射机构产生推力发射相比,电磁弹射技术具有以下优点:

(1) 电磁弹射推力控制精度高,能提高导弹命中精度。与冷发射方式相比,电磁弹射克服了无法控制弹道过载。导弹在电磁弹射器中所受电磁力,可通过调节脉冲电流波形,使导弹在整个弹射过程中均匀受力,弹体稳定性好,从而提高导弹命中精度。

(2) 电磁弹射器可调节电磁推力大小,可弹射多种型号导弹。与冷发射方式相比,电磁弹射克服了发射导弹型号单一等不足。电磁弹射系统可根据目标导弹性质和射程大小快速调节电磁力的大小,从而满足多种目标导弹对弹射质量和初速发射能量的要求,弹射多种型号的导弹,是一种多用途导弹弹射系统。

(3) 可改善作战半径。在不增加导弹自身质量的条件下,可以改善导弹的作战半径,尤其随着大功率脉冲电源技术的不断发展,改善作用将会在导弹电磁发射系统中产生越来越重要的作用。

(4) 彻底解决发射系统烧结问题。采用电磁弹射技术后,依靠发射系统电磁推力给导弹初始动能,使导弹离开发射系统一定距离后,发动机点火自主飞行。由于不存在高能复合推进剂燃烧时对发射系统产生的高温燃气烧蚀和超高速熔融残渣与烧粘问题,彻底解决了发动机对发射系统的烧蚀问题,避免烧蚀问题导致的装备性能下降,寿命显著缩短。

(5) 提高战场隐蔽性,安全性高。电磁弹射过程中不产生火焰和烟雾、冲击波,所以作战中比较隐蔽,不易被敌人发现,这有利于发射平台的安全,符合现代战场的隐蔽作战需求。

直线电机弹射技术是一种常用的电磁弹射技术,具有效率高和推力体积比高的特点。直线电机弹射系统主要由储能系统、控制系统和直线电机三部分组成。

直线电机是电磁弹射系统的核心部分,主要有永磁直线电机、直线感应电机和直线磁阻电机 3 类直线电机。对于采用注入电流励磁直线感应电机,绕组能够加载大电流,故直线感应电机的输出推力往往大于永磁类直线电机,非常适合大载荷电磁弹射。能量转换效率更高的永磁直线电机,更适用于质量较小的电磁弹射,其中动磁型永磁直线电机最适合大推力、高速度的电磁弹射应用。

美国桑迪亚实验室和洛克希德·马丁公司通过合作研究和发展协议,开发了一种基于现有的战斧式导弹及其发射而设计的电磁线圈导弹弹射系统(EMML),如图 7-32 所示。EMML 是一种基于同步感应线圈发射技术的高效率电磁助推系统,它利用电磁线圈发射技术将结合在电枢上的导弹助推到一定的高度,然后导弹和电枢分离而发射出去,完成发射。

图 7-32　电磁导弹助推器

2004年底,美国桑迪亚实验室和洛克希德·马丁公司共同进行了电磁导弹弹射演示实验,通过5级同步感应线圈炮将650kg的发射载荷加速到12m/s,系统效率达到17.4%,为以后的工程应用奠定了基础。

试验表明EMML可以助推低速、大质量的导弹。经过多年研究,也可以消除推进的危险,提高甲板安全;提高速度和射程;提供高精确、可控的发射速度;降低发射信号。

国际上,美国主要开展航母舰载机电磁弹射技术研究,英国开展无人机电磁弹射技术研究。

美国电磁飞机弹射系统(EMALS)主要包括直线电机、盘式交流发电机、高功率变频器三部分,组成如图7-33所示。其电磁弹射器都采用了4台单机功率超过30MW直线电机,总功率可达到百兆瓦级。

美军花费了28年的时间和32亿美元经费,直到2010年12月18日,通用原子公司使用电磁弹射装置将一架F/A-18战机成功弹射,标志着EMALS系统的试验成功。EMALS的试验成功标志着直线电机电磁弹射系统趋于实用,这对导弹电磁弹射技术的发展和应用有着十分重要的意义。

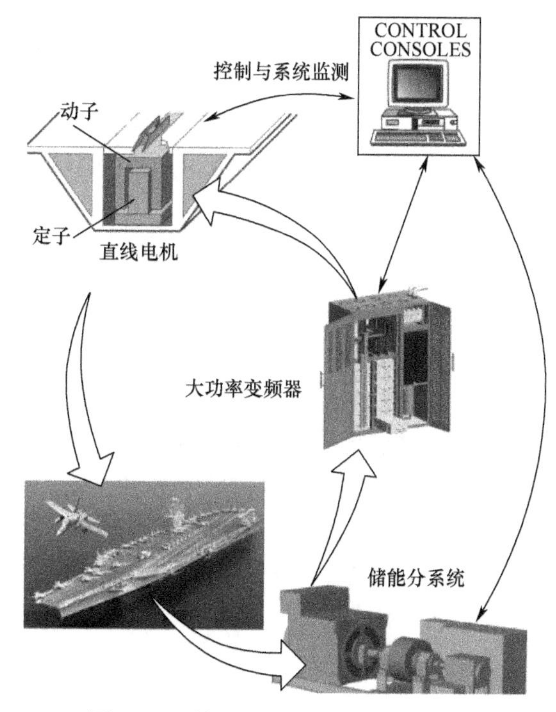

图7-33　美国电磁飞机弹射系统组成

英国国防部与英国孚德机电公司签订了电磁力集成技术(EMKIT)研究合同,用于无人机电磁弹射技术研究。EMKIT系统包含了两个储能系统,两套逆变器,一套双边配置的先进直线感应电机(ALIM),外加一个竖直的动子盘、运动控制系统、机械发射轨道和刹车系统,系统组成如图7-34所示。

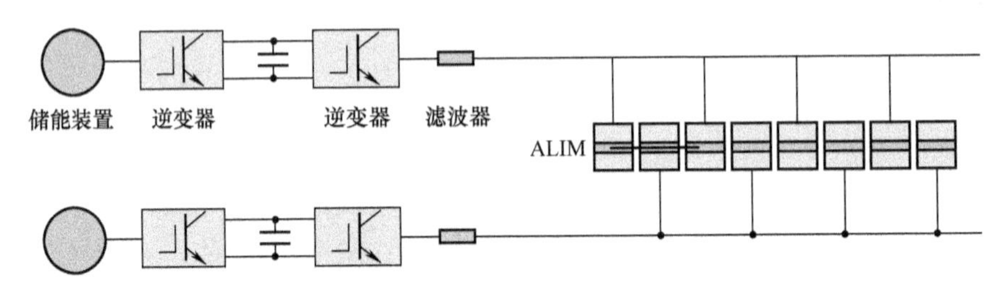

图7-34 EMKIT系统组成图

EMKIT系统弹射本体采用的先进直线感应电机由一系列分立的相同定子单元组成,便于安装和生产;且为每个定子单元都配备了一个晶闸管开关,当动子经过某一定子单元时,该晶闸管开关闭合,推动动子前进,减小逆变器电流;该先进直线感应电机具有转差率小、损耗小和功率因数高等优点,可采用无传感器速度控制,克服了普通直线感应电机转差率高、电机功率因数较低和损耗较高的缺点。

EMKIT系统能够自适应无人机质量和负载的变化,发射不同质量的无人机,已经进行了超过2500次的试验,能够在15m的轨道上能够将524kg的重物加速到51m/s,最大的峰值功率达到了3MW,最大加速度8.7g。

英国国防部还与英国孚德机电公司签订了未来航母(CVF)的飞机弹射项目(EMCAT),已经完成了方案论证工作。

虽然电磁发射系统还存在着脉冲电源体积大、重量大、成本高,弹射器高效稳定工作性能不佳、弹射过程存在强电磁干扰、试验不充分等一系列有待突破的技术问题,但电磁弹射技术控制精度高,能提高导弹命中精度、弹射多种型号导弹、改善导弹作战半径、彻底解决发射系统烧结问题、提高战场隐蔽性,安全性高等,使得电磁导弹弹射技术在军事领域中有着光明的前景。随着相关技术的进一步发展,电磁弹射技术必将应用到导弹弹射中,并推广到无人机、航母舰载机、鱼雷等大质量、低速载荷弹射领域。

7.4.3 电磁炮

电磁发射技术是利用电磁力驱动发射物体并将其加速到超高速度的新型发射技术,电磁发射技术实质上是一种把电磁能变换成发射物体动能的能量变换技术。根据工作原理不同,可分为电磁轨道发射技术、电磁线圈发射技术、电磁装甲技术,分别对应电磁轨道炮、电磁线圈炮和电磁装甲。由于电磁发射技术能够突破机械能和化学能发射的限制,与常规发射技术相比具有明显优势,应用领域广泛。

1. 电磁轨道炮

军事应用是提出电磁发射技术概念的主要初衷,也是目前电磁发射技术最有应用价值和前景的领域。电磁弹射技术是新一代航母关键技术,可提升多种战斗机、预警机、无人机作战性能,还可用于导弹发射、鱼雷发射、航天发射等领域,从而使武器装备的性能和技术指标大幅提高。

2012 年,美国海军的电磁轨道炮发射试验炮口动能达到了 33 MJ,超过了计划的 32 MJ。该装置运行次数超过千次,积累了大量的基础数据,代表了世界电磁发射技术领域的最高水平。

英国、法国、德国、俄罗斯、意大利、土耳其等欧洲国家,建有专门机构开展电磁发射技术研究,在电磁轨道发射技术、电磁线圈发射技术、电磁弹射技术、电磁装甲领域取得了大量成果,稳居世界第二集团。

2003 年,美国海军开始推进用于远程火力支援和舰艇自防御的超高速电力武器装备。在美国海军研究局的支持下,海军研究实验室在其材料测试中心建成了一台新型小口径电磁轨道炮,口径 25.4mm,如图 7-35 所示。这台小型轨道炮将作为小口径系统的试验平台,以满足陆基和海基平台的电力需求。该轨道炮可安装于多种移动平台,每分钟可发射数发炮弹。2014 年,该轨道炮完成首次试射标志着美国海军及其他军种武器研制进入新时代。

图 7-35　小口径电磁轨道炮

2010 年,通用原子公司完成“闪电”电磁轨道炮武器系统研制,该武器系统主要包括发射装置、高功率密度脉冲电源、火控系统三部分。

2014 年,美国借第 17 届国际电磁发射技术会议在美国召开之际,首次对外公开了美国海军舰载 32MJ 炮口动能电磁轨道炮工程样机,与会者登上了美国海军“米利诺基特”号联合高速船,现场观摩了分别由 GA 公司和 BAE 系统公司研制的两门大口径电磁轨道炮、一体化弹丸以及高储能密度的脉冲功率电源,展示了美国海军在电磁发射领域的技术水平,如图 7-36 所示。

图 7-36　轨道炮工程样炮

两门工程样炮均采用 D 型轨道、纤维缠绕身管,口径约为 150mm,身管长度为 13m。

2016 年,通用原子公司在犹他州达格威靶场进行制导电子组件发射试验,之后拆卸“闪电”轨道炮系统并将其运往希尔堡。到达希尔堡后,进行重新组装并参与美陆军在俄克拉荷马州劳顿市希尔堡地区进行的一年一度的“机动性与射击综合试验演习”(MFIX)。演习期间,“闪电”轨道炮共进行 11 次发射,命中目标的距离均超过其早期射程。演习结束后,“闪电”轨道炮又运回达格威靶场进行后续试验。其目的在于展示该轨道炮系统可以方便有效地运输,并在不同地区的现实环境进行试验,收集提高轨道炮效率的关键数据,满足未来用户对机动性的需求。

2016 年,通用原子公司自筹 5000 万美元用于研制 10MJ“多功能中程轨道炮武器系统”。研制该轨道炮的目的在于补充或代替美海军现役 127mm 舰炮,将用于拦截导弹和飞机,以及动能打击海上或陆地目标。该轨道炮的口径尚未确定,可能在 100mm 左右,炮弹内装钨质子弹,拦截范围与 PAC-3“爱国者”导弹类似;执行动能打击任务时炮弹射程约 100km。

2017 年 3 月,美国海军公布的电磁轨道炮工程样炮视频,表明其已进入海上平台发射性能试验测试阶段。

法国和德国国防部共同组建的法德圣路易斯研究所(French-German Research Institute Saint Louis's, ISL),建设了 10MJ 脉冲电源系统,电压为 10.75kV,包含了 200 个电容器模块,配备了半导体开关,电流可达 2MA。

基于 10MJ 脉冲电源,法德 ISL 研制了多型电磁轨道发射器。其中 ISL 早期

的50mm圆形口径发射装置,可把质量为356.8g的电枢加速到2.24km/s,效率29.9%。40mm方口径发射装置,如图7-37所示,可将质量为300g的电枢加速至2.4km/s,也可将质量为1kg的弹丸发射到2.0km/s以上的速度,发射效率超过25%。在此基础上,法德ISL还对发射器口径结构,电枢结构和材料、分布式馈电、金属纤维电枢、发射器效率、轨道寿命等电磁轨道发射关键技术进行了深入研究。

图7-37 法德ISL电磁轨道发射装置

俄罗斯高能物理中心建造的轨道炮将3.8g的弹丸加速到6.8km/s,处于国际领先水平。近年来俄罗斯在电磁发射机理研究,特别是对等离子电枢型轨道炮的研究非常深入,并在爆炸磁流体发电机、磁通压缩发电机等方面取得了丰富的理论与实验成果。

从材料和结构的角度研究找到了多种降低速度趋肤效应的方法,发现了如何调整电枢和轨道的形状、结构、材料和各向异性电热特性以提升轨道炮的发射速度及身管寿命,并在小型试验装置上进行了试验验证,试验结果与理论计算结果高度一致,得到业内同行的广泛认可。

2. 电磁装甲

1973年,科研人员提出了电磁装甲的概念。其原理是通过预先储存在脉冲功率电源中的电能,使来袭武器发生偏转或者提前引爆,以达到为武器系统及内部操作人员提供保护作用的目的,可分为被动式电磁装甲和主动式电磁装甲,如图7-38所示。

1986年,法德ISL完成了线圈感应式主动电磁装甲试验,将边长100mm、厚10mm的防护板加速到约190m/s,试验表明同等防护效果下,电磁驱动的防护板的质量仅为爆炸反应装甲质量的1/3。1988年建成50kJ的储能装置,1996年建成400kJ储能装置。2001年,利用双线圈电磁发射系统将约160g的拦截弹加速到100m/s,如图7-39所示。

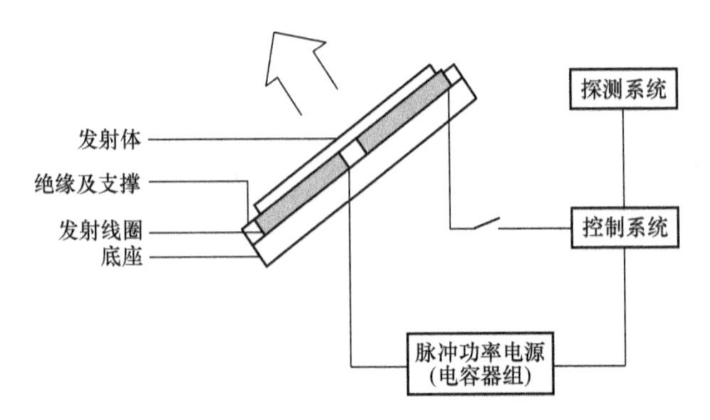

图 7-38　主动电磁装甲系统组成

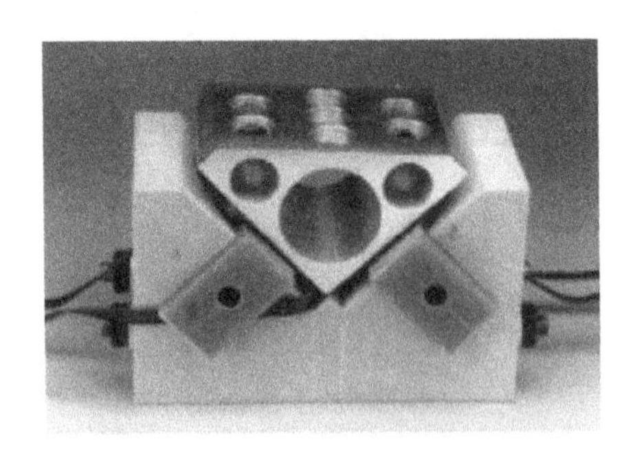

图 7-39　二维主动电磁装甲发射装置

目前法德 ISL 正在进行可提高防护范围的三维电磁发射装置,防护板的速度、方向和稳定性控制以及电磁发射拦截效果方面的研究。

虽然从目前世界电磁发射技术发展看,还存在着驱动电源体积质量过大、发射装置笨重、炮管烧蚀严重等一系列有待突破的技术问题,但发射技术必将从机械能、化学能发射时代过渡到以电磁炮为代表的电磁能发射时代。

美国已经在高效工程化电磁轨道发射技术、高功率脉冲电源技术、超高速一体化弹药技术等方面取得积极成果,初步完成具有武器化特征的工程样机研制并开展了发射性能研究。电磁能发射的时代大门已经开启,随着电磁发射技术的进一步发展,电磁发射技术必将走出实验室,迈向更广阔的领域。

7.4.4 直线电机在数控领域的应用

传统旋转电机组成的数控机床伺服系统包含伺服电机、轴承、联轴器、丝杠及构成该系统的支撑结构,使得其惯性质量较大,动态性能的提高受到了很大的限制。更严重的是这些中间结构在运动过程中产生的弹性变形、摩擦损耗难以

消除，且随着使用时间的增加该弊端会越来越突出，造成定位的滞后和非线性误差，从硬件上严重影响了加工精度。

为了克服传统旋转电机伺服系统的缺陷，直线电机驱动系统进给传动方式，渐渐取代了传统的旋转电机，得到了快速的发展。它打破了传统"旋转电机+滚珠丝杠"的传动方式，实现了"零传动"，是通过电磁效应，将电能直接转换成直线运动，而不需要任何的中间机构，消除了转动惯量、弹性形变、反向间隙、摩擦、振动、噪声及磨损等不利因素，极大地提高了伺服系统的快速反应能力和控制精度。令其在数控机床高速进给系统领域逐渐发展为主导方向，成为现代制造业设备中的理想驱动部件，使机床的传动结构出现了重大变化，并使机床性能有了新的飞跃，如直线电机驱动的冲床，电磁锤、螺旋压力机、电磁打箔机、压铸机和型材轧制牵引机等。随着直线电机性能提升、技术成熟、成本下降，应用也会更加广泛，直线电机将成为高速（超高速）、高档数控装备中的主流驱动方式。旋转电机—滚珠丝杠方式与直线电机方式的传动性能比较，见表7-1。两种典型采用直线电机驱动的数控机床，如图7-40所示。

表7-1　旋转电机-滚珠丝杠方式与直线电机方式的传动性能比较

性　能	旋转电机+滚珠丝杠方式	直线电机方式
精度/(μm/300mm)	5	0.5
重复精度/μm	3	0.1
最高速度/(m/min)	90~120	60~200
最大加速度/g	1.5	2~10
静态刚度/(N/μm)	90~180	70~270
动态刚度/(N/μm)	90~120	160~210
调整时间/ms	100	10~20
工作寿命/h	6000~10000	50000

图7-40　直线电动机驱动的冲压机床

7.4.5 直线电机在工业上的应用

直线电机在工业上的发展较为迅速,产品较为成熟,获得了大量应用。

直线电机在半导体行业中以其高速、高精度、无污染的特点,广泛应用于光刻机、IC 黏接机、IC 塑封机等多种加工设备,而且单台设备往往需要多台直线电机。

直线电机用于冶金工业中的电磁泵、液态金属搅拌器。

直线电机用于纺织工业中的用直线电机驱动的电梭子、割麻装置以及各种自动化仪表和电动执行机构。

直线电机应用在电子设备中,具有定位精度高、噪声低、运动稳定等优点,如打印机、软盘驱动器、光驱设备、扫描仪、绘图仪、记录仪等常用电子设备中均有应用。

直线电机应用于物料传输领域,具有结构简单、运行可靠、成本低、效率与智能化程度高等优势,主要应用在升降机、快递包裹、行李、原材料等分拣传输线、电子产品加工生产线、核废料搬运、食品加工线及制药生产线,甚至在立体车库的储藏和调度方面等各种工业物料传输装置等。

直线电机应用于电梯,具有结构简单、省材、省空间、高速、低噪声、节能等优点。日本东京都关岛区万世大楼安装了世界上第一台使用直线电机驱动的电梯,该电梯载重 600kg,速度为 105m/min,提升高度为 22.9m。由于直线电机驱动的电梯没有曳引机组,因而建筑物顶的机房可省略。

直线电机应用于医疗行业,大到电动护理床、X 光透视床、电动手术台,小到心脏起搏器都有直线电机的应用实例。

直线电机在民用方面也得到广泛应用,如直线电机驱动的门与门锁、直线电机驱动的窗和窗帘,直线电机驱动的床、柜、桌、椅,盘型直线电机驱动的洗衣机,空调、电冰箱用直线电机压缩机,用直线电机驱动的家用针织机和缝纫机、炒茶机等。

参考文献

[1] 纳斯尔 S A. 直线电机[M]. 北京:科学出版社,1982.
[2] 山田一. 工业用直线电动机[M]. 薄荣志,译. 北京:新时代出版社,1986.
[3] 叶云岳. 直线电机原理与应用[M]. 北京:机械工业出版社,2000.

[4] 叶云岳. 直线电机技术手册[M]. 北京:机械工业出版社,2003.
[5] 叶云岳. 直线电机在现代机床加工业中的应用[R]. 中国机械工程学会报告,2007.
[6] 杨通. 高速大推力直线感应电机的电磁理论与设计研究[D]. 武汉:华中科技大学,2010.
[7] 鲁军勇,马伟明,许金. 高速长定子直线感应电动机的建模与仿真[J]. 中国电机工程学报,2008,28(27):89-94.
[8] 王双全. 大功率直线感应电机的电磁设计及其直接推力控制研究[D]. 武汉:华中科技大学,2008.
[9] 任晋旗,李耀华. 动态边端效应补偿的直线感应电机磁场定向控制[J]. 电工技术学报,2007,22(12):61-65.
[10] 王伟进. 直线电机的发展及应用概况[J]. 微电机,2004,39(1):45-50.
[11] 张伯霖,潘珊珊,于兆勤,等. 直线电机及其在超高速机床上的应用[J]. 中国机械工程,1997(04):85-88,121.
[12] 张伟. 线电机驱动技术在高速机床上的应用[J]. 机械工程师,2012(08):148-149.
[13] 柯红金. 数控机床用直线电动机控制技术[J]. 机械制造与自动化,2012,41(03):192-194,197.
[14] 吴克元,刘晓,叶云岳. 平板型混合式直线步进电机的关键参数[J]. 浙江大学学报(工学版),2011,45(9): 1063-1068.
[15] 寇宝泉,杨国龙,等. 双向交链横向磁通平板型永磁直线同步电机的设计与分析[J]. 电工技术学报,2012,27(11):31-37.
[16] 吴育春,王庭有,张华. 基于U形直线电动机的应用研究[J]. 新技术新工艺,2012,7:66-67.
[17] 童亮,王大江. 大推力双U型永磁同步直线电机设计及性能测试[J]. 机械科学与技术,2015,34(5):759-762.
[18] 张贝. 圆筒型永磁直线发电机的设计与优化[D]. 兰州:兰州理工大学,2015.
[19] 李增贺. 自由活塞式永磁直线发电系统分析[D]. 天津:天津大学,2011.
[20] 周华. 内燃机用自由活塞永磁直流直线发电机分析[D]. 天津:天津大学,2011.
[21] 黄书荣,徐伟,胡冬.轨道交通用直线感应电机发展状况综述[J].新型工业化,2015,5(1):15-21.
[22] 张文娟. 举升用圆筒型直线感应电机设计及起动特性分析[D]. 哈尔滨:哈尔滨理工大学,2009.
[23] 汤子鑫,姬新阳,孙思浩,等. 基于电路模型的弹射用永磁无刷直线直流电机参数优化及仿真[J].四川兵工学报,2014,35(4):141-145.
[24] 秦新燕. 短行程直线直流电机的电磁优化设计与分析[J].湖北第二师范学院学报,2012,29(2):33-35.
[25] 言军,孙毅,等. 高精度高寿命直线步进电机设计[J].自动化技术与应用,2012,31(8):33-41.

[26] 张孝亮. 圆筒型混合式直线步进电机设计与分析[D]. 沈阳工业大学,2014.
[27] 苏子舟,张涛,张博. 欧洲电磁发射技术发展概述[J].飞航导弹,2016(9):80-85.
[28] 苏子舟,张涛,张博,等. 导弹电磁弹射技术综述[J].飞航导弹,2016(8):28-32.
[29] 李 军,严 萍,袁伟群. 电磁轨道炮发射技术的发展与现状[J].高电压技术,2014,40(4):1052-1064.
[30] 马伟明,鲁军勇. 电磁发射技术[J].国防科技大学学报,2016,38(6):1-5.

第8章

脉冲发电机

8.1 脉冲功率电源简介

8.1.1 脉冲功率电源简介

功率是一个物理量,它的定义是单位时间内的能量,即能量除以时间,其单位是瓦特(W)。

“脉冲功率”英文为 Pulsed Power,其中 Pulsed 意为“脉冲的”或“按脉冲方式工作的”;Power 意为“电源”或“功率”,因此,把 Pulsed Power 直译为“脉冲功率”,一直沿用至今。

脉冲功率技术,是研究把能量缓慢地储存起来,并进行形态变换或压缩和调节,最后以极短的时间脉冲地快速释放给负载的电物理科学技术[1-5]。脉冲工作方式虽然功率高,但能量不一定大。

脉冲功率装置一般包括初级供能能源、储能或脉冲发电系统、脉冲成形或能量时间压缩系统、负载4部分。其中初级供能能源、储能或脉冲发电系统、脉冲成形或能量时间压缩系统共同组成了高功率脉冲电源,也称脉冲电源。高功率脉冲电源是指在单位体积、单位重量内能够长时间高密度储存能量,并能够实现电能的快速可控存储与提取的电源[6-7]。

当前脉冲电源主要有电容器组、电感器、电池组和旋转电机4种。其中基于惯性储能,利用补偿原理和磁通压缩原理,极大地降低电枢绕组的内电感,从而获得幅值极高的脉冲电流发电机,称为脉冲发电机(pulsed alternator,PA)。由于脉冲发电机基本都是补偿原理,也称补偿脉冲发电机(compensated pulsed alternator,CPA),简称脉冲发电机[8-12]。与其他脉冲电源(如电容器、电感、单极电机等)相比,脉冲发电机具有储能密度高、功率密度高、脉冲波形灵活可调、能够连续输出脉冲能量、系统构造简单、成本低、维护简单、寿命长等特点[13-19]。

8.1.2 脉冲发电机发展简史

美国开展脉冲发电机研究最早、水平最高，英国、俄罗斯、印度、韩国、中国等国家也对脉冲发电机进行了研究[20-27]。

8.1.2.1 美国脉冲发电机发展史

美国进行了多代脉冲发电机样机的研制及驱动轨道炮放电试验。

1. 第一台脉冲发电机工程样机

1978 年，美国得克萨斯大学奥斯汀分校机电中心（UT－CEM）的 W. F. Weldon 等发明了脉冲发电机，研制了第一台脉冲发电机（engineering CPA prototype，EPC），为美国 Lawrence Livermore 国家实验室的固体激光器提供高功率脉冲电流[28]，外观如图 8-1 所示，主要参数见表 8-1。

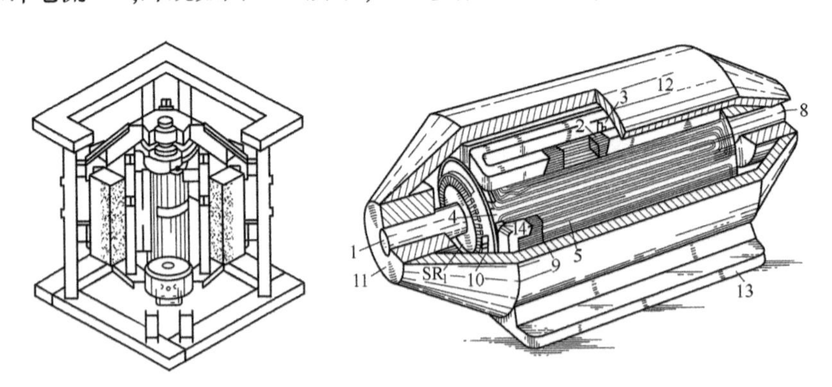

图 8-1　脉冲发电机工程样机外观图

表 8-1　EPC 的主要性能参数

极　　数	4	负载峰值电压/kV	6
转速/(r/min)	5400	负载峰值功率/MW	430
转子角速度/(rad/s)	565	1/2 电流峰值处脉冲宽度/μs	560
频率/Hz	180	输出能量/kJ	200
开路电压峰值/kV	5.7	ω_m =548rad/s 时的平均最大机械功率/MW	600
最小电枢电感/μH	27	电枢温升/℃	8.9
20℃时电枢电阻/mΩ	45	峰值电流/kA	150
补偿绕组轴线/rad	0.147	储能/MJ	3.4
负载峰值电流/kA	72	电感变化率	7 : 1

注：最大平均机械功率等于转子绕组和绝缘所能提供的最大剪切力、转子表面有效面积、转子表面线速度三者的乘积。

脉冲发电机工程样机转子采用2913号硅钢片叠装以降低涡流,热套于4340号高强度钢制成的转轴上。为了防止高速旋转时,转子叠片发生串动,影响电机转子转动的稳定,故采用机械方式提高转子的硬度,防止在5400r/min时转子叠片由于高速离心力分开。定子背轭设计要能经受住峰值150kA放电电流时,作用其上的2.7×10^6N·m的脉冲转矩和20.7MPa的内压力。通过机械结构加固定子背轭,防止因背轭滑动,破坏定子背轭和励磁绕组之间的环氧树脂黏结层。定子背轭连接的外框可以旋转,放电时,外框连接背轭同步旋转,将转矩由6.82×10^6N降低到1.15×10^5N。最成功的一次放电实验为加速到4800r/min,放出30kA峰值电流,脉宽为1.3ms,单脉冲输出能量140kJ。该样机在无励磁情况下成功加速到最大转速5400r/min,在加上满励磁时,电压峰值达到设计值6kV,但是准备放电前,由于电枢绕组端部绝缘出现故障,导致电机损坏。由于定子实心极产生的涡流损耗,降低了电感的压缩比,对该CPA进行结构改进,将补偿绕组换成补偿筒,并同电枢绕组串联,同时改变电枢导体的尺寸以及改进绕组的绝缘系统,制造了新一台样机[29-31]。

脉冲发电机工程样机成功验证了主动补偿的原理,利用补偿绕组将电机的内阻抗降低到一个很低的值,并且还可以同步调解脉冲电流波形的形状,并验证了UT-CEM和LLNL编制的利用空间谐波场分布计算绕组电阻电感的程序和电路仿真程序的准确性。

2. 速射轨道炮炮用脉冲发电机

20世纪80年代初,美国陆军设立了电炮项目,UT-CEM受美国陆军资助,为其研制用于驱动电磁轨道炮的脉冲发电机(rapid fire CPA,RFC)。此后UT-CEM研制的多代样机,均基于轨道炮负载。

1983年UT-CEM完成了速射轨道炮用补偿脉冲发电机的设计。该电机为铁芯电机,样机外形如图8-2所示。

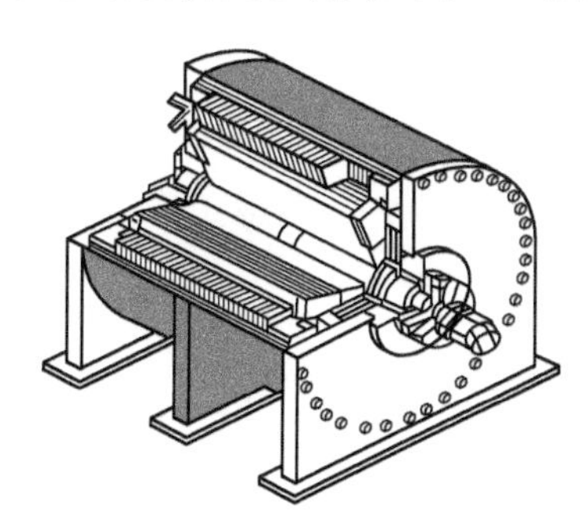

图8-2　速射轨道炮用脉冲发电机

1987年,UT-CEM完成该样机的放电实验,在转速为3509r/min时,放出峰值为720kA的脉冲电流,驱动30mm口径轨道炮,将80g弹丸发射到2km/s。之后,尝试将电机拖动到额定转速,但由于固定转子上励磁线圈的环氧失效,使得励磁绕组甩出,导致补偿筒与电枢绕组接触,励磁绕组、电枢绕组和补偿筒都受到严重损坏。

ICC的成功负载运行,证明了脉冲发电机可以为电磁发射提供高功率脉冲,直接驱动电磁轨道炮。但是它的能量密度和功率密度较低,未完全达到指标要求。

3. 小口径轨道炮用脉冲发电机

RFC驱动轨道炮负载试验的成功,促使美国陆军和CEM合作设立了“电磁轨道炮武器系统”研究项目,旨在研究更加紧凑的小口径轨道炮用脉冲发电机(small caliber CPA,SCC)。为此,UT-CEM在1988年用复合材料代替铁磁材料来制造了第一台空芯脉冲发电机,如图8-3所示,空芯转子如图8-4所示。复合材料密度小,使得电机获得更小的质量,强度高能使电机加速到很高转速,增加储能,因而能量密度得到很大提高。

图8-3　小口径轨道炮用脉冲发电机

图8-4　小口径轨道炮用脉冲发电机空芯转子

由于复合材料磁导率低,建立磁场困难,因此电机采用自激励磁。同时,为了提高励磁效率,转子上有两套电枢绕组,一套绕组用于自激励磁,另一套绕组用于轨道炮放电,将励磁过程和放电过程解耦,两套绕组可以分别进行优化设计。

1993 年,SCC 进行驱动负载试验,逐渐增加电机转速,在 16200r/min 转速时,放出峰值 132kA 的脉冲电流。但在继续升高 SCC 转速时,轴承系统发生了损坏。

虽然全速试验失败,但 SCC 在脉冲发电机的历史上具有重大意义,创造性地用复合材料代替铁磁材料制造电机转子,大幅度提高了电机的能量密度。此后 UT-CEM 研究的脉冲发电机均为采用复合材料的空芯电机。

1) 炮口动能 9MJ 轨道炮用脉冲发电机

UT-CEM 为驱动炮口动能 9MJ 的轨道炮,研制了一台大型脉冲发电机(Range Gun Compulsator,RGC)。是美国研制的储能最大的脉冲发电机。该脉冲发电机拓扑结构为两极、静场式、自激被动补偿式,定转子结构部件均采用复合材料制成。电机设计转速 10000r/min,储能 255MJ,能发射峰值 4MA、脉冲宽度 4ms 的电流脉冲。电机制造过程中,作为储能部件的转子复合材料出现了断裂,自激绕组也出现了问题,后期虽然对该样机进行了重新设计及局部修复,但由于存在一些关键技术问题,UT-CEM 并未对该样机进行负载放电测试。

2) 加农炮口径轨道炮用脉冲发电机

20 世纪 90 年初期,继美国陆军之后,海军也与 CEM 共同设立项目,研制加农炮口径轨道炮系统,主要目的是进一步论证未来电磁武器系统装备军队的可行性。

加农炮口径轨道炮用脉冲发电机(Cannon Caliber Electromagnetic Gun Compulsator,CCEMGC)计划强调系统集成设计,因此以弹丸质量、出膛速度、电流脉冲宽度、发射次数、转子储能这 5 个变量为目标,拓扑结构为选择被动补偿、空芯、四极、单相、旋转电枢,如图 8-5 所示。

加农炮口径轨道炮用脉冲发电机储能密度设计值达 19.3kJ/kg,功率密度达 1160kW/kg,两者均大致为 RGC 的两倍。加农炮口径电磁轨道炮用 CPA 总重 2046kg,体积为 0.875m^3,其目的是测试多发能力,最终于 1994 年完成设计,于 1996 年完成测试。在 CEM,加农炮口径电磁轨道炮用 CPA 驱动 30mm 的 EMRG 进行了 6 次单发试验,在转速为 8264r/min 时,发出了峰值电压 2.835kV、峰值电流 660.4kA、脉冲宽度 2.78ms 的电流脉冲,将 155g 的弹丸加速到 1.9km/s。但由于转子速度的限制,没有进行多发能力演示试验。

加农口径电磁轨道炮用 CPA 吸收铁芯电机和空芯电机的经验,是第一台按系统观念来设计和建造的CPA,代表了CPA提高功率等级的又一个阶段。加农炮口径电磁轨道炮用CPA励磁绕组由两个同心的铝筒组成,每个铝筒分成4部分,以螺旋的形式切割成小甜面包的结构,然后焊接到一起,形成四极连续绕组。

图8-5 加农口径电磁炮用脉冲发电机

3)模型比例脉冲发电机

20世纪90年代中期,UT-CEM承担美国陆军的脉冲电源研究计划,旨在研制下一代更高能量密度的脉冲发电机(sub-scale focused technology program compulsator,SSFTPC),该模型比例脉冲发电机采用了四相、旋转磁场、鼓形转子、无补偿拓扑结构,如图8-6所示。

图8-6 模型比例脉冲发电机

美国最新的补偿脉冲发电机的研究为将两台同等规模的CPA作为一组使用,如图8-6所示,能量密度、传递给炮管的能量以及效率均较之前研究提高3

倍。工作时两个 CPA 同步反向旋转,放电时可以抵消施加给底座的脉冲转矩。

4）实用型脉冲发电机

根据美国 Texas 大学 Austin 分校先进技术小组的 Harry 教授的关于将电磁轨道炮技术应用于战场的报告可知,脉冲发电机技术计划从 Austin 机电中心转向 Curtiss-Wright 公司实行工业化生产,该型脉冲发电机(图 8-7)集飞轮储能与脉冲放电技术于一体。

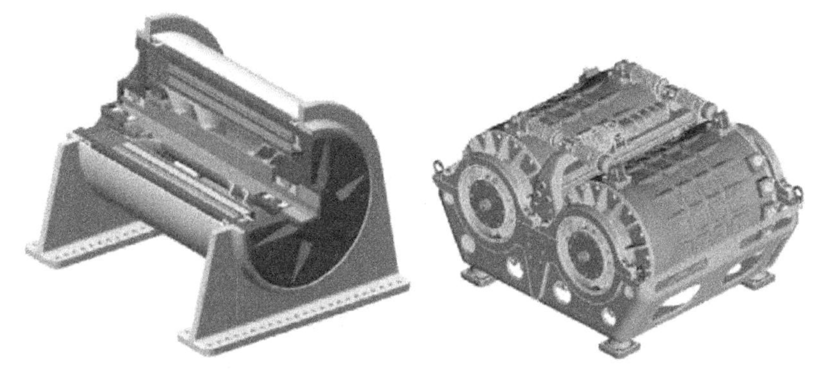

图 8-7　实用型脉冲发电机

2007 年,第一代实用性 CPA 研制完成,与 2008 年完成电磁轨道炮系统集成,第一代 CPA 体积为 1.9m^3、最大质量小于 7000kg,驱动电磁轨道炮弹丸动能达到 2~5MJ。Austin 分校机电中心已经完成了 CPA 基础研究,并成功攻克主要问题。其仿真与试验放电电流波形,如图 8-8 所示。

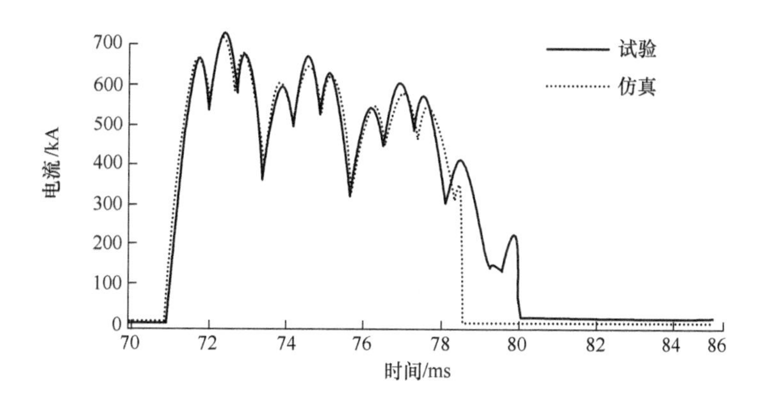

图 8-8　实用型脉冲发电机输出特性

该 CPA 采用多相叠加触发放电,峰值电流达到 700kA,脉冲宽度达到 8ms。根据计划,该 CPA 将应用电磁轨道炮系统。第二代 CPA 体积只有 1.5m^3,而最大质量则减至 4000kg，驱动轨道炮弹丸动能达到 8～10MJ，当炮口动能达到 6.3MJ 时，可以将 70kg 弹丸发射至 120km。

综上所述，UT-CEM 经过多代样机的研制和试验，不断采用新的技术和拓扑结构，脉冲发电机的能量密度和功率密度不断提到，目前较为合理的拓扑结构选定为空芯转子、自激励磁、旋转磁场、多相，如图 8-9 所示。

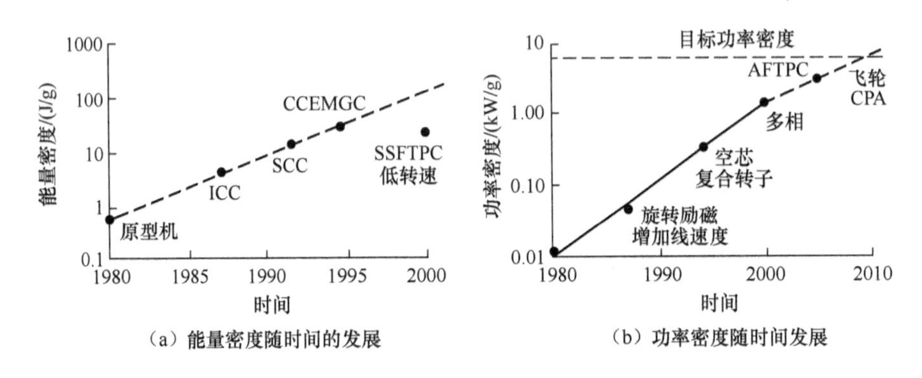

(a) 能量密度随时间的发展　　(b) 功率密度随时间发展

图 8-9　脉冲发电机能量密度和功率密度

8.1.2.2　其他国家脉冲发电机发展史

英国、俄罗斯、印度、韩国、中国等国家也对脉冲发电机进行了研究。

在 20 世纪 80 年代中期，英国的库尔汗实验室改造研制了一台主动补偿脉冲发电机，这台样机的原型是一台三相并激的换向器电动机。用该台电机对阻性和容性负载开展放电研究。库尔汗实验室的学者分析了脉冲发电机的补偿角与输出脉冲电流的峰值、脉冲宽度以及弹丸速度之间的关系。他们还研究了补偿结构不一样时，各自的输出脉冲形状的特点，得出了被动补偿方式下输出的脉冲电流波形更适合驱动电磁轨道炮的结论。

俄罗斯电工所研究的补偿脉冲发电机主要用于托卡马克装置。俄罗斯的学者提出可以通过调节励磁电流来抵消放电引起的转速下降。他们的研究对于通过励磁调节来控制影响输出脉冲电流的形状提出了新的方法。

印度 Rashtreeya Vidyalaya 工程大学对脉冲发电机开展过相关工作，印度 Bangalore 航空工业部门研制的 50kJ 级别脉冲发电机如图 8-10 所示。

自 20 世纪 70 年代，我国开始脉冲发电机研究。中科院等离子体物理研究所是国内最早开始研究脉冲发电机的单位[32-37]。从 1979 年开始，总共研究制造了 6 台样机，并首次提出了串级式补偿脉冲发电机的观点，造出成套系统做放电试验。20 世纪 80 年代，中科院电工所对将主动补偿脉冲发电机应用于脉冲成形变换网络展开了研究，建成了磁通压缩机脉冲成形变换设备。华中科技大

图 8-10　印度航空工业部门研制的脉冲发电机

学研制出我国第一台百兆瓦级空芯脉冲发电机,并进行试验测试。空芯脉冲发电机如图 8-11 所示。哈尔滨工业大学研制出了铁芯脉冲发电机[38-39],如图 8-12所示。

图 8-11　华中科技大学研制的百兆瓦级空芯脉冲发电机

图 8-12　哈尔滨工业大学研制的铁芯脉冲发电机

8.2 脉冲发电机工作原理

脉冲发电机利用了电磁感应和磁通压缩两种原理联合工作，它把惯性储能、机电能量转换和脉冲成形三者融为一体。其工作原理主要涉及磁通压缩和电感补偿原理、脉冲发电机自激和补偿原理，并给出了脉冲发电机的数学模型[41-44]。

8.2.1 磁通压缩和电感补偿原理

由楞次定律可知，磁通脉冲地通过一闭合线圈时，线圈将感生出电流，此电流产生的磁场阻碍原磁通的变化，以保持原来总磁通为零的不变趋势[45]，这属于磁场冻结效应。如图 8-13(a)所示，将带有电流为 I_0 的线圈 B 插入与它反向绕制的线圈 A 中，A 将产生感应电流 i_{A0}，i_{A0} 产生阻止 ϕ_{B0} 变化的磁通 ϕ_{A0} 以企图保持线圈 A 内的总磁通为零。同时 ϕ_{A0} 又穿过线圈 B，在 B 中感应出电流 i_{B1}，i_{B1} 产生的磁通 ϕ_{B1} 又阻碍 ϕ_{A0} 穿过 B，以保持 B 内部仍为原磁通 ϕ_{B0}。此时线圈 B 中的电流为 $i_0 + i_{B1}$，磁通为 $\phi_{B0} + \phi_{B1}$。这样，当 B 向 A 内进一步推进时，两线圈的电流均逐渐增大，当两线圈重合时，脉冲电流增至峰值。由于两线圈各自保持着其内磁通不变的趋势，所以原磁通被压缩在两线圈的间隙中，向下插入的线圈 B 的机械能则转变成电磁能。

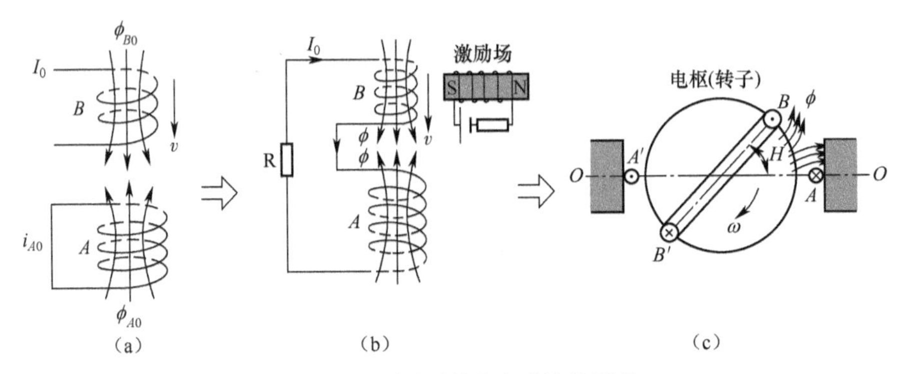

图 8-13 磁通压缩和电感补偿原理

若把图 8-13(a)改成图 8-13(b)，则图 8-13(b)便是脉冲发电机的物理原型。当 B 向下运动时，它切割附近的磁铁励磁场而感生初始电流 I_0。若带有 I_0 的线圈 B 继续向内插入时，则按上述的磁通压缩原理可知，将有比 I_0 大得多的脉冲电流输出给负载 R_0，由于 A 和 B 两线圈匝数和形状相同，并且反向绕制和

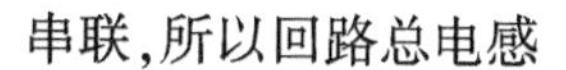

串联,所以回路总电感

$$L = L_A + L_B - 2M \tag{8-1}$$

式中:L_A、L_B 和 M 分别为两线圈的电感和互感。

显然,当线圈 B 彻底插入 A 中时,其 M 最大而 L 最小,从而使回路电感得到补偿。如果此时使用的是理想导体线圈,根据磁通守恒关系有

$$iL_i = I_0 L_2 \tag{8-2}$$

则最大电流

$$i_{\max} = I_0 L_{\max} / L_{\min} \tag{8-3}$$

以上是直观的直线运动压缩情况。

若改成图 8-13(c)的旋转情况,上述分析结果依然适用。图 8-13(c)是脉冲发电机原理图。倘假设 $A' - A$ 不存在,便成为一台简单的单相交流发电机。若此时转子电枢 $B - B'$ 的匝数为 N,磁极中心面间隙上的磁通为 Φ,则通过绕组 $B - B'$ 的磁通 $\phi = \Phi\sin\theta$,而 $B - B'$ 绕组上的感应电动势

$$e = - N\frac{\mathrm{d}\phi}{\mathrm{d}t} = - N\sin\theta\frac{\mathrm{d}\phi}{\mathrm{d}t} - N\phi\cos\theta\frac{\mathrm{d}\phi}{\mathrm{d}t} = e_T + e_c \tag{8-4}$$

式中:$e_T = - N\sin\theta\mathrm{d}\phi/\mathrm{d}t$ 项是由磁通变化引起的,称作变压器电势;$e_c = - N\phi\cos\theta\mathrm{d}\phi/\mathrm{d}t$ 项是由线圈旋转时切割磁力线引起的,称作切割电势。

显然,因为在同步发电机或直流发电机中 $\mathrm{d}\phi/\mathrm{d}t = 0$,所以 $e_T = 0$;而在异步感应发电机或变压器中不存在运动切割磁力线问题,所以 $e_c = 0$。

如果在磁极中心位置与旋转线圈 $B - B'$ 反向串联一个匝数相同的静止的补偿线圈 $A' - A$,则此时 $e_r \neq 0$ 且 $e_c \neq 0$,这便是脉冲发电机。此时由于 $B - B'$ 旋转切割磁极的磁场而产生 e_c,所以电流经过汇流环、电刷、负载和补偿绕组 $A' - A$,最后返回 $B - B'$ 线圈。这样一来,在 $B - B'$ 线圈内有流经 $A' - A$ 电流所产生的磁通在变化,故 $e_r \neq 0$。当旋转角 $\theta = 0$ 时,$A' - A$ 和 $B - B'$ 两线圈面重合,由于两线圈电流反向和产生的磁通也反向,所以此时回路总电感降到最小值(典型地仅为最大值的 5%),使电流幅值增至最大,可使负载获得峰值功率。从磁场压缩角度看,由于两线圈磁通方向相反,在线圈 $B - B'$ 旋转中磁通被压缩到两线圈间的气隙中,使该处磁感应增大,能使线圈产生较高的感应电压,故能输出较大的电流。这个电流又进一步增强磁场,增强的磁场被再压缩,导致更高的电压,于是有更大的电流输出。这种正反馈过程极快,电流指数地上升至峰值。此后,由于 $B - B'$ 转过 $A' - A$ 面,回路电感再次开始变大,磁场扩散开来,气隙磁感应变小,电流脉冲迅速下降,故脉冲后沿亦很陡。因为在脉冲输出期间转速只降低了百分之十几,所以在两脉冲期间拖动装置(如电动机)能使转速很快地回升到原来的额定值,因此 CPA 能连续输出脉冲[46-51]。图 8-14 是一个脉冲周期的

电感、电流和电压随时间的变化态势。

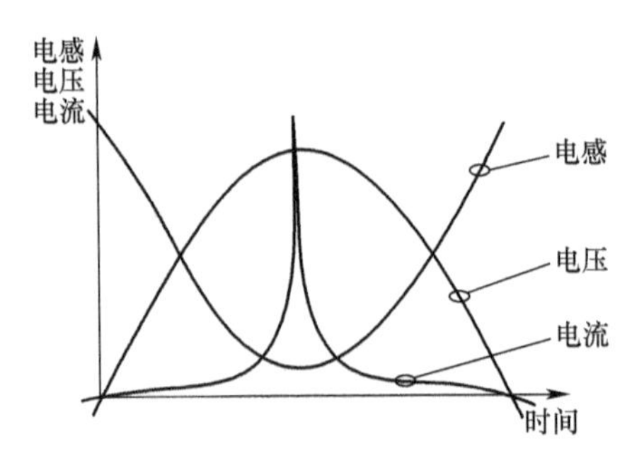

图 8-14　脉冲发电机输出特性

8.2.2 脉冲发电机自激机理

脉冲发电机运行过程分为自激励磁和补偿放电两个阶段[52]。脉冲发电机自激励磁电路原理图如图 8-15 所示,其运行模式如下:

(1) 原动机拖动脉冲发电机运行到额定转速,电机转子开始惯性旋转;

(2) 闭合种子电容开关,种子电容给励磁绕组产生一个几千安的种子电流;

(3) 在种子电流作用下,励磁绕组生成气隙磁场,并产生电枢绕组感应电压;

(4) 电枢绕组感应电压通过晶闸管整流桥接回励磁绕组,使励磁电压升高,励磁电流增大,形成正反馈,直至达到额定励磁电流;

(5) 自激完成后,停止整流桥,励磁绕组通过续流二极管续流,放电开关闭合,电枢绕组向负载放电,放电电流和脉宽可以通过调整放电触发角控制。

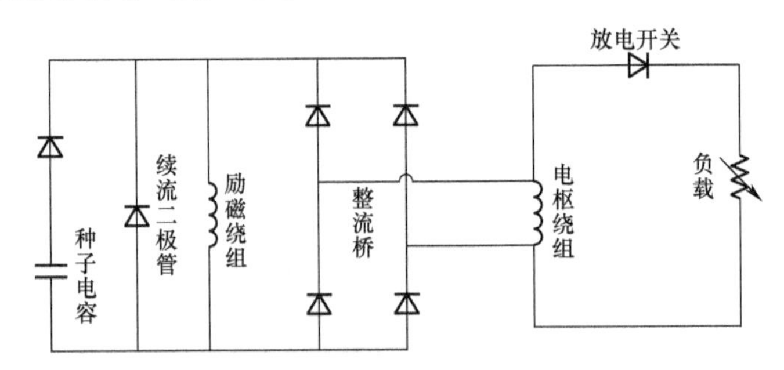

图 8-15　脉冲发电机自激励电路原理图

脉冲发电机电枢电压可类比于同步发电机电压,因此幅值可以简单表述为

$$V = \alpha\omega i_f \tag{8-5}$$

式中：V 为电枢电压；i_f 为励磁电流；ω 为角速度；α 为电压常数。

假设电枢绕组向励磁绕组整流的整流系数为1，则自激励磁过程的微分方程为

$$L_f \frac{\mathrm{d}i_f}{\mathrm{d}t} - (\alpha\omega - R_f) i_f = 0 \tag{8-6}$$

式中：L_f 为电枢绕组自感；R_f 为励磁绕组电阻；i_f 为励磁电流。

励磁电流为

$$i_f = i_0 \mathrm{e}^{(\alpha\omega - R_f)t/L_f} \tag{8-7}$$

式中：i_0 为种子电流。

由式(8-4)可以看出，自激电流呈指数规律增加，电机转速越高，励磁电阻和电感越小，自激速度越快。

8.2.3 脉冲发电机补偿原理

脉冲发电机放电过程中，利用励磁绕组进行磁通补偿，降低电枢绕组电感，从而获得瞬时大电流脉冲[53-55]，简化电路模型如图8-16所示。

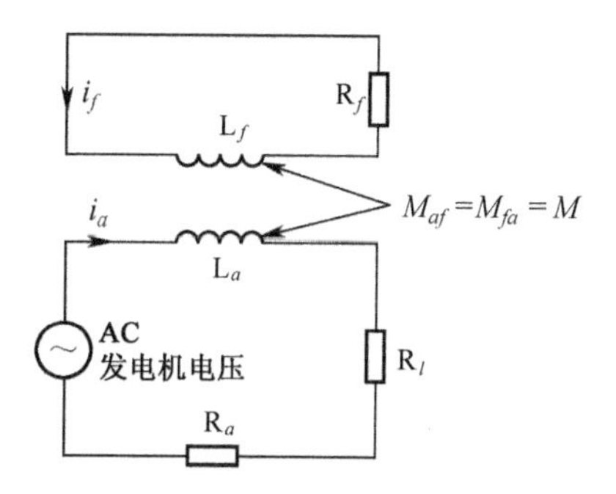

图8-16　脉冲发电机简化电路模型

脉冲发电机中绕组阻抗相比于感抗较小，因此可以忽略，励磁回路和电枢放电回路满足的电路方程为

$$\begin{cases} V = L_a \dfrac{\mathrm{d}i_a}{\mathrm{d}t} + M \dfrac{\mathrm{d}i_f}{\mathrm{d}t} \\ 0 = L_f \dfrac{\mathrm{d}i_f}{\mathrm{d}t} + M \dfrac{\mathrm{d}i_a}{\mathrm{d}t} \end{cases} \tag{8-8}$$

式中：L_a 为电枢绕组电感；i_a 为电枢绕组电流；M 为电枢绕组与励磁绕组互感。

脉冲发电机放电电流变化率为

$$\frac{\mathrm{d}i_a}{\mathrm{d}t} = \frac{V}{L_a - \dfrac{M^2}{L_F}} \tag{8-9}$$

耦合系数 k 为

$$k = \frac{M}{\sqrt{L_a L_f}} \tag{8-10}$$

则式(8-6)可以进一步表述为

$$\frac{\mathrm{d}i_a}{\mathrm{d}t} = \frac{V}{L_a(1 - k^2)} \tag{8-11}$$

式中：$L_a(1 - k^2)$ 为绕组等效电感，耦合系数 k 为 0~1 之间的数。

电枢绕组和励磁绕组之间的耦合作用越强，等效电感越小，补偿作用越明显。反之，则补偿作用变小，等效电感增大，脉冲电流峰值降低。

8.2.4 脉冲发电机数学模型

为了进一步了解脉冲发电机的运行机理，需要建立电机数学模型。为简便，本书中脉冲发电机为两相结构，电机参数如下：

电枢绕组：自感 L_a、L_b，电阻 R_a、R_b；

励磁绕组：自感 L_f，电阻 R_f；

电枢绕组与励磁绕组轴线夹角：θ；

电枢绕组与励磁绕组之间最大互感：M；

电枢绕组与励磁绕组之间实时互感：$M\cos\theta$；

电枢绕组正电流产生负磁链；励磁绕组正电流产生正磁链。

因此，可以得到电枢绕组磁链方程：

$$\begin{cases} \psi_a = -L_a i_a - M_{af} i_f = -L_a i_a - M\cos\theta i_f \\ \psi_b = -L_b i_b - M_{bf} i_f = -L_b i_b + M\sin\theta i_f \end{cases} \tag{8-12}$$

励磁绕组磁链方程：

$$\psi_f = M_{af} i_a + M_{bf} i_b + L_f i_f = M\cos\theta i_a - M\sin\theta i_b + L_f i_f \tag{8-13}$$

电枢绕组、励磁绕组电压方程：

$$\begin{bmatrix} u_a \\ u_b \\ u_c \end{bmatrix} = \frac{\mathrm{d}}{\mathrm{d}t}\begin{bmatrix} \psi_a \\ \psi_b \\ \psi_f \end{bmatrix} + \begin{bmatrix} R_a & 0 & 0 \\ 0 & R_b & 0 \\ 0 & 0 & R_v \end{bmatrix}\begin{bmatrix} -i_a \\ -i_b \\ i_f \end{bmatrix} \tag{8-14}$$

脉冲发电机总磁场能量：

$$W = \frac{1}{2} I^T L I = \frac{1}{2} L_a i_a^2 + \frac{1}{2} L_b i_b^2 + \frac{1}{2} L_f i_f^2 + M\cos\left(\theta + \frac{\pi}{2}\right) i_a i_f \tag{8-15}$$

电磁转矩：

$$T_{\mathrm{em}} = -p\frac{\partial W}{\partial\theta} = -p\left(\frac{\mathrm{d}L_a}{2\mathrm{d}\theta}i_a^2 + \frac{\mathrm{d}L_b}{2\mathrm{d}\theta}i_b^2 + \frac{\mathrm{d}L_f}{2\mathrm{d}\theta}i_f^2 + Mi_a i_f\frac{\mathrm{d}\cos\theta}{\mathrm{d}\theta} - Mi_b i_f\frac{\mathrm{d}\sin\theta}{\mathrm{d}\theta}\right) \tag{8-16}$$

因为，$\frac{\mathrm{d}L_a}{\mathrm{d}\theta} = \frac{\mathrm{d}L_b}{\mathrm{d}\theta} = \frac{\mathrm{d}L_f}{\mathrm{d}\theta} = 0$，所以式(8-16)的电磁转矩可以化简为

$$T_{\mathrm{em}} = pMi_f(i_a\sin\theta + i_b\cos\theta) \tag{8-17}$$

脉冲发电机转子被拖动到转速后，原动机不再提供驱动转矩，转子开始惯性旋转，因此转子运动学方程为

$$-T_{\mathrm{em}} - T_0 = J\frac{\mathrm{d}\Omega}{\mathrm{d}t} \tag{8-18}$$

式中：T_0 为空载阻力转矩；J 为转子转动惯量；Ω 为转子机械角速度。

联立以上各式，得到脉冲发电机数学方程

$$\begin{cases} u_a = -L_a\dfrac{\mathrm{d}i_a}{\mathrm{d}t} - M\dfrac{\mathrm{d}(i_f\cos\theta)}{\mathrm{d}t} - i_aR_a \\ u_b = -L_b\dfrac{\mathrm{d}i_b}{\mathrm{d}t} + M\dfrac{\mathrm{d}(i_f\sin\theta)}{\mathrm{d}t} - i_bR_b \\ u_f = L_f\dfrac{\mathrm{d}i_f}{\mathrm{d}t} + M\dfrac{\mathrm{d}(i_a\cos\theta)}{\mathrm{d}t} - M\dfrac{\mathrm{d}(i_b\sin\theta)}{\mathrm{d}t} + i_fR_f \\ -T_{\mathrm{em}} - T_0 = J\dfrac{\mathrm{d}\Omega}{\mathrm{d}t} \\ \theta = p\displaystyle\int_0^t\Omega\mathrm{d}t + \theta_0 \end{cases} \tag{8-19}$$

式(8-19)虽然是由两相电机推导得出，但是其结果不失一般性，可拓展应用到其他类型的脉冲发电机。

对脉冲发电机峰值输出功率的限制主要有以下几个方面：

当电枢绕组处于最大补偿位置（$\theta = 0$）时，其电感最小（$L_{\min}$），而输出功率最大。为使 $L_{\min}$ 最小，应当使用径向间隙绕组均匀地分布在转子表面上，而不采用凸极绕组或把绕组嵌在槽内。转子和定子间的径向间隙越小，则 $L_{\min}$ 会越小，但空气间隙的电绝缘能力将限制 $L_{\min}$ 的无限减小，从而空气间隙限制了峰值功率的输出。

脉冲发电机放电电流与空气间隙磁场径向分量的相互作用，将在电枢导体上引起减慢转子的径向剪切力，从而把储存在转子中的惯性能量转变成电磁能；但是这个力将引起绕组导体和转子（或定子）间的搭接绝缘体出现切线方向的剪切应力。此应力取决于电流时间、转子位置的变化历程以及涡流的径向磁场分量,而输出的峰值功率又与这个剪切应力成正比,所以搭接转子(或定子)的绝缘体的抗剪强度成为峰值功率输出的第二个限制。

为使 $L_{\min}$ 更小,要求转子和定子绕组导体的径向尺寸要更小,却与高电流密度相矛盾。绕组导体太薄将导致电流密度过大,发热严重。

此外,快速上升的电流出现的趋肤效应,又添加一份热量。因此温升是限制峰值功率输出的因素之一。

显然,在要求更快更窄的脉冲时,必须增加交流发电机的基本电频率 ω_e ,而 $\omega_e = N_P\omega/2$。可见,欲压缩脉宽或提高电频率,应当提高转速 ω 和增多磁极数 N_P 。这样一来,对最小的脉宽也有限制。

一是增加转速,将受到转子的刚度和轴支撑面的动力学特性限制,以及在磁场中产生的涡流限制。此外,转速过高时转子上的空气间隙绕组的离心力过大,有可能破坏绕组。若加固,又势必导致转子和定子间的有效空气隙增大,使 $L_{\min}$ 增大。

二是增加磁极对数,将使相邻极间距离变小,当小到可与空气隙比较时,外加磁场的泄漏将超过转子绕组导体所能切割的有用磁通,使脉冲幅值降低。

8.2.5 脉冲发电机分类

根据补偿方式和材料特性,可以对脉冲发电机进行分类。

1. 按补偿方式分类

在补偿脉冲发电机对外回路放电的瞬时过程中,会在补偿元件中感应出电流。这个电流会削弱电枢反应产生的磁场,从而使电枢绕组的瞬时等效电感变得很小,能够输出功率很高的脉冲能量。

根据补偿元件种类和分布方式不同,脉冲发电机可以分为 3 种:主动补偿式脉冲发电机(active compensated pulsed alternator, ACPA)、被动补偿式脉冲发电机(passive compensated pulsed alternator, PCPA)、选择被动式补偿脉冲发电机(select passive compensated pulsed alternator, SPCPA)。

1) 主动补偿脉冲发电机

将一套和电枢绕组一样的绕组加装在普通同步发电机的励磁侧,就构成了主动补偿脉冲发电机的基本结构,并把该套绕组定义为补偿绕组。补偿是由与电枢串联的第二绕组提供,迫使补偿电流按规定方向流动,即把外电流注入到补偿元件内,故称主动(或有源)补偿。由其结构可知,补偿绕组和励磁绕组是安放在定转子的相同侧,二者不存在相对运动。而补偿绕组和电枢绕组则放置在定转子的不同侧,二者存在相对运动。实际运用中,要通过滑环和电刷将两套绕

组串联形成回路。

当电机运行、转子转动时,串联后的整套绕组的电感是时变的。当转子旋转到两绕组轴线夹角为零时,两绕组间的磁场是互相增强的,这个位置二者的互感是正的最大值,电机的内电感取得最大值,如图 8-17(a)所示。当两绕组轴线夹角到 90°时,两绕组间没有磁链耦合,不存在互感,这个位置电机的内电感就只是对两绕组的自身电感求和,如图 8-17(b)所示。当夹角为 180°时,补偿绕组要削弱电枢绕组的磁场,在这个位置内电感取最小值,如图 8-17(c)所示。且因为两绕组完全一样,所以可认为主磁场全部抵消,只存在漏磁场,这个位置电机的内电感就是两套绕组漏电感的和。由于转子的运动,电机的内电感是一个周期性的时变值,并且它的周期和转子旋转的周期相同,输出一个峰值很高的尖顶形脉冲波形。

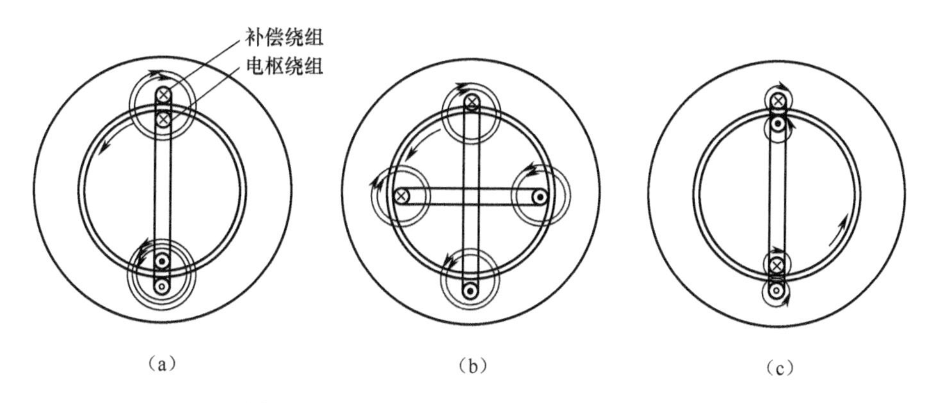

图 8-17 主动补偿脉冲发电机转子运动过程

2) 被动补偿脉冲发电机

在同步发电机转子的外侧放置一个由导电但不导磁材料做成的屏蔽筒,就构成了被动补偿脉冲发电机。当电机放电时,由于屏蔽筒是导电的,它就会感应出涡流电流,阻止磁通通过,使磁通只存在于气隙当中。而气隙的磁导很小,磁阻因此变得很大,电机的瞬时等效电感就很小。由于是在转子外侧安放了整个屏蔽筒,无论转子运动到什么位置,电机都能够得到相同的补偿,如图 8-18 所示,所以内电感是一个常数。因此输出的电流仍是一个正弦波,但幅值较普通电机大。

永磁被动补偿脉冲发电机为减小电枢绕组电感,采用无槽绕组方式,同时磁极表面安装铝补偿筒。采用内定子、外转子、两相四极拓扑结构的永磁被动补偿脉冲发电机结构如图 8-19 所示。

磁悬浮飞轮储能永磁被动脉冲发电机原理样机将磁悬浮支撑系统、转子储

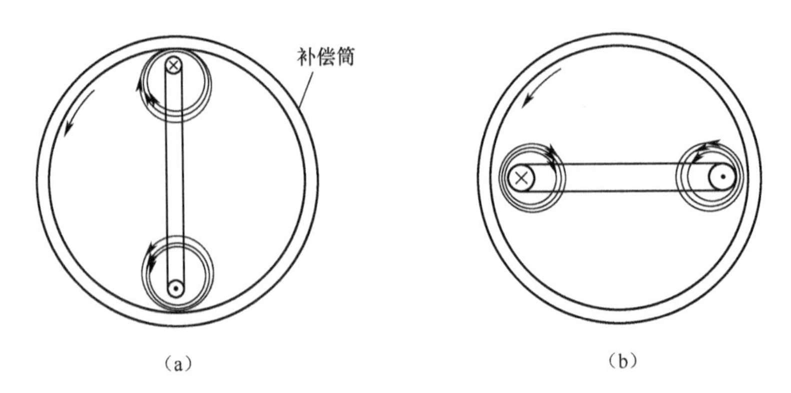

图 8-18　被动补偿脉冲发电机转子运动过程

能系统、电机驱动系统以及脉冲发电机脉冲电机系统集成于一体,原理验证系统集成如图 8-20 所示。该系统主要包括脉冲发电机原理验证样机本体、磁悬浮控制系统、高速储能充放电控制系统、高功率脉冲放电控制系统。其中,高速储能转子由磁悬浮轴承无接触支承,内定子主轴装配在固定调试基座上,磁轴承传感器线路、控制线路,驱动电机传感器线路、控制线圈,脉冲电机电枢引出线通过定子主轴内孔引出,与外置的控制箱相接。

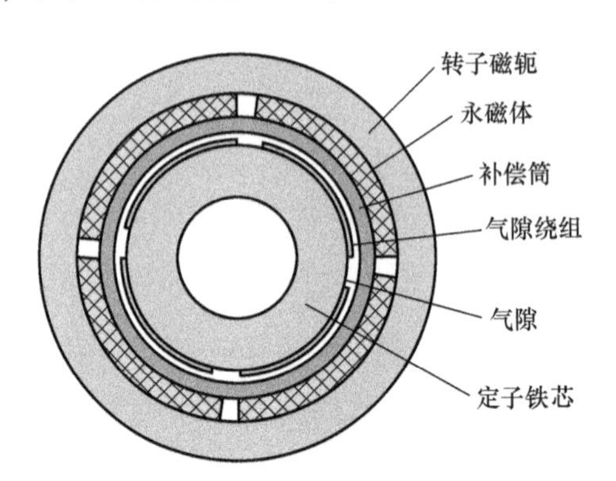

图 8-19　补偿脉冲发电机原理结构

该脉冲发电机原理验证样机采用被动补偿、永磁励磁方式,拓扑结构为两相四极电枢绕组,一方面可以提高电机功率密度,另一方面可以通过外部波形调制方法,即单相放电、两相并联放电以及两相串联放电等,灵活输出多种脉冲波形。在永磁励磁结构上,由于脉冲发电机每极永磁体面积较大,加工难度较大,而且由于永磁体的边缘效应,气隙磁场将不够理想,所以采用拼接永磁体技术,脉冲发电机每极都由适当数量的小永磁体拼接组成,这样不仅可以大为减轻电源质

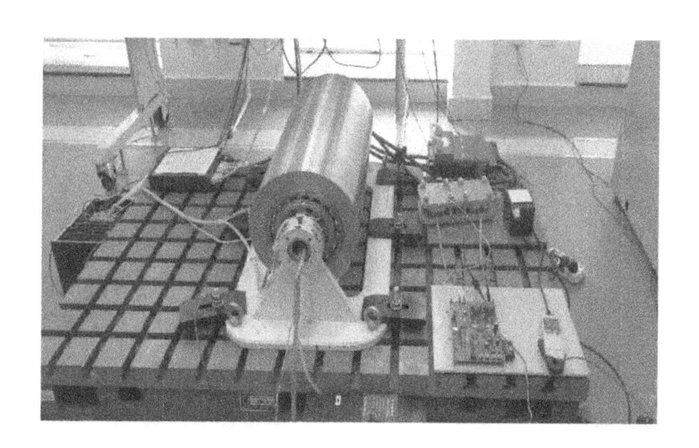

图 8-20 磁悬浮飞轮储能永磁被动 CPA 原理样机

量,显著提高电机的极限转速,增大脉冲电源的功率密度,还可以提高脉冲电源的可靠性,降低其损耗和维护难度,便于电源小型化。

该原理样机主要技术指标见表 8-2。

表 8-2 脉冲发电机主要技术指标

储能/MJ	2.0
转子最大转速/(r/min)	100000
额定电压/V	320
单相峰值电流/kA	15
储能密度/(MJ/m^3)	21

3) 选择被动补偿脉冲发电机

选择被动补偿脉冲发电机也是采用在励磁侧安放补偿绕组,但是该回路独自闭合。并且在设计补偿绕组和电枢绕组时,往往设计成绕组分布形式相同,但是匝数不同。

选择被动补偿脉冲发电机的补偿回路中的电流也是感应产生的,根据楞次定理,这个电流总是在减弱电枢绕组产生的磁场。只是当转子旋转到不同位置时,电枢绕组得到的补偿大小不一样,这取决于两绕组轴线的夹角大小。当两绕组的轴线重合,即转子旋转到 0°和 180°时,如图 8-21(a)、(c)所示,这两个位置处的补偿程度最大,电机的内电感值也就是最小;在两个绕组的轴线夹角为 90°时,如图 8-21(b)所示,二者磁场互不影响,电枢绕组的电感就取得了最大值。在转子旋转的一个周期内,电感的变化频率是电机的两倍。

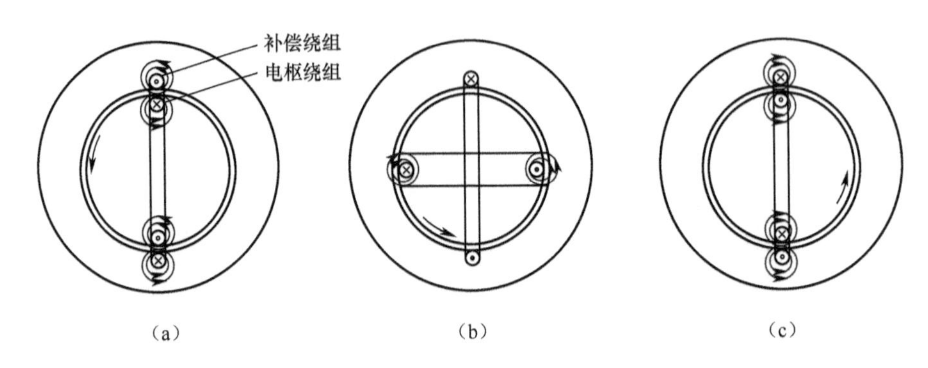

图 8-21　选择被动补偿脉冲发电机转子运动过程

4）输出特性

据以上分析，采用不同的补偿形式会得到不同形状的电流。主动补偿脉冲发电机为峰值很高的尖顶形状脉冲；被动补偿脉冲发电机则是正弦电流；选择被动补偿脉冲发电机则是一个脉冲宽度较大的平顶波形。3 种补偿形式的典型电流波形、空载电压和电感变化，分别如图 8-22、图 8-23 所示。

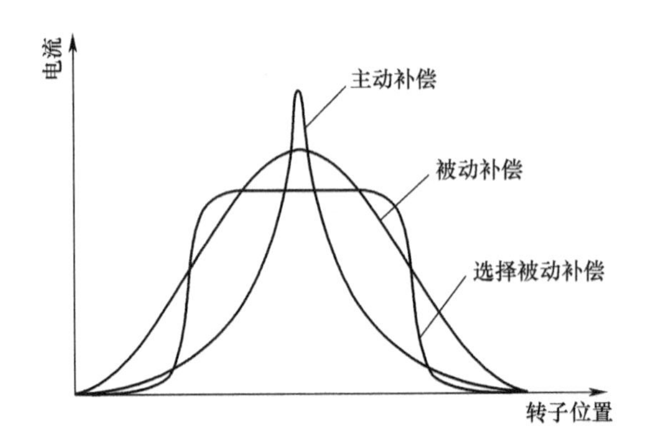

图 8-22　3 种补偿脉冲发电机典型输出电流波形

补偿脉冲发电机是多极电机，补偿程度取决于电枢绕组和补偿极的相对位置，补偿程度的变化使电枢绕组获得变化的电感。变化的电感是补偿脉冲发电机获得不同的脉冲电流波形和提高峰值功率的主要方法，3 种补偿脉冲发电机典型的脉冲电流波形，如图 8-22 所示。主动补偿样机发出尖顶电流波形，选择被动补偿样机获得平顶波形，利用被动补偿可获得近似正弦的放电电流波形。

2. 按有无铁磁材料分类

以有无铁磁材料可把补偿脉冲交流发电机分为 3 种：一是铁芯脉冲发电机；

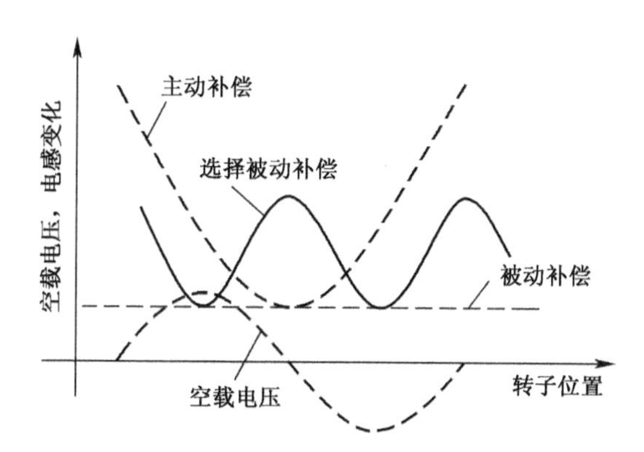

图 8-23　3 种补偿脉冲发电机的电感随转子位置变化的曲线和空载电压波形

二是空芯脉冲发电机；三是混合励磁脉冲发电机。

1）铁芯脉冲发电机

采用铁磁材料作主磁路的脉冲发电机叫作铁芯脉冲发电机。铁芯脉冲发电机是最先出现的脉冲发电机。传统电机采用铁磁材料作为结构材料的优势在于磁路的磁导率很高，从而减小励磁功率要求。由于铁芯脉冲发电机重量大以及铁磁材料的饱和使得电机中的磁场不能很高，金属极限应力也限制了转子的超高速运行，因此，铁芯脉冲发电机适用于对脉冲功率要求不是很高的场合，无法满足设备对脉冲电源高能量密度和高功率密度的要求。

以往传统的补偿脉冲发电机一般是由铁磁类材料进行设计制造，由于受硅钢片等铁磁类材料的机械强度所限，铁芯式补偿脉冲发电机能够承受的转子最大线速度相对较低，发电机的转速是其瓶颈。铁芯被动补偿脉冲发电机如图 8-24所示。

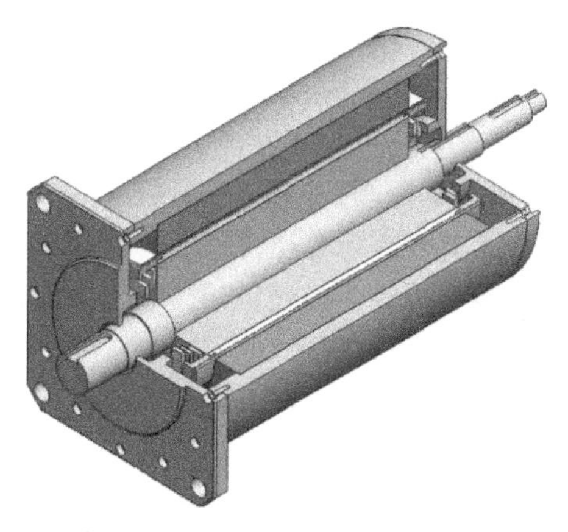

图 8-24　铁芯被动补偿脉冲发电机

2）空芯脉冲发电机

国外研究人员首先提出了“空芯”电机的设计方案，即利用钛合金或者复合型材料作为制造电机的材料。由于此类材料的磁导率与真空情况下非常接近，故由此制作的电机得名“空芯”脉冲发电机。

钛合金材料或复合型材料电机转子所允许的最高线速度可达到硅钢片叠片转子的3倍以上。电机转子的惯性储能密度和转子边缘的线速度的平方成正比，它的功率密度与边缘线速度成正比，因此采用空芯材料可以显著提高脉冲发电机的储能密度和功率密度。空芯脉冲发电机的方案也成为现有脉冲发电机电源系统中最具有发展前途的方案之一。

空芯脉冲发电机的电枢绕组进行触发放电之前，电机的励磁绕组已经通过续流二极管形成了续流回路。在放电的一瞬间，电机的励磁绕组将产生出额外的电流从而阻止电机磁通穿过电机励磁绕组，使电机磁阻增加，电机电枢绕组的电感减小，输出电流变大。也就是说，电机的励磁绕组实际上充当了空芯脉冲发电机的补偿绕组的作用。

空芯脉冲发电机采用的机械材料磁导率非常低，接近于真空。所以空芯电机的内感原本就要比铁芯电机的内感小得多，这也十分有利于增大电枢电流的输出。

此外，由于复合材料密度小于硅钢片的密度，整机重量也大大减轻。

空芯脉冲发电机自问世至今，大致分为3代：实心转子被动补偿空芯脉冲发电机、实心转子选择被动补偿空芯脉冲发电机、中空转子“非补偿”空芯脉冲发电机。

3）混合励磁脉冲发电机

根据电机中永磁体磁动势和电励磁产生的磁动势的相互作用关系可以将混合励磁的拓扑形式分为串联式和并联式两种。根据转子磁路的不同，又可以将并联结构分为混合励磁转子磁极结构、混合励磁变磁极结构和混合励磁并列转子结构3种。

串联式混合励磁结构的剖面图，如图8-25所示。电励磁绕组安放在转子上，转子励磁电流的引入需要电刷和滑环，使得电机的可靠性降低。串联式混合励磁结构磁路较为简单，但是励磁绕组提供的磁势与永磁体磁势以串联方式连接，即电励磁的磁路经过永磁体，电励磁磁动势直接作用于永磁体，可能引发永磁体不可逆退磁；并且由于磁路中永磁体的磁阻较铁磁材料大很多，需要用较大的励磁电流来调节气隙磁场，使得铜耗增加。

根据转子磁路的不同，将并联结构分为混合励磁转子磁极结构、混合励磁变磁极结构和混合励磁并列转子结构。其中混合励磁变磁极结构中，转子上既有

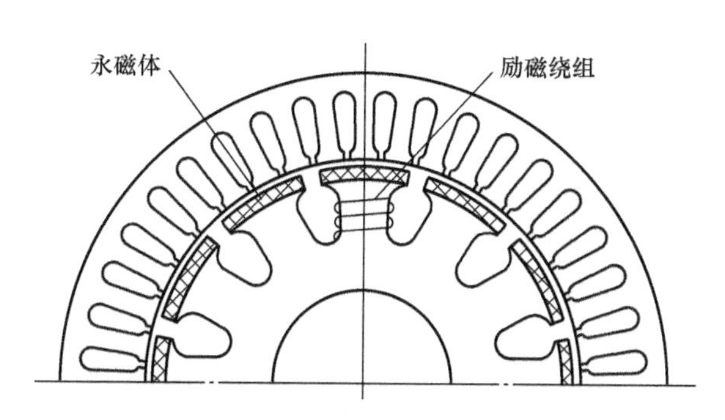

图 8-25 串联式混合励磁结构的剖面图

永磁极，又有电励磁磁极，电励磁的引入需要电刷和滑环，增加了机械结构的复杂性。电机中永磁磁势与电励磁磁势为并联关系，因而永磁体没有去磁的风险。通过调节励磁电流，混合励磁变磁极电机不仅气隙磁场发生变化，而且极数也可以发生改变。

并列转子混合励磁结构中，电机直流励磁绕组安装在转子上，励磁电流通过电刷和滑环引入，电机转子由凸极电励磁转子和永磁体转子轴向连接而成，凸极电励磁磁场和永磁体磁场之间完全独立，保证永磁体没有去磁的风险。通过调节直流励磁电流的大小和方向，来控制凸极电励磁转子磁场及其反电势，从而控制电枢绕组的合成反电势。混合励磁转子磁极结构中，永磁磁势和励磁电流产生的磁势是并联关系。根据其转子结构的不同，可分为磁分路式混合励磁结构、旁路式混合励磁结构、转子磁极分割式混合励磁结构、爪极式混合励磁结构、转子磁极式混合励磁结构等形式。

爪极式混合励磁结构中采用爪极结构，结构复杂但紧凑，空间利用率高。电励磁绕组安放在转子内部的内定子上，使得电机的功率密度较低。此结构中，电机附加气隙多、磁路长、漏磁大，存在轴向和径向磁通，但以径向磁通为主，适宜采用短粗型结构。由于爪极的作用，励磁电流产生的轴向磁通被转换为径向磁通，切向磁化的永磁体放置在相邻的两个爪极之间，用于增加主磁通，同时补偿由于爪极电机极间漏磁所带来的气隙磁通减少、低速性能差的缺点。励磁绕组和永磁体将同一个爪极磁化成相同极性，电机的每极磁通由励磁磁动势和永磁磁动势共同提供，达到气隙磁密增加的目的。

旁路式混合励磁结构的提出是针对普通的混合励磁同步电机价格昂贵、制作工艺复杂等问题，其结构如图 8-26 所示。该结构电机主要由机壳、两个端盖、两套直流励磁绕组、定子和转子组成。其中，转子表面磁极由永磁极和铁芯极交错排列构成；两套直流励磁绕组分别安置在左右两个端盖内；机壳和端盖由导磁材料制成;转轴为非铁磁性材料。调节直流励磁绕组电流的幅值和方向可以控制旁路磁通,已达到调节电机铁芯磁极处的气隙磁通和电枢线组的感应电动势的目的,同时由于电励磁磁路与永磁体磁路相互独立,避免了磁钢去磁的危险。有学者应用麦克斯韦三维有限元分析软件对其工作机理进行了验证,结果表明旁路式混合励磁电机具有很好的磁场控制能力,气隙磁密随直流励磁磁势线性变化。此种混合励磁同步电机适用于恒功率、宽调速的电动或发电场合。

图 8-26　旁路式混合励磁结构脉冲发电机示意图

混合励磁补偿脉冲发电机比功率高、效率高、无电刷、调磁方便、输出特性可以更加灵活多变,提出的改进型同心式电枢绕组形式和与之配套的电枢反应补偿筒和端部补偿筒,有望大大减小其瞬态放电电感,提高其输出功率。

8.3　脉冲发电机技术特点

脉冲发电机是一种集惯性储能、机电能量转换和脉冲成形于一体的新型脉冲电源,无需大功率回路开关,电流自然过零,可连续放电,与其他脉冲电源(如电容器、电感、单极电机等)相比,具有储能密度高、功率密度高、脉冲波形灵活可调、能够连续输出脉冲能量、系统构造简单、成本低、维护简单、寿命长等特点,可以作为新型高功率脉冲功率电源,在电磁发射技术、定向能武器等领域得到了广泛应用[54-58]。

8.3.1　储能密度高、功率密度高

相比于传统电机,脉冲发电机通常有很高的运行速度,可以在很小的体积内存储很大的能量,实现很高的储能密度。同时,脉冲发电机集储能、转换和调节于一体,大大减少了从原动机到负载的中间功率输出环节,具有“单元件”的综合优势,相比单极发电机脉冲电源系统减少了储能电感,大功率升压变压器和开关;相比电容器脉冲电源系统减少了充电电机、二极管、调波电感和开关,因此脉

冲发电机具有储能密度高、功率密度高的技术优势。

目前典型的脉冲发电机输出电压在1~10kV范围,放电峰值电流可达到兆安量级,脉冲宽度可窄至纳秒到毫秒量级,储能密度达到100kJ/kg以上。

8.3.2 脉冲波形灵活可调

脉冲发电机输出脉冲电流的峰值和脉冲宽度都可以通过电机的设计进行调控。可以通过电机设计,使脉冲宽度满足特定负载电流波形要求,可实现没有磁能滞留在放电回路,实现高效率运行。通过采用多相、空芯、自励磁技术措施,可提高脉冲发电机输出脉冲波形的多样性及输出功率。

8.3.3 能够连续输出脉冲能量

由于每个脉冲输出能量只占脉冲发电机转子储能的很少部分,在一个脉冲放电过程中,脉冲发电机的转速下降较少,因此脉冲发电机能够连续输出脉冲能量,在需要连续发射脉冲时优势明显。

8.3.4 系统构造简单、成本低

脉冲发电机自身可以完成惯性能量的存储、机电能量的转换和输出脉冲成形变换,相比电容器脉冲电源和单级发电机脉冲电源省去多个部件,结构简单、成本较低。

8.3.5 维护简单、寿命长

脉冲发电机起始功率和能量直接来自原动机,脉冲放电时,不需要中间环节,瞬时释放电能,脉冲发电机电流自然过零,对回路开关要求不高,维护简单、寿命长。

8.4 脉冲发电机应用及展望

8.4.1 脉冲发电机应用

脉冲发电机是集惯性储能、机电能量转换和脉冲成形于一体的一种新型脉冲电源,具有储能密度高、功率密度高、脉冲波形灵活可调、能够连续输出脉冲能量、系统构造简单、成本低、维护简单、寿命长等技术特点,可用于电磁炮、电热炮、激光武器、微波武器等脉冲功率武器,也可用于脉冲强磁场、核聚变、自备电源、电磁成形、电磁喷涂、电磁杀菌、电磁冶炼、粒子束和野外地质勘测脉冲信号

源等领域，未来还会开拓出更多应用领域，具有广阔的应用前景和军事、民用价值。

1. 电磁发射用脉冲电源

常规火炮受气体膨胀速度的限制，弹丸初速停留在2km/s以下，炮口动能很难再有大的提高。而电磁轨道炮只要电源功率足够高，能够突破常规火炮的初速限制，弹丸初速可达3km/s以上。高初速能增大弹丸射程和穿甲深度，缩短射击提前量，提高命中率。

美国海军研究表明，32MJ炮口动能电磁轨道炮，将10kg电枢加速到2.5km/s炮口初速，理论射程可达200km；64MJ炮口动能电磁轨道，将20kg电枢加速到2.5km/s炮口初速，理论射程可达370km。

欧洲舰载电磁轨道炮研究表明，100mm方口径、6.4m长身管轨道炮，加速8kg重的发射组件，发射5kg炮弹。通过从2°~80°调整发射角，峰值高度可以达到260km，45°发射角时射程最大，约500km。

目前，制约电磁炮发展的关键技术主要有脉冲电源、轨道炮管寿命和弹丸等。而脉冲电源是制约电磁炮走向实用的最关键基础技术，它的发展水平制约着电磁炮的发展。发展电磁炮的关键技术之一是建立紧凑型、可提供重复脉冲的大功率脉冲电源。能够很好地解决与电磁炮相匹配的电源技术，就有可能使电磁炮来满足和应用于实战中，让电磁炮这样的新概念武器系统最终走向实战。

美国海军和陆军一直致力于将该系统应用于移动平台，且美国海军已将该电磁轨道炮列为第一创新计划，美军采用脉冲发电机供电的车载和舰载电磁轨道炮系统如图8-27所示。

在脉冲电机为电磁炮提供电源的过程中，电机的原件都集中在电机内部，没有复杂的结构，在电机为电磁炮提供动力的时候，电机是瞬时工作的，电机工作完之后也就自动地归零，这样就省去了对开关的要求。能够通过对电机的设计，使脉冲的宽度能够满足特定的负载电流波形要求。电机工作时，内部绕组的回路没有磁能滞留，这样就保证了电机在为电磁炮提供电源时能稳定工作。还有一个是因为在发射工程中每一发弹丸所需要的能量只占到整个转子中所能提供的能量中的很少一部分，因而补偿脉冲发电机CPA可以提供相当高的发射频率。由于原动机只需在相对窄的速度范围内运行，所以，原动机运行效率也相对较高。

因此，从重量、体积、效率及发射频率等诸多方面考虑，补偿脉冲发电机CPA是未来最有潜力应用于电磁炮的小型化电源，是未来实战化电磁炮武器系统的首选脉冲电源。

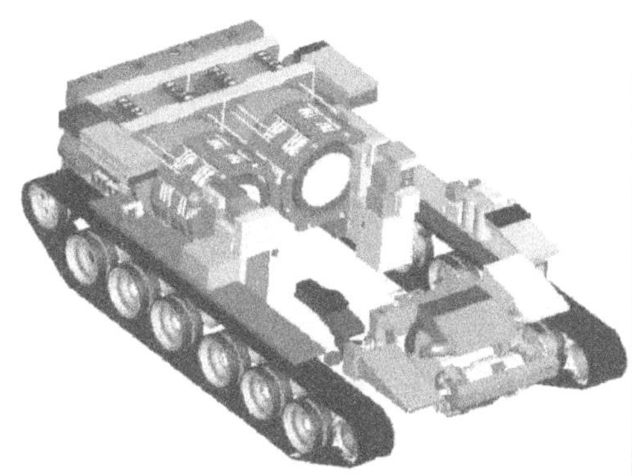

图 8-27　采用脉冲发电机供电的电磁轨道炮系统

2. 电热炮脉冲电源

电热炮分单热式和复热式。单热式又称为直热式电热炮，是利用高功率脉冲电源向工质电弧放电，产生高温、高压的等离子体，直接推动弹丸运动。如果高温、高压的等离子体不是直接推动弹丸，而是加热另一种工质（特种装药，这种装药比常规发射药密度大，并且其化学能转换受到输入电能的影响），通过化学反应产生急速膨胀的气体推动发射弹丸，便是复热式电热炮。复热式电热炮既使用电能又使用化学能，所以又称为电热化学炮。它利用电能增强与控制火药化学能的释放过程，使火药全面、均匀地点火，有效地控制燃烧过程，使火炮获得更高的初速和能量，具有更强的烧伤能力，电热化学炮原理如图 8-28 所示。

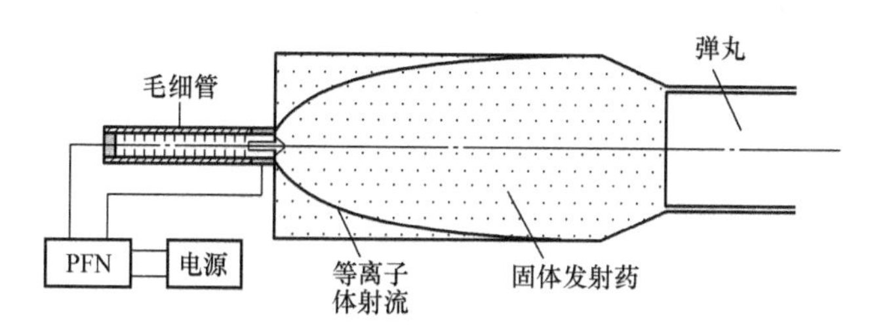

图 8-28　电热化学炮原理示意图

电热化学炮可以提高弹丸的速度和射程，大幅度地提高了武器系统的战术性能。电热化学炮可应用于舰上反导、野战炮兵、反装甲、坦克炮以及防空武器等，具有广泛的战术应用前景。

电热化学炮能否走向实战化，电源系统小型化是其中的关键技术之一。各国都十分重视电源小型化的研究。美国学者多次论证脉冲发电机是电热化学炮首选电源方案。美国得克萨斯大学高等技术研究所 Ian R. McNab 全面比较了几个可以得到的电源系统，结论是：过去十几年内美国国防部门支持研究的脉冲发电机被认为是最适合武器应用的电源系统,这是由于脉冲发电机具有较高储能密度以及较高的输出电压,因而比其他电源系统更适合战术应用。

2016 年德国莱茵金属公司宣布正在研制新型 130mm 坦克炮,该炮可能采用了电热化学炮技术的 130mm 坦克炮,在 1000m 距离上对付均质钢装甲的穿甲能力可能超过了 1000mm,概念图如图 8-29 所示。

图 8-29　德国研制新型 130mm 坦克炮

3. 激光武器脉冲电源

自从 1960 年第一台激光器问世以来,由于激光器具有方向性好、单色性好和亮度高等特点,激光技术备受各国重视和支持,得到迅猛发展。

激光武器是导弹防御体系中重要的组成部分,以及未来最有潜力的反导武器。由于激光具有独特的特性,使激光武器具有常规武器系统无法比拟的优点:

(1) 激光武器是一种无惯性、定向能武器,与传统武器相比,具有反应速度快、射击精度高和拦截距离远等优点;

(2) 激光在大气中以光速沿直线传播,不需要打提前量;

(3) 作战使用效费比高。

在固体激光器的组成中,电源是其中最关键的部分。输出激光束的能量和特征参数能否满足要求,通常是由电源系统的性能决定的。在固体激光器系统中,电源系统一般包括电能供应、储能媒介、波形变换装置、放电回路和激光泵浦的预燃激发电路。

在系统能够达到能量输出需求的前提下,如何使供电系统尽可能地简化并使体积做得尽量小是固体激光器系统迫切需要解决的问题。解决了上述问题,就能够使整个固体激光器系统变得更加可靠且方便移动。当脉冲氙灯作为激光工作物质时,往往要求系统具有很高的储能,并且能够输出特殊形状的电流波形。而在传统的电源系统中,必须经过复杂的变换过程才能够对脉冲氙灯进行

供电。以电容器为充电媒介的传统固体激光器电源系统使用广泛、技术也较成熟。但是它的电源系统构造十分复杂,满足不了使供电系统简单化的要求。此外电容器组的储能密度又较低,要增加电容器组的数量才能达到所需的储存能量数值。这样就又使得电源系统的体积变得十分庞大,电容器使用数量的增多又使成本大大提高。基于以上分析,传统的电源系统也不符合使系统尽量做小、成本低的要求。

因此,为了适应固体激光器的需求,需要一种新型的电源系统来代替复杂、昂贵且可靠性不能保证的传统电源系统。

脉冲发电机是属于构造特殊的同步发电机。它能独自完成惯性能量的储存、机械能与电能量间的变换和输出脉冲波形的控制变换。它还具有很高的储能密度,并且能够在连续模式下工作,可以发出重复的脉冲电流的波形,而不需要加装脉冲成形变换环节。此外,属于惯性储能形式的补偿脉冲发电机,其储能密度比属于电场储能的电容器大很多,它可以满足连续脉冲的需要。因此将补偿脉冲发电机作为电源应用到固体激光器中,可以克服传统电源的不足,符合固体激光器对电源系统简化、方便、体积小的要求。以补偿脉冲发电机为电源,泵浦源是氙灯的固体激光器的装置结构如图 8-30 所示。美国海军、空军激光武器如图 8-31 所示。

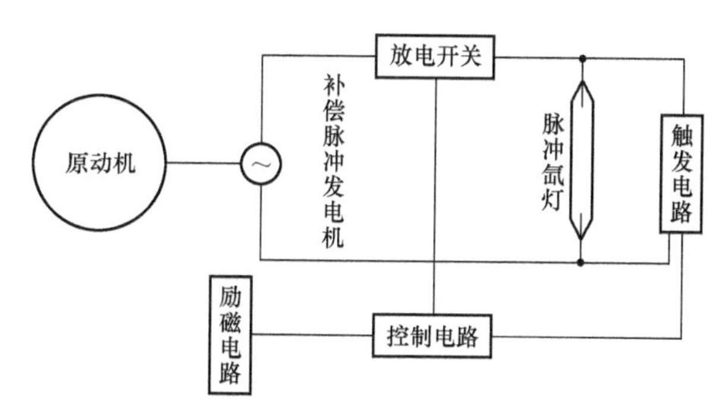

图 8-30　以补偿脉冲发电机为电源的泵浦源是氙灯的固体激光器装置结构

4. 微波武器脉冲电源

高功率微波武器是集软硬杀伤和多种作战功能于一身的新概念电子武器系统,在压制敌防空体系、干扰敌指挥控制信息作战、空间控制等方面具有诱人的军事前景。高功率微波武器的特点:一是攻击目标的速度是光速,作用距离远,目标被照射后能瞬间予以毁坏;二是集软硬两种杀伤功能于一身,可用于陆基、海基、空基和天基,不仅可作为战略防御武器,而且可用作多种战术拦截武器系统;三是微波束比激光束宽,打击范围较大,因而对跟踪瞄准的精度要求较低,有

图 8-31 美国海军、空军激光武器系统

利于对近距离快速运动目标的跟踪打击;四是可重复使用,多次打击,所消耗的仅仅是能量,因而费用低,效费比高;五是可在同一系统中实现探测、跟踪以及毁伤的作战能力。

高功率微波定向发射系统由初级能源、脉冲功率系统(能量转换装置)、高功率微波器件、定向发射装置以及系统控制等配套设备组成。初级能源一般由电源供电(电能)。脉冲功率系统是高功率微波发射系统工作的基础,目前采用脉冲发电机作为微波武器高功率脉冲电源是一种发展方向。高功率微波武器组成框图如图 8-32 所示。

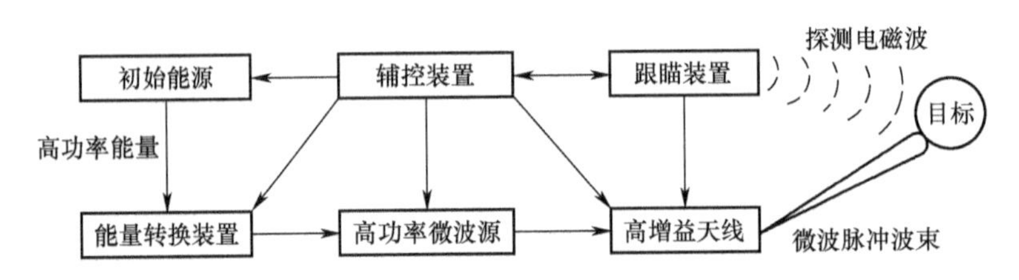

图 8-32 高功率微波武器组成框图

美国高功率微波炸弹如图 8-33(a)所示,俄罗斯高功率微波武器如图 8.33(b)所示。

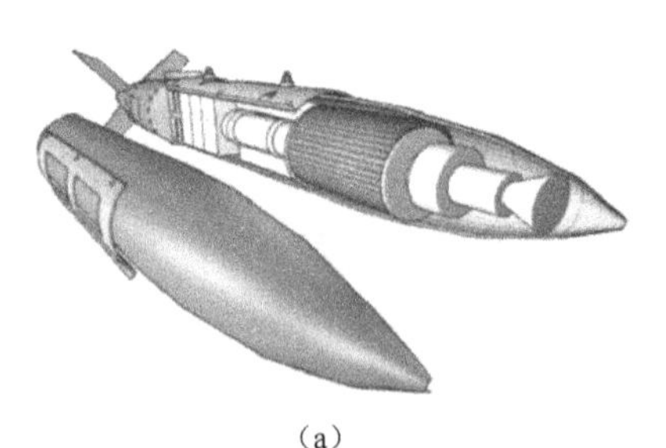

(a)

(b)

图 8-33 高功率微波炸弹和武器

5. 脉冲强磁场电源

在科学研究等前沿领域,强磁场正表现出举足轻重的作用。它可以用来探索新物理现象、研究新材料、发展新应用技术等。

脉冲强磁场在强磁场领域中是比较重要的一种磁场。脉冲强磁场磁感应强度较高,脉宽较窄,其脉冲宽度一般在毫秒级到秒级之间,该时间等级已经能够满足大部分强磁场物理实验的要求。

脉冲强磁场依据磁场宽度(以 100ms 为界限)可划分成短脉冲强磁场和长脉冲强磁场。短脉冲强磁场在顶端是尖顶,磁场时刻都在变化着,其处于磁场不稳定的状态中。在某些研究实验中,如核磁共振实验,既要求有足够强的磁场,又要求磁场比较稳定且平顶时间足够长。显然传统的磁感应强度较低的稳态型强磁场和磁感应强度较高的脉冲型强磁场都不符合要求。因而,提出长脉冲强磁场概念。长脉冲强磁场能达到较高平顶磁感应强度的同时有很长的脉冲宽度。脉冲强磁场装置示意图如图 8-34 所示。

电源系统的性能将会对磁场的强度和脉冲宽度有着非常大的影响。针对不一样的应用场合,脉冲强磁场采用的电源系统也不一样。电源系统主要包括电容器型供电电源、电网型供电电源、脉冲发电机型供电电源。

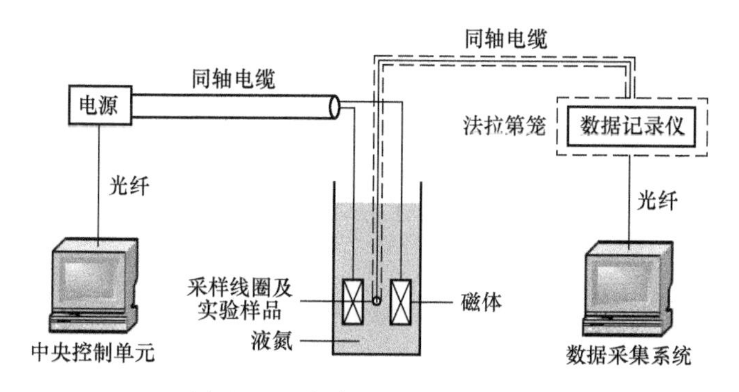

图 8-34　脉冲强磁场装置示意图

脉冲发电机电源能够短时储存巨大的能量,并在短时间内释放出来,且对于电压的控制较方便,比较容易产生实验所需的电压波形。脉冲发电机的应用范围比较广泛,其可以用作短脉冲强磁场的供电电源,使短脉冲强磁场实验可以冲击超高磁感应强度;也可以用作长脉冲强磁场的供电电源,使长脉冲强磁场的脉冲宽度达到实验要求。不过,脉冲发电机型电源系统成本比较高,结构等较复杂。

在对于强磁场的各种研究中,不同的实验条件需要不同的特定磁场波形。脉冲发电机整流型电源系统主要用于产生长脉冲磁场、阶梯波磁场,也可以对能力需求较大的组合线圈的外线圈供电以产生更高场强的磁场。

脉冲发电机一般包含一个发电机和一个拖动电机两部分。其中发电机转子上装有飞轮用于储存机械能,发电机转子一般与拖动电机的转子共轴安装,当拖动电机由电网或其他小型发电机供电时,外界的能量便会缓慢转移到发电机飞轮,当发电机达到额定转速时拖动电机断开,发电机即可对负载实现大功率脉冲放电。

脉冲发电机输出的是三相交变的电压,而平顶脉冲磁体需要的是一个可控的直流电压作为激励,所以需要搭建一套整流电源配合发电机给磁体供电,目前普遍采用的是晶闸管型整流电源。这种发电机—晶闸管整流型电源的输出特性是随着发电机转速、直流输出电流等量而动态变化的。

美国洛斯阿拉莫斯国家实验室电源系统及 60T/100ms 磁体系统如图 8-35 所示。电源系统以脉冲发电机为核心,脉冲发电机参数为 1430MVA,24kV,60Hz,四极同步机。电机开始工作在电动机状态,当转速达到 1800r/min 时存储的能量为 1260MJ。此时,将电机与电网断开,使之工作在发电机状态,转速从 1800r/min 降至 1260r/min,频率由 60Hz 降至 42Hz,电机的机械能转变为电能输出。根据磁体需要,为脉冲发电机设计了 5 个 12 脉波整流模块,在脉冲发电机供电的情况下,每个模块额定输出电流 20kA,满载工作电压 3. 0kV,逆变模式下

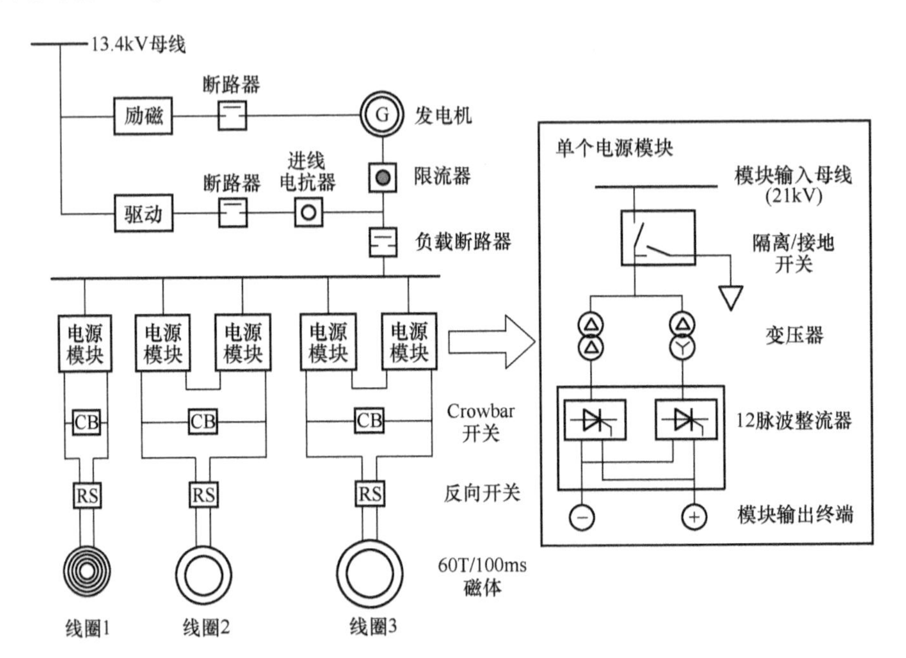

图 8-35 洛斯阿拉莫斯脉冲强磁场实验室电源系统及 60T/100ms 磁体系统

输出最大电压-2.8kV,额定电流下可工作2s,工作频率66~42Hz,最多可将4个整流模块串联运行。

在整个脉冲期间,随着电机转速的下降,输出电压也会有所下降,需要通过调节励磁维持发电机输出电压不变。为输出更多的能量,控制励磁降低输出母线电压至21kV,以便在更低转速下仍能维持稳定的输出电压。交流电压通过5组独立的整流器输出为磁体供电,整流器之间还可能通过串并联方式提出输出的电压或电流。

1998年,美国洛斯阿拉莫斯脉冲强磁场实验室利用脉冲发电机型电源实现了60T/100ms的高参数平顶磁场;2000年,开始着手建设100T非破坏性脉冲磁体,这在当时被认为是非破坏性强磁场的极限;2012年,成功产生了100.75T的非破坏性脉冲强磁场世界纪录。

对于脉冲发电机型电源,关键在于整流器参数的设计,需要满足电机和磁体两方面的要求。相对于其他整流型电源,脉冲发电机型电源在控制上有其特殊之处:相对于电网作为交流电源,整流器输出侧情况更为复杂,交流电压和频率都会随着整流过程而发生巨大变化,这将给控制带来更大的难度;输出的谐波频率更加丰富,有源滤波的难度也比较大。

6. 托卡马克电源

托卡马克装置的主体结构由中央环形的真空室和外部围绕真空室的线圈组成。装置真空室内的磁场为螺旋形,由环形的磁场和极向磁场组成。这种磁场位形设计可以克服开环装置的等离子体泄漏问题,并满足等离子体在径向和垂直方向上的平衡条件。

为了产生控制等离子体的磁场,需要对相应的磁体线圈配备大功率的电源系统。经过几十年的发展,现在大中型托卡马克装置的电源系统已经达到数百至上千MVA的规模,如JET装置运行时的电源峰值功率约为700MVA,而且采用常规导体作为线圈材料的托卡马克装置只能以脉冲形式运行,如此大功率的脉冲负载如果直接与电网相连接,将会引起电网电压的振荡。因此需要采取储能手段,以减轻托卡马克装置电源运行对电网的影响。

ITER计划是1985年由美苏首脑倡议、国际原子能机构IAEA支持的超大型国际合作项目,旨在验证磁约束聚变能科学可行性和工程技术可行性。1988年欧、美、日、俄四方开始进行工程设计,1998年完成工程设计。其后,依据先进托卡马克运行模式的科学基础,重新对原设计进行改进和优化,并于2001年完成设计。改进后的设计称为ITER-FEAT(fusionenergy advanced tokamak),即现在的ITER计划,ITER装置剖面示意图,如图8-36所示。

2006年11月,签署了国际热核实验堆联合实施协定。根据协定,ITER装置将建在法国南部,2018 年完成建造并投入运行,设计聚变功率输出 50~70 万 kW,等离子体放电脉冲 500~1000s。如果 ITER 装置如期建成并达到预期目标,百万千瓦级的示范聚变电站可望在 2030 年前后开始建造,并在 2050 年前后实现核聚变能源商用化。

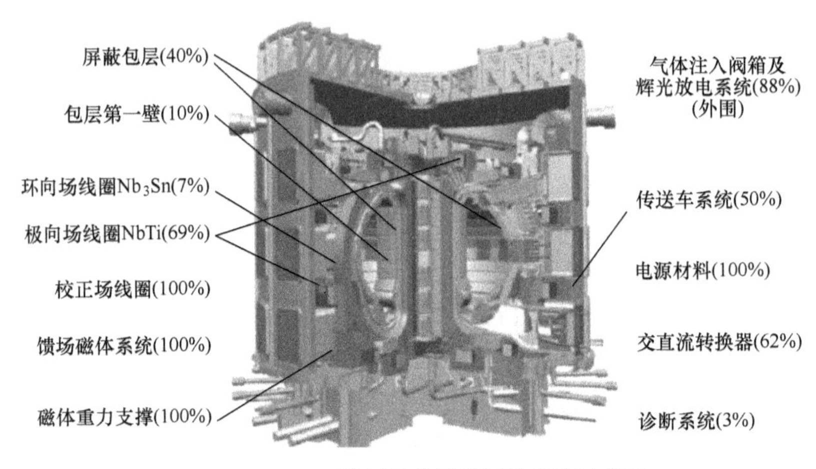

图 8-36 ITER 装置及我国承制的部件示意图

中科院等离子体物理研究所自行设计和建造了全超导、非圆截面托卡马克 HT-7U,后改称为“EAST”,并于 2006 年进行了首次工程调试和放电实验,如图 8-37 所示。2007 年 3 月,国家重大科学工程项目“EAST 超导托卡马克核聚变实验装置”在合肥成功运行并通过国家验收。目前,EAST 托克马克已成功开展了多轮物理实验,获得了许多重要的物理数据,多项研究成果已经达到世界先进水平,为核聚变的研究积累了丰富的经验。

图 8-37 EAST 托卡马克装置

俄罗斯电工所研究的补偿脉冲发电机主要用于托卡马克装置。俄罗斯的学者提出可以通过调节励磁电流来抵消放电引起的转速下降。他们的研究,对于通过励磁调节来控制影响输出脉冲电流的形状提出了新的方法。

7. 其他应用

由于脉冲发电机的综合优势,在自备电源、驱动惯性约束激光核聚变氙灯负载、野外地质勘测脉冲信号源、脉冲焊接、脉冲成形等方面都可能得到应用,如图 8-38 所示。当然,作为一项新兴脉冲电源技术,未来还可能开拓出更多应用领域。

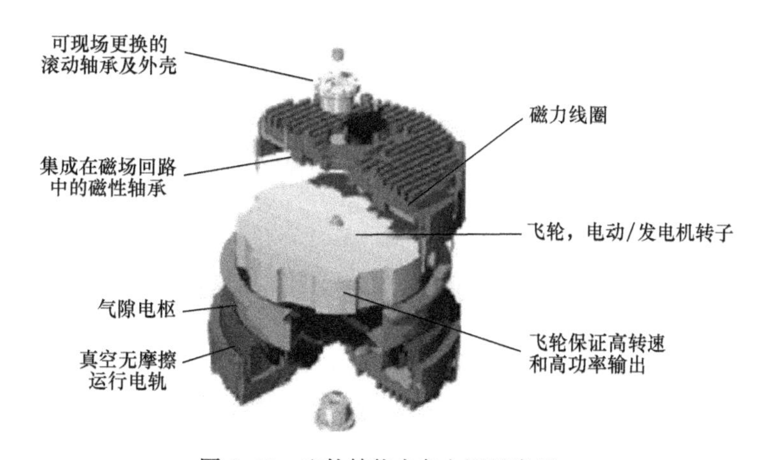

图 8-38　飞轮储能自备电源示意图

8.4.2 脉冲发电机发展方向

为提高脉冲发电机性能,目前脉冲发电机正朝着多相、空芯、自励磁、多台组网等方向发展。

1. 完善脉冲发电机优化设计与运行机理的基础理论研究

传统电机设计中,将磁场路化,从而得到描述电机尺寸和功率之间关系的公式,但脉冲发电机瞬态运行,空芯结构导致磁场发散在整个电机中,难以得到类似的公式。

脉冲发电机集惯性储能和能量变换为一体,惯性储能可以根据物理学公式准确计算,能量变化过程由于磁场、电流、转速时刻在改变,尚无公式可以精确描述,因此需要建立准确的仿真模型,描述脉冲发电机的瞬态特性。

脉冲发电机电枢绕组的瞬态电感对电机的性能影响很大,直接决定着输出电流是否满足要求,是脉冲发电机设计成功与否的关键因素。脉冲发电机电枢绕组的瞬态电感同绕组的形状、尺寸、周围介质的导磁率、饱和情况、补偿筒内的涡流、端部情况、放电频率等有关系,因此要想精确计算电枢绕组的瞬态电感,十分困难。

空芯脉冲发电机的工作机理以及设计理论的细致分析还很不完善,一些核心关键技术还不完全掌握。为了研制下一代更紧凑、更轻巧的脉冲功率源,需要对空芯脉冲发电机的关键技术和基础理论进行系统细致地研究。

因此完善脉冲发电机电磁与结构的设计和分析方法以及对相应的关键技术展开研究,提出新型的拓扑结构方案,进行理论和实验研究,探索空芯脉冲发电机的电磁与结构设计规律,是脉冲发电机的发展基础和重要研究方向。

2. 研究脉冲发电机工程研制材料、工艺问题

脉冲发电机采用高强度的复合材料代替硅钢片。高能量脉冲电源中,要求脉冲发电机尺寸大、转速高。但是大型脉冲发电机制造困难,复合材料加工工艺要求苛刻,可靠性和寿命难以保证。因此发展脉冲发电机电源必须解决脉冲发电机材料和工艺问题。

3. 脉冲发电机系统高精度控制技术

脉冲发电机为不同负载提供能量,就要求脉冲发电机可以灵活调节其输出电流波形和大小。脉冲发电机放电电流波形并不平滑,含有纹波,如果多对脉冲发电机同时触发,电流纹波会叠加,使得合成电流波动更大,如图 8-39 所示。因此研究高精度控制技术是实现脉冲发电机工程应用的重要基础。

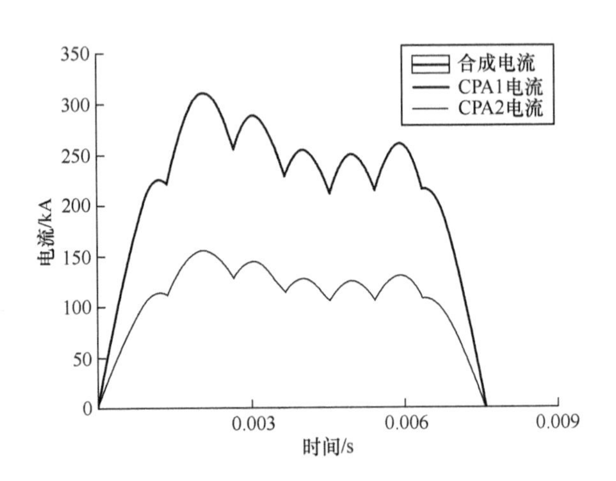

图 8-39 脉冲发电机同时触发合成电流波形

4. 发展超高转速脉冲发电机

脉冲发电机作为脉冲电源的核心优势就是储能密度高、脉冲功率高,要提高脉冲发电机的储能密度和功率密度就要提高脉冲发电机的转子转速,目前主要

借助于具有高强度特性的复合材料的应用,但是在电机转速继续升高后,不能忽略风损,所以在极高转速下要求真空运行,这时候就要保证电机的密封性,一旦漏气,电机就极有可能烧毁。因此发展超高转速脉冲发电机是一个重要发展方向。

5. 发展混合励磁补偿脉冲发电机

为了提高脉冲发电机功率密度和储能密度,往往工作在高速状态,因此其结构必须简单可靠,没有易损部件;为了满足更多形式的负载要求,它的输出状态需要调节灵活方便;另外,由于其热负荷很高,所以减小其发热、提高其效率也很重要。

混合励磁补偿脉冲发电机比功率高、效率高、无电刷、调磁方便、输出特性可以更加灵活多变,提出的改进型同心式电枢绕组形式和与之配套的电枢反应补偿筒和端部补偿筒,有望大大减小瞬态放电电感,提高输出功率。

6. 发展脉冲发电机机组

将多个脉冲发电机模块级联式工作,可以组成脉冲发电机组。脉冲发电机组降低了单体电机的制造难度,通过改变机组数量,可以匹配不同的发射任务,电流波形也可以灵活调节。当单个发电机发生故障时,可以迅速切除,不影响发射任务,从而提高电源系统的可靠性。

由多台脉冲电机组成的电源系统,需要考虑电机个数、连接方式等问题,其匹配方式直接影响到电源的性能,因此模块化惯性储能电源的匹配设计方法是研究的重点。匹配是一个在理解电机内部机理的基础上,遵循约束条件,满足匹配目标的过程。

对于给定的放电任务,如何进行合理的参数匹配,确定模块数量和单体电机性能;多个模块串并联时,如何进行同步控制,保证模块运行一致,不会因为模块之间的差异对电源系统性能造成影响;探讨模块化惯性储能电源的设计方法、匹配方法,研究其同步控制策略,这些研究对于在目前制造水平下提高脉冲储能电机的功率和可靠性,以及控制的灵活性具有重要的理论意义和实用价值。

美国陆军于2000—2010年开展“电磁炮项目”,UT-CEM 承担了该项目的一个子课题——脉冲发电机组的研究,将两台同等规模 CPA 作为一组使用,工作时两台 CPA 同步反向旋转,放电冲击转矩可以互相抵消,减少对平台的冲击。脉冲发电机组需要面对的问题包括串并联选择、同步控制等。

2003年,Ian R. McNab 分析了长程轨道炮的电源需求(21.9kg 的弹丸以2km/s 的速度发射),选定 8 台储能 70MJ 的脉冲发电机组成脉冲电源,见表8-3。

表 8-3　脉冲发电机主要技术指标

参　数	单　位	量　值
脉冲发电机	对数	4
电机长度	m	1.9
电机储能	MJ	70
总储能	MJ	560
转子半径	m	0.5
线速度	m/s	310
气隙磁场	T	4.5
电机质量	t	4.3
电机总质量	t	34
连发间歇	s	4
拖动效率		0.8
输入功率	MW	34.2

研究发现，为了提高储能，脉冲发电机需要有较高转速，但是在放电期间，会产生极高的电磁转矩冲击，在高能量电磁发射中，甚至会达到 M · Nm，对作战平台产生冲击。为了抵消放电时的转矩冲击，脉冲发电机成对使用，并且反向旋转，如图 8-40 所示。放电时，产生相同的瞬态脉冲电流，进而能够产生相同的放电冲击转矩，使得它们互相抵消，减轻对作战平台的冲击。

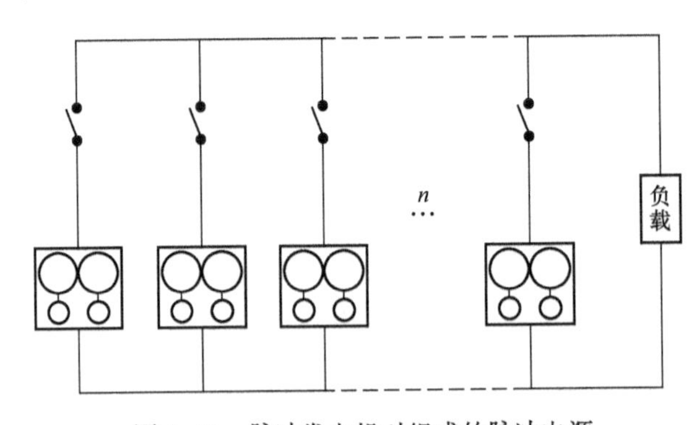

图 8-40　脉冲发电机对组成的脉冲电源

参考文献

[1] 王京，姜琛昱，何焰蓝．电磁动能武器简介[J]．大学物理，2005，24(11)：59-63.
[2] 陈世坤．电机设计[M]．2版．北京：机械工业出版社，2000.
[3] 陈家璧，彭润玲．激光原理与应用[M]．2版．北京：电子工业出版社，2008.8.
[4] 黄国治，傅丰礼．中小旋转电机设计手册[M]．北京：中国电力出版社，2007.
[5] 李军．电磁轨道炮中的电流线密度与膛压[J]．高电压技术，2014，40(4)：1104-1109.
[6] 臧克茂．陆战平台全电化技术研究综述[J]．装甲兵工程学院学报，2011，25(1)：1-7.
[7] 辜承林，陈乔夫，熊永前．电机学[M]．2版．武汉：华中科技大学出版社，2005.
[8] 刘晓明，葛悦涛．高能激光武器的发展分析[J]．战术导弹技术，2014，1：5-9.
[9] 张东来，李小将，杨成伟．美军激光反导关键技术及作战样式探讨[J]．激光与红外，2013，43(2)：121-127.
[10] 陶建义，陈越，等．外军高功率微波武器发展综述[J]．中国电子科学研究院学报，2011，6：111-116.
[11] 方鉴名．100MVA脉冲发电机组双馈调速控制策略及系统研究[D]．武汉：华中科技大学，2014.
[12] 刘锡三．高功率脉冲技术[M]．2版．北京：国防工业出版社，2007.
[13] 王海兵，彭建飞，等．300MVA脉冲发电机定子铁芯磁化试验[J]．核聚变与等离子体物理，2016，36(4)：334-337.
[14] 敖鹏．被动补偿脉冲发电机放电理论分析与实验研究[D]．长沙：国防科学技术大学，2013.
[15] 郭旻昊．补偿脉冲发电机励磁控制系统的研究[D]．武汉：华中科技大学，2013.
[16] 陶雪峰，刘昆．磁悬浮飞轮储能补偿脉冲发电机技术研究[J]．风机技术，2017，5：45-48.
[17] 高梁，李贞晓，栗保明．改进型补偿脉冲发电机电流成形分析[J]．高电压技术，2014，40(4)：1116-1120.
[18] 刘威葳．高稳定度平顶长脉冲强磁场电源系统的研究[D]．武汉：华中科技大学，2011.
[19] 罗成．混合励磁补偿脉冲发电机的基础研究[D]．哈尔滨：哈尔滨工业大学，2008.
[20] 王昊泽．基于磁悬浮飞轮储能的被动补偿脉冲发电系统研究[D]．长沙：国防科学技术大学，2010.
[21] 张世林．空芯补偿脉冲发电机励磁系统设计与仿真[D]．武汉：华中科技大学，2008.
[22] 赵伟铎．空芯补偿脉冲发电机温升计算及冷却系统研究[D]．哈尔滨：哈尔滨工业大学，2010.
[23] 李顺．空芯脉冲发电机驱动电磁轨道炮系统的建模与仿真研究[D]．武汉：华中科技大

学,2015.
[24] 吴绍朋 . 空芯补偿脉冲发电机的设计方法与关键技术研究[D]. 哈尔滨:哈尔滨工业大学,2011.
[25] 东潘龙 . 空芯选择被动补偿脉冲发电机的结构设计与研究[D]. 西安:西安工业大学,2014.
[26] 潘东紫 . 脉冲发电机的自励磁控制系统设计[D]. 武汉:华中科技大学,2013.
[27] 胡梦捷 . 脉冲发电机供电的整流系统锁相技术研究[D]. 武汉:华中科技大学,2014.
[28] 刘庆 . 脉冲发电机轨道炮负载模拟的研究[D]. 武汉:华中科技大学,2012.
[29] 杨士伟 . 脉冲发电机整流型电源的混合无功和谐波补偿系统设计[D]. 武汉:华中科技大学,2015.
[30] 张建成,等 . 飞轮储能系统及其运行控制技术研究[J]. 中国电机工程学报,2003(03):108-111.
[31] 张明 . J-TEXT 托卡马克装置脉冲电源系统的实现及运行分析[D]. 武汉:华中科技大学,2008.
[32] 袁洋 . 脉冲发电机整流型电源系统暂态建模及控制策略研究[D]. 武汉:华中科技大学,2015.
[33] 蒋成玺 . 脉冲强磁场电源系统设计及实现[D]. 武汉:华中科技大学,2013.
[34] 邱立,韩小涛,蒋成玺,等 . 脉冲强磁场下的电磁成形技术[C]. 2011 中国材料研讨会论文集,2011.
[35] 刘威葳,徐鹏,蒋成玺 . 脉冲电源双馈调速系统的仿真研究[J]. 广东电力,2012(10):46-50.
[36] 王少飞 . 模块化惯性储能电源的基础研究[D]. 哈尔滨:哈尔滨工业大学,2014.
[37] CUI S,WANG S. Magnetic field shielding of electromagnetic launchmissile[C]. Pulsed Power Conference(PPC),San Francisco, CA,USA,2013:1-4.
[38] 赵伟铎,等 . 空芯补偿脉冲发电机温度场计算与分析[J]. 中国电机工程学报,2011,31(27):95-101.
[39] CUI S, ZHAO W, et al. Investigation of Multiphase Compulsator Systems Using a Co-Simulation Method of FEM-Circuit Analysis[J], IEEE Transactions on Plasma Science, 2013,41(5):1247-1253.
[40] 李欢 . 平顶长脉冲强磁场的优化设计理论和方法[D]. 武汉:华中科技大学,2014.
[41] LI HUAN,DING HONGFA,YUAN YANG. Design of a 60 T dual-coil quasi-continuousmagnetic field system with a hybrid power supply. IEEE Trans, on AppliedSuperconductivity, June,2014,24(3):1-5.
[42] LI HUAN,DING HONGFA. Design of a 60 T Quasi-continuous Magnetic Field Systemwith a Hybrid Capacitor/Rectifier Power Supply, Journal of Low TemperaturePhysics, 2013, 170:496-502.
[43] 李志新,张国友 . 消磁脉冲交流发电机定子电流的数值计算[J]. 船电技术|应用研究,

2014,34(3):1-4.
[44] 李志新. 基于同步发电机不控整流的消磁脉冲电源励磁控制系统研究[J]. 船电技术,2013,33(8)23-25.
[45] 高路. 主动补偿脉冲发电机的分析设计[D]. 武汉:华中科技大学,2015.
[46] 吴春九. 自备电源系统高速高压脉冲交流发电机的分析与设计[D]. 武汉:华中科技大学,2008.
[47] 朱艳明. 电热化学炮内弹道过程无网格法数值模拟[D]. 南京:南京理工大学,2012.
[48] 刘晓明,葛悦涛. 高能激光武器的发展分析[J]. 战术导弹技术,2014,1:5-9.
[49] 王明东,王天祥. 新概念武器的现状与发展趋势[J]. 四川兵工学报,2014,35(6):1-5.
[50] 武晓龙,苏党帅. 国外高功率微波武器技术发展概览[J]. 军事文摘,2017,6:19-23.
[51] 武佳铭. 可控核聚变的研究现状及发展趋势[J]. 电子世界,2017,21:9-13.
[52] 邱立. 脉冲强磁场成形制造技术研究[D]. 武汉:华中科技大学,2012.
[53] SCHILLIG J B,BOENIG H J,ROGERS J D,et al. Design of a 400 MW Power Supplyfor a 60 T Pulsed Magnet. IEEE Transactions on Magnetics,1994,30(4):1770-1773.
[54] 蒋成玺. 脉冲强磁场电源系统设计及实现[D]. 武汉:华中科技大学,2013.
[55] 王军良,岳松堂. 德国研制新型 130 毫米坦克炮为哪般[J]. 现代军事,2016,3:79-80.
[56] 闫朝辉. EAST 托克马克往复式快动探针设计与分析[D]. 淮南:安徽理工大学,2014.
[57] 潘传红. 国际热核实验反应堆(IT ER) 计划与未来核聚变能源[J]. 物理,2010,39(6):375-377.
[58] 李然. 飞轮储能技术在电力系统中的应用和推广[J]. 电气时代,2017,39(6):40-42.

第9章 超声波电机

9.1 超声波电机简介

9.1.1 超声波电机的现状

超声波电机作为一种具有开发潜力和广阔应用前景的新型驱动装置，目前仍处在一个探索和完善的研究阶段。超声波电机是多学科综合的产物，涉及机械制造学、声学、振动力学、材料学、摩擦学、电力电子及控制等多学科领域。

超声波电机最早由苏联提出来。基辅理工学院从1964年开始对压电超声波电机进行研究，此后研究超声波电机的科研机构越来越多，主要有拉脱维亚的振动技术研究中心、基辅理工学院和列宁格勒理工学院等。美国IBM公司的Barth在1973年也提出了一种压电超声波电机模型。70年代初，日本开始研制压电超声波电机。但是80年代以前对压电超声波电机的研究还只限于实验阶段，未达到实用阶段。日本新生工业公司的指田年生在1982年研制成功了两种实用的压电超声波电机。1985年日立Maxell公司筑波研究所熊田明生博士发明了一种单电源驱动的纵扭复合振动型压电超声波电机。1988年东京工业大学的上羽贞行提出用两个驱动源驱动的纵扭复合振动超声波电机。东京工业大学的高野刚浩和山形大学的富川义朗研制了一种应用环形压电板振子的超声波电机。相比之下，美国在这方面明显落后，成熟的商用产品较少。美国的研究机构有IBM公司和喷射推进实验室，研究内容主要集中在新型电机的机理、测试方法和控制策略等[1-2]。

近20年来，由于陶瓷材料技术的突破，在全世界掀起了超声波电机的研究高潮。20世纪90年代以来，超声波电机在发达工业国家得到了迅速发展。日本在基础理论、制造技术、控制策略、工业应用和规格化产品生产等方面都取得了引人注目的成就，研究成果居世界领先地位。

我国对压电超声波电机的研究起步较晚,从 20 世纪 80 年代末 90 年代初起,清华大学、浙江大学、天津大学等十余个单位分别对几种不同类型的压电超声波电机进行了结构和机理的研究。虽然有一些关于超声波电机原理、仿真和样机的报道,但得到实际应用的较少,主要原因在于电机的性能不够稳定和驱动控制技术的滞后,制约了超声波电机的发展和应用。

9.1.2 超声波电机特点

与传统的电磁式电机相比,超声波电机具有以下优势:

(1) 电磁式电机用于低速位置控制系统时,通常需要配套减速机构,以降低转速并放大转矩。压电超声波电机具有低速大转矩的特点,可以省略减速机构,从而实现对负载的直接驱动。

(2) 压电超声波电机的能量密度是电磁型电机的 5~10 倍左右,相同功率下其体积比电磁型电机小得多,使其在体积较小的情况下同样可以产生足够的功率输出。

(3) 超声波电机依靠摩擦力实现驱动,具有响应速度快和位移量小的优势,可以实现较高精度的位置控制。

(4) 电磁式电机在外界强磁场影响下通常不能正常工作;压电超声波电机由于没有线圈和磁铁,受外部磁场的影响很小。

(5) 压电超声波电机的定子和转子通过压紧力压紧,断电后具有较大的自锁力。

然而,超声波电机劣势也同样突出。首先,超声波电机定子和转子之间存在接触性摩擦损耗,相对电磁式电机其寿命较短。其次,超声波电机工作区域的非线性,导致其控制比较复杂。最后,超声波电机的运行速度不高。

9.1.3 超声波电机应用

超声波电机的特点决定了其适用于以下特殊的应用领域:

(1) 航空、航天领域。该领域对驱动装置的尺寸和重量有苛刻要求,并且还要求驱动装置能够适应低气压、高低温和强辐射等恶劣环境条件。在真空和失重环境下,为了降低驱动装置对飞行器产生的反作用力,驱动装置的工作转速较低,这增加了对驱动装置传动部件润滑的难度。而压电超声波电机不仅能够有效减轻驱动系统的体积和重量,还可以直接驱动低转速的负载,对传动部件进行简化。

(2) 精加工设备的进给机构。直线超声波电机可以实现高分辨率、大行程、高刚度、快速响应的直线进给。

(3) 精密仪器或医疗器械。许多科学仪器、医疗器械会产生强磁场或对电磁干扰有严格要求,普通电磁电机较难适合此要求,而采用超声电机就可避免这些问题。

(4) 办公自动化设备。超声波电机可消除使用普通电磁电机所带来的电磁噪声和减速机构的噪声,目前在东京一些新建高楼上已装上成千上万个超声波电机用于升降窗帘。

(5) 其他方面应用还包括:军事工业(如核弹头保护装置、导弹姿态自动调节机构、军用望远镜光路开关、武器装备的自动瞄准跟踪系统、军事侦察、微型机械虫和微型直升机驱动等),生产加工行业,计算机行业和医疗器械行业等方面。

本章将介绍行波型超声波电机的工作原理和控制特点,分析超声波电机的3种控制策略:变频控制、变幅控制和变相控制,并针对其中变频控制策略,设计基于数字信号处理器(DSP)TMS320LF2812的控制方法,给出试验电路和波形。

9.2 超声波电机工作原理

9.2.1 超声波电机的结构和原理

1. 电机的基本结构

超声波电机通常分为行波型和驻波型两种,比较常用的是行波型超声波电机,其结构如图9-1所示[3]。

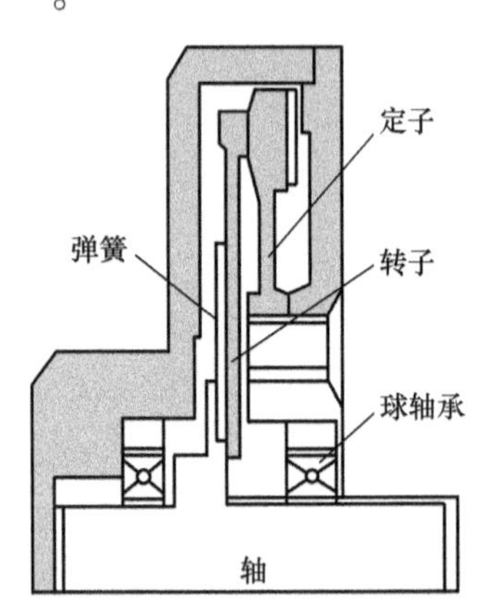

图9-1 超声波电机基本结构图

行波型超声波电机一般由压电陶瓷片、定子、摩擦片、转子、轴承和外壳等组成。当粘贴在定子上的压电陶瓷片受到特定驱动电压的作用时,会在压电陶瓷表面产生行波振动,压电陶瓷的振动通过摩擦片反作用带动转子转动,从而使电机产生一定的旋转力矩。

2. 行波的产生

超声波电机的定子结构如图9-2所示[4]。

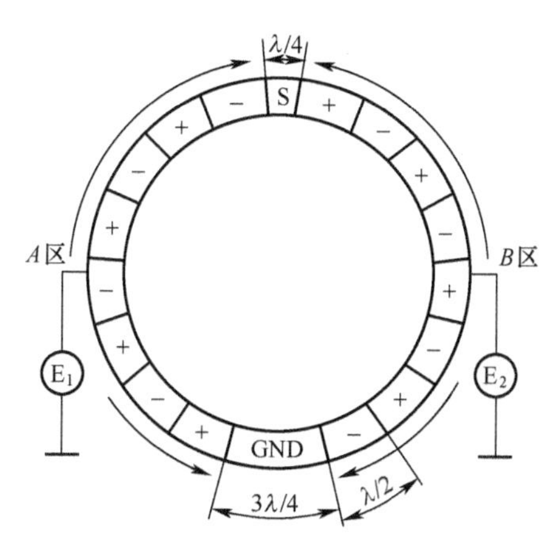

图9-2 超声波电机的定子

图9-2中“+”“-”代表着贴在电机定子上压电陶瓷的极化方向。压电陶瓷分为4个区:A区,B区,S区和GND。当驱动电压为正时,由于压电陶瓷的逆电压效应,“+”区域向下凹,“-”区域向上凸,类似正弦波的起伏。一般相邻的“+”和“-”极化方向为一个正弦波的通电周期,从上图可以看出,A区和B区各有4个通电周期。电机正常工作时,分别在A区、B区通电。其中S区域也贴有极化陶瓷,但没有通电(中性体),作为电机的反馈端,其区域只占据1/4个通电周期。GND是外界电源的公共地引出端,占据3/4个通电周期,这就意味着A区和B区互差90°的电角度。

A区与公共端作为A相,B区与公共端作为B相,当A相通以正弦波驱动信号,则在压电陶瓷上会产生一个驻波振动:

$$Y_1(x,t) = K\sin(nx)\sin(\omega t) \tag{9-1}$$

当B相通以同频、同幅的余弦波驱动信号,则压电陶瓷上也会产生一个驻波振动:

$$Y_2(x,t) = K\sin(90° + nx)\sin(90° + \omega t)$$

即

$$Y_2(x,t) = K\cos(nx)\cos(\omega t) \tag{9-2}$$

两个驻波在中性体上的合成行波为

$$Y_0(x,t) = K\cos(nx - \omega t) \tag{9-3}$$

式中:Y_1、Y_2为压电陶瓷表面弹性体离子的纵向振动位移;Y_0为中性表面弹性体离子的纵向振动位移;K为驻波振幅;λ为振动波长;$n = 2\pi/\lambda$;f为振动频率；$\omega=2\pi f$；t 为时间；x 为波的行进距离。

3. 运行机理

弹性体中质点的微观运动如图 9-3 所示。对于某一个质点 P_0，在行波的作用下，做椭圆运动。

质点 P_0 在 y 轴方向上的位移是

$$K_y = K\cos(nx - \omega t) - \frac{h}{2}(1 - \cos\theta) \tag{9-4}$$

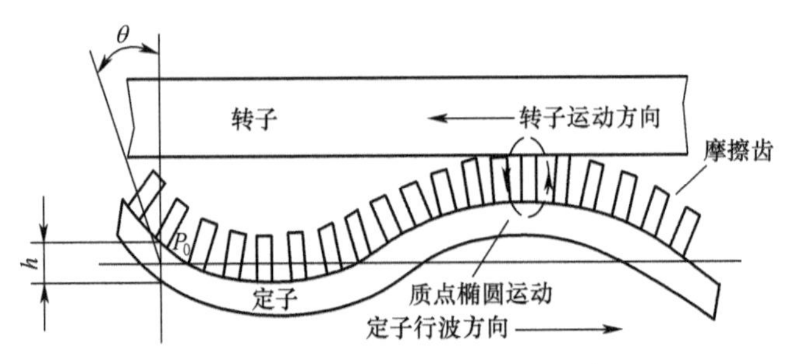

图 9-3 弹性体中质点的微观运动

式中：θ 为质点偏离中性点的角度，其值很小，可以简化为

$$K_y = K\cos(nx - \omega t) \tag{9-5}$$

质点 P_0 在 x 轴方向上的位移是：$K_x = - h\sin(\theta/2) = - h\theta/2$，而

$$\theta = \frac{\mathrm{d}y}{\mathrm{d}x} = Kn\sin(nx - \omega t) \tag{9-6}$$

因此

$$K_x = - \frac{h}{2}Kn\sin(nx - \omega t) \tag{9-7}$$

式中：h 为弹性体的厚度。

则有

$$\left(\frac{K_y}{K}\right)^2 + \left(\frac{K_x}{nKh/2}\right)^2 = 1 \tag{9-8}$$

式(9-8)是一个椭圆方程，表明了在当前行波方向下，质点 P_0 做逆时针微观椭圆运动。而无数个质点的微观椭圆运动，就推动转子朝着与行波方向相反的方向运动，如果行波的方向改变，电机的转向随之改变。一般椭圆振动的幅值越大、频率越高，电机的转速就越高。所以改变行波的方向和振幅就可以控制电机的转向和转速，这就为电机控制提供了理论基础[5]。

9.2.2 超声波电机的控制策略

根据以上分析，改变电机的转向只需调换压电陶瓷上 A 相和 B 相上的驱动

电压的相位。例如当 A 相上通正弦电压，B 相上通余弦电压时，电机正转；反之 A 相上通余弦电压，B 相上通正弦电压时，电机反转。

而改变电机的转速，可以通过变电压的频率、变两相电压相位差和变电压的幅值3种途径，表9-1列出了这3种调速控制策略及其特点。

表9-1　超声波电机调速控制策略表

控制方法	变驱动频率	变驱动相位	变驱动幅值
控制变量	电压频率	两相电压、相位差	电压幅值
控制说明	在谐振点附近改变驱动频率	改变定子质点椭圆运动轨迹	改变行波振幅
优点	响应快、易实现、可低速启动	转速平滑、可柔顺调制	线性
缺点	线性度较差	不容易实现、低速启动	调速范围小、低速转矩小、有死区

9.3　超声波电机驱动设计与分析

相对于其他控制策略，变频控制由于电路结构相对简单，所以本章针对变频控制设计基于DSP的控制方案。

9.3.1　系统总体设计

系统原理如图9-4所示。开关 $S1$ 控制电机的转向，由DSP的I/O口采样，电位器 R_1 产生速度模拟给定，该模拟量经电容 C_1 滤波后通过DSP的内置A/D转换器转换为数字量，DSP根据该速度给定值输出一定频率并满足一定相位关系的4路控制信号 S_1、S_2、S_3 和 S_4。再通过光电隔离输出 G_1、G_2、G_3 和 G_4，送到驱动电路，进而控制可关断功率电路的工作。其中，驱动功率电路含有电流检

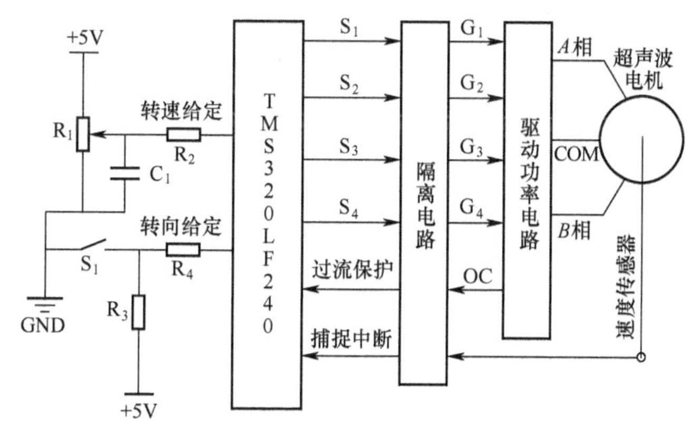

图9-4　基于DSP的控制系统原理图

测功能,用于实现过流保护。速度检测采用自制的霍尔(Hall)式磁码盘传感器,产生一路方波信号,分辨率为36,其频率与电机的转速成正比,该信号也经光电隔离,由DSP的捕捉口采样,实现电机转速闭环控制。

9.3.2 硬件电路设计

1. 主功率电路

系统主功率电路拓扑如图9-5所示。其中Q_1、Q_2、Q_3和Q_4是4个MOSFET管IRF540,D_1、D_2、D_3和D_4是续流二极管FR107,A、B分别接电机的A相和B相引线,COM为两相绕组的公共端。用4路互差90°的方波信号来驱动4个MOSFET管,则A与COM之间的方波电压与B和COM之间的方波电压为正交,由于变压器漏感存在,而超声波电机呈容性负载,会把方波电压滤成类似正弦波电压。

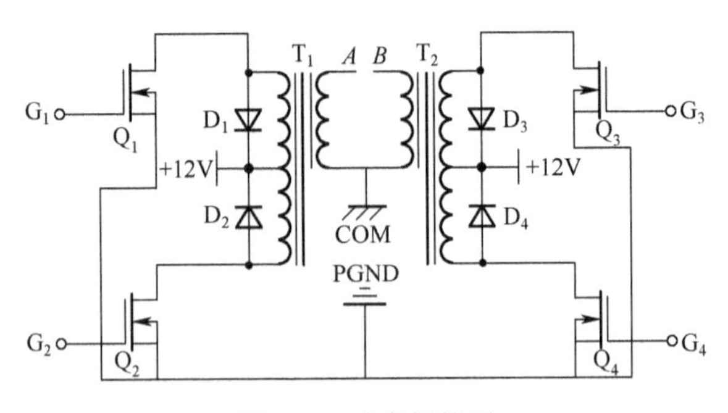

图9-5 功率拓扑图

2. 隔离与驱动电路

由DSP输出的4路信号,经过光耦HCPL2232隔离送至驱动电路。该光耦芯片传输延迟时间300ns,输入电流小、供电电压范围宽、无需要上拉电阻,接线图如图9-6(a)所示。电阻R_1和R_2起限流作用,电容C_1吸收VCC和功率地PGND之间的高频干扰。

驱动电路采用两片IR2101,该芯片为8脚双列直插集成器件,具有欠电压保护、供电电压范围宽、可与多种输入逻辑电平相匹配的特点,接线图如图9-6(b)所示。其中,R_1、R_2是匹配电阻,C_1、C_2滤除高频干扰,D_1反向阻断,防止高频干扰窜入电源,影响其他用电设备。

3. DSP数字闭环控制

TMS320LF28335是TI公司针对电机控制而设计的专用DSP。该芯片是系统的数字控制核心,主要用于1路A/D采样、4路占空比50%的PWM波产生、电机速度检测、速度闭环程序等。

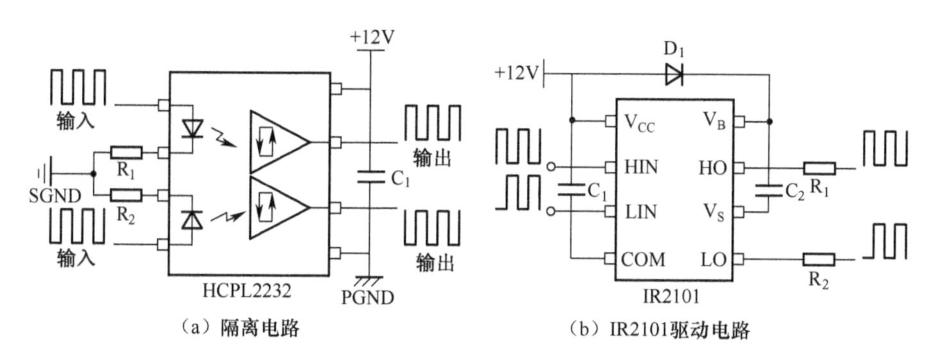

（a）隔离电路　（b）IR2101驱动电路

图 9-6　隔离与驱动电路接线图

电机的驱动频率通常设定在谐振频率之上。电机运行时,由于定子温度上升,电机谐振频率将会稍微降低,如果保持驱动频率不变,则驱动频率仍大于谐振频率,但电机转速将会下降。用 DSP 检测电机的转速,再与 A/D 给定转速进行比较,当转速下降时,降低输出的频率,反之提高输出频率,即可实现转速的 Bang-Bang 闭环。

本电机采用 UMT45 型行波超声电机,驱动频率在 47.5~50.2kHz 之间连续可调,而谐振频率为 47kHz。

9.3.3 DSP 控制软件设计

主程序流程如图 9-7(a)所示,包括:DSP 初始化、等待开机、读取正反转和转速给定。设置 3 个计数器,其中,T_3 周期触发采样 A/D,T_1、T_2 产生 4 路方波。捕捉子程序如图 9-7(b)所示,为了提高转速采样精度,减轻 DSP 负担,先保存捕捉值,当捕捉计数达到 101 时,进行数据处理。

4 路方波生成图如图 9-8 所示,T_1 为加法计数,T_2 为加/减计数,T_2 周期寄存器和比较寄存器的值均为 T_1 的一半,T_1、T_2 同步计数。当计数值小于比较值,S_1 高,S_3 低,当计数值大于比较值,S_1 低,S_3 高,而 S_2 为 S_1 的反,S_4 为 S_3 的反,产生 4 路两两正交的方波信号,为防止上下管直通,设定死区控制寄存器。

速度给定子程序如图 9-9(a)所示,其将转速给定值保存,当捕捉子程处理数据时,给定值与采样值比较,改变输出频率。保护子程序如图 9-9(b)所示,过流时拉低四路输出,报警,等待外部清除保护信号后,返回到 DSP 初始化。

9.3.4 试验结果

UMT45 型行波超声波电机控制系统的基本参数为:系统输入电压 12VDC,输入电流 0.4A;额定输出功率 1.0W,额定转矩 0.15N·m,最大转矩 0.3N·m,

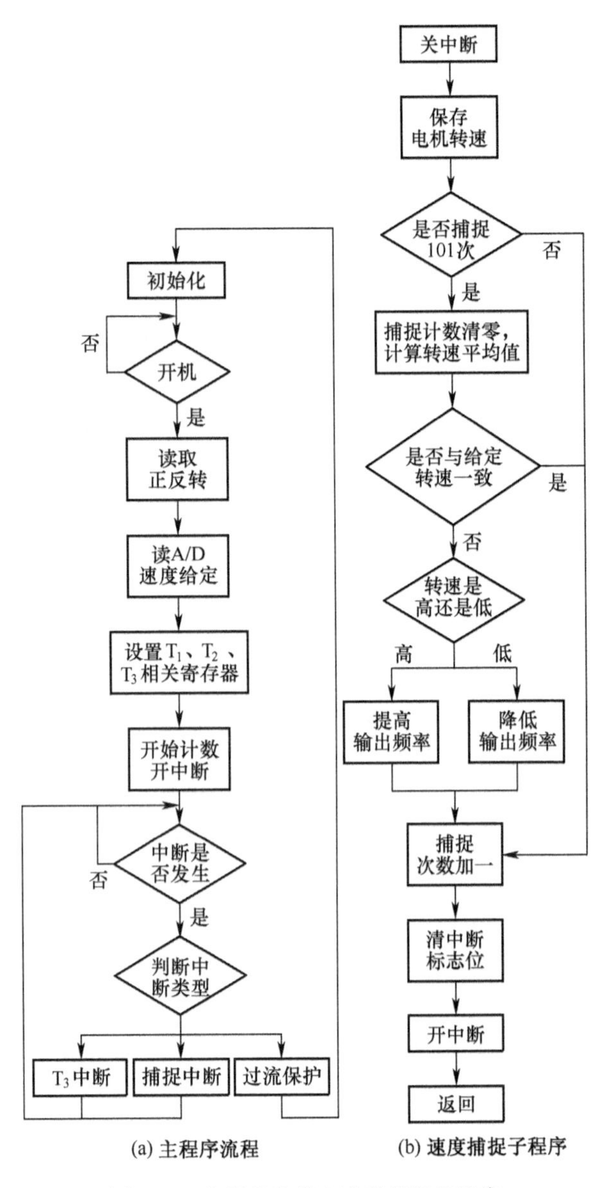

(a) 主程序流程　　(b) 速度捕捉子程序

图 9-7　主程序流程和速度捕捉子程序

电机质量 150g。加上负载后电机 A、B 两相的驱动波形如图 9-10 所示。结果表明:当外部给定转速改变时,电机能够进行连续调速,电机转速范围为 5~130r/min;当加大电机负载时,电机转速变化较小,显示出较硬的机械特性;电机起动转矩、输出转矩都比较大,保持转矩达 0.5N·m,具有力矩电机的特点。

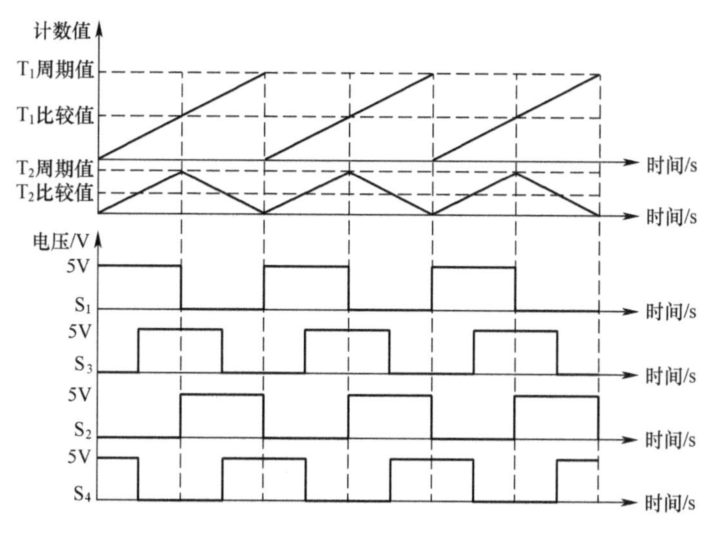

图9-8　产生4路方波

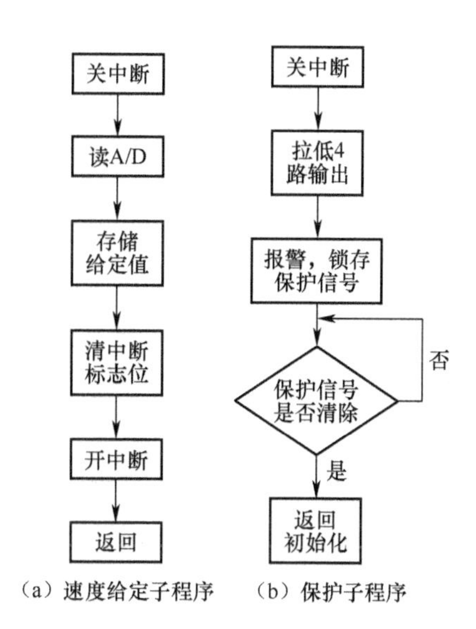

图9-9　速度给定与保护程序流程

系统控制器脉冲变压器可输出两路互差90°的近似正弦波，其正弦波电压峰值为215V，系统速度稳定精度优于1%，系统速度响应时间小于2ms。

超声波电机体积小、重量轻、输出转矩大、速度响应快。可实现低速力矩负载的直接驱动而无需减速装置。由于不存在减速器齿轮间隙带来的不灵敏区，

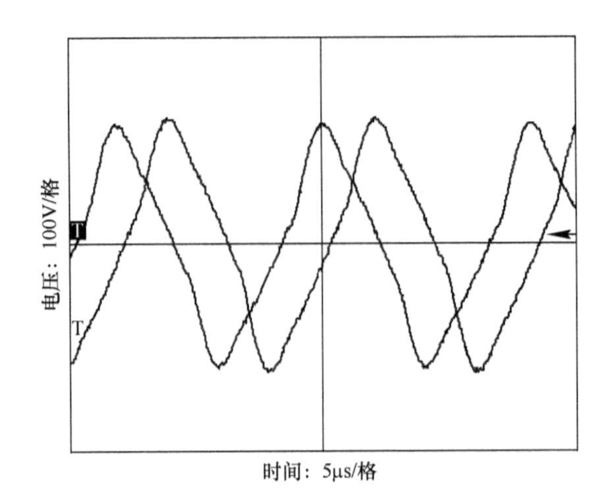

图 9-10　电机 A、B 两相电压波形

所以在飞机发动机油门杆、伺服阀、卫星微型电动机构等精细位置调节场合有广泛的应用前景。

参考文献

[1] 郭吉丰,等. 航天用大力矩高精度超声波电机研究[J]. 宇航学报,2004,1:70-76.

[2] 杨永生,等. 超声波电动机的原理与发展动态[J]. 微特电机,2003,6:35-38.

[3] 祖家奎,等. 行波型超声电机频率自动跟踪控制技术评述[J]. 伺服技术,2004,6:31-33.

[4] Güngör Bal,Erdal Bekiroğlu. Servo speed control of travelling-wave ultrasonic motor using digital signal processor[J]. Sensors and Actuators,20046:212-219.

[5] 夏长亮,等. 新型高性能超声波电机变频控制电路[J]. 电力电子技术,2003,10:25-26,78.

图 3-19　有限元网格划分

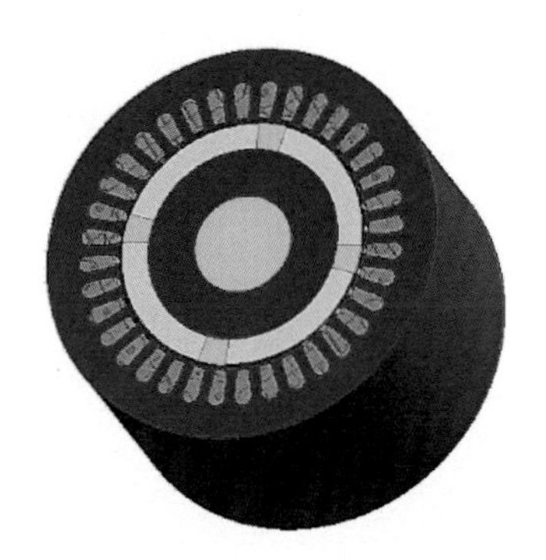

图 3-22　有限元模型

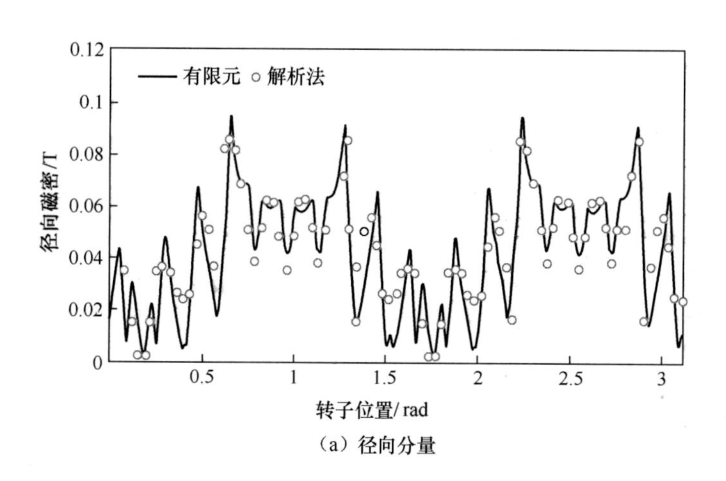

（a）径向分量

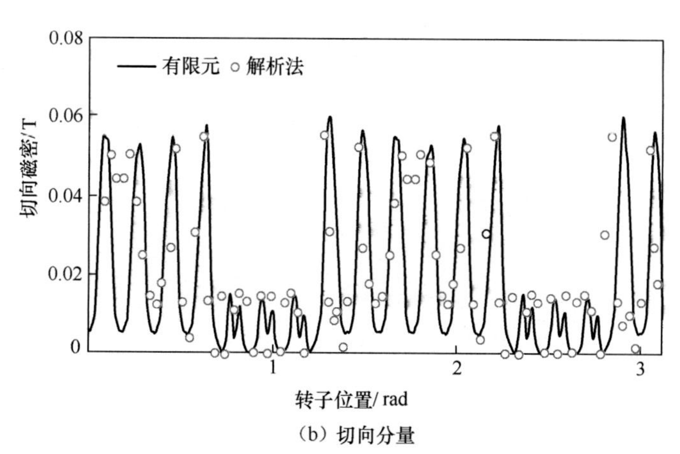

（b）切向分量

图 3-24　电动机电枢反应场下的气隙磁密

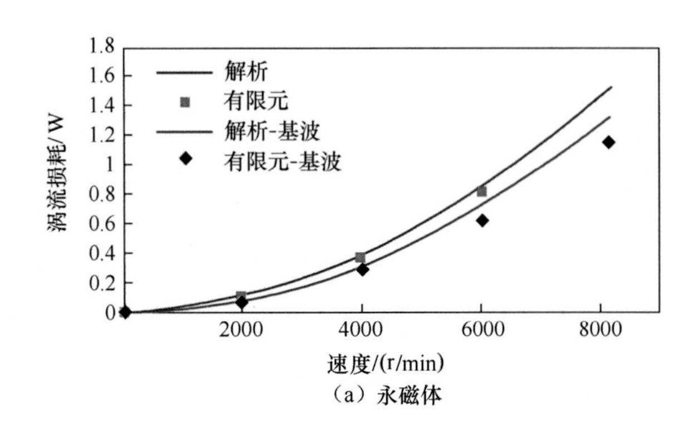

（a）永磁体

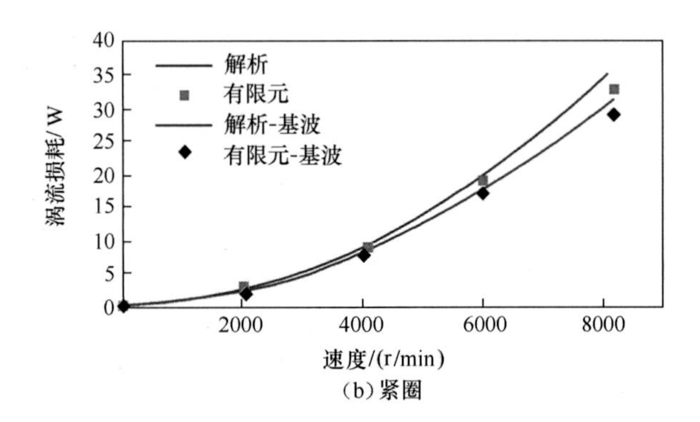

（b）紧圈

图 3-25　电动机永磁体和紧圈里的涡流损耗随速度的变化

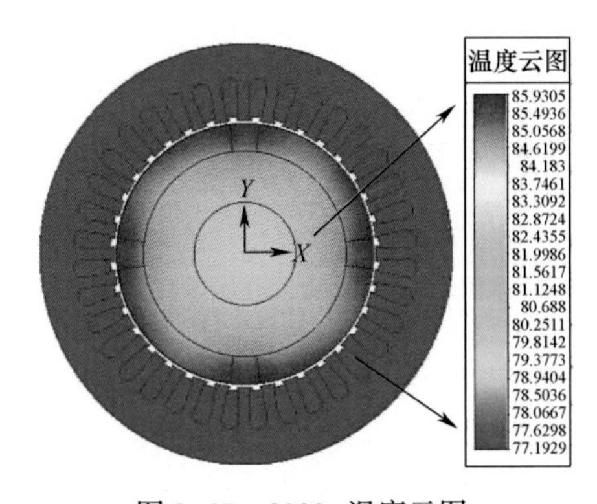

图 3-27　3000s 温度云图

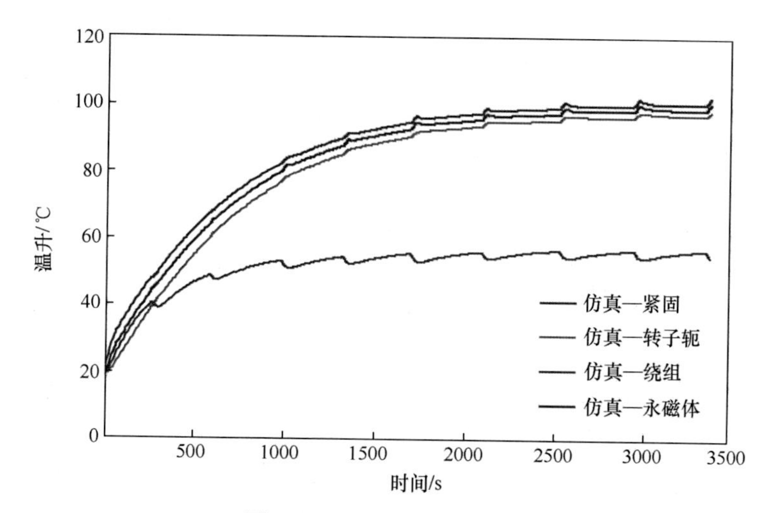

图 3-37　电动机温升曲线

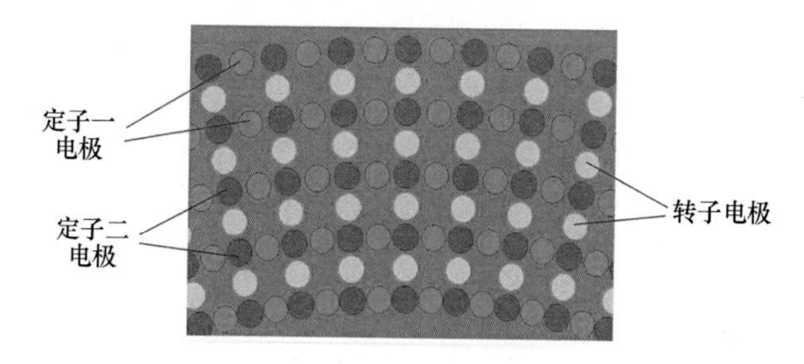

图 6-5　电极分布拓扑图

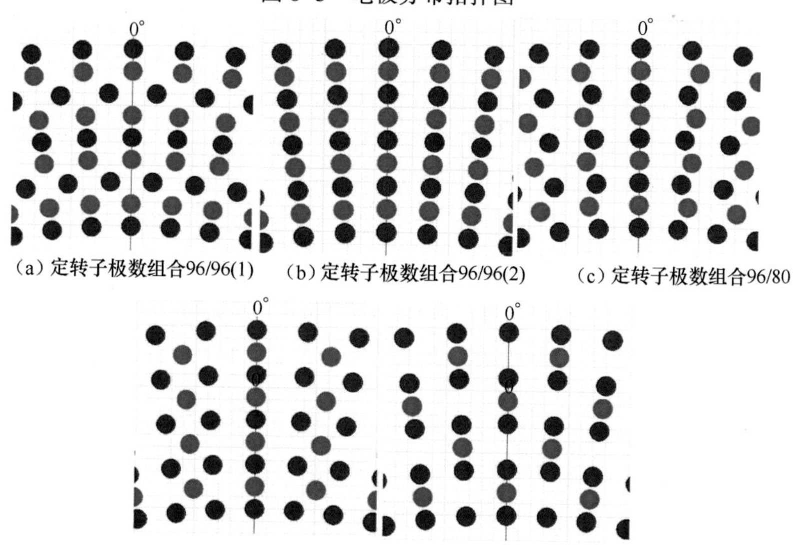

图 6-6　定转子极数组合

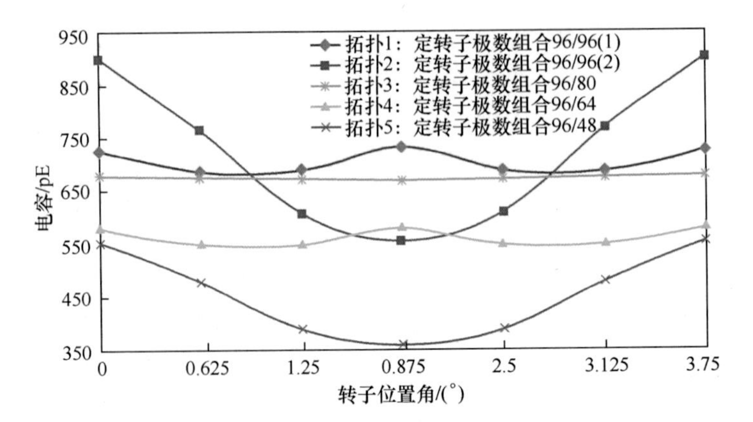

图 6-7　不同定转子极数组合的电容

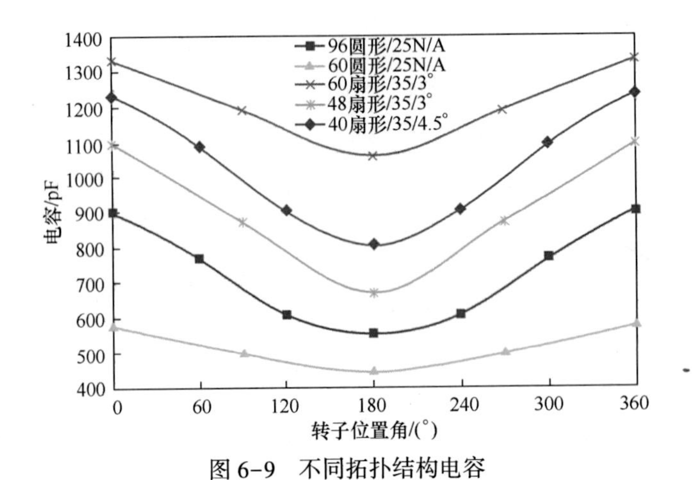

图 6-9　不同拓扑结构电容